普通高等学校省级规划教材

安徽省高校一流本科教材

物理实验教程丛书

第3版

近代物理实验

张子云 李爱侠 戴 鹏 叶 柳 编著

中国科学技术大学出版社

内 容 简 介

本书是在《近代物理实验(第2版)》的基础上,总结了近年来教学实践经验,对原有内容进行筛选、修订和增补而成的.内容包括原子物理、原子核物理、光学、真空与薄膜技术、磁共振技术、微波技术、低温物理、新能源8个单元,共计40个实验项目.每个实验项目中均比较详细叙述了有关的物理原理和实验方法.本书在介绍物理原理的同时,把计算机技术和现代电子技术融于实验教学中,有利于学生掌握现代测量的基本方法和技能.书中阐述的实验方法具体、翔实,实用性强,并且针对不同学时和实验条件,给出了不同的实验选用方案.

本书适合作为高等院校理工科本科生和硕士研究生的近代物理实验课程的教材或教学参考书,也可供从事科学实验的科技人员参考.

图书在版编目(CIP)数据

近代物理实验/张子云等编著. —3版. —合肥:中国科学技术大学出版社,2024.6
(物理实验教程丛书)
普通高等学校省级规划教材
安徽省高校一流本科教材
ISBN 978-7-312-05991-9

Ⅰ.近… Ⅱ.张… Ⅲ.物理学—实验—高等学校—教材 Ⅳ.O41-33

中国国家版本馆 CIP 数据核字(2024)第 106278 号

近代物理实验
JINDAI WULI SHIYAN

出版	中国科学技术大学出版社
	安徽省合肥市金寨路 96 号,230026
	http://press.ustc.edu.cn
	https://zgkxjsdxcbs.tmall.com
印刷	安徽省瑞隆印务有限公司
发行	中国科学技术大学出版社
开本	787 mm×1092 mm 1/16
印张	18.75
字数	478 千
版次	2009 年 3 月第 1 版 2024 年 6 月第 3 版
印次	2024 年 6 月第 5 次印刷
定价	58.00 元

第 3 版前言

本书是在 2015 年出版的第 2 版的基础上修订而成的.再版过程中,编者对原书中的实验项目进行了调整.我们重新改写了原书中第 2 单元至第 4 单元的部分实验,对第 5 单元中的部分实验内容进行了适当的优化;第 6 单元增加了电化学循环伏安特性测量实验,删除了原书中的第 7 单元,并新增加了第 8 单元新能源部分.另外,我们还改正了书中的若干错误.

参加本次编写工作的有张子云、李爱侠、戴鹏、叶柳、王翠平、杨杰等,全书最后由张子云审校定稿.

再版过程中,中国科学技术大学出版社的编辑和领导为了本书的出版付出了辛勤劳动,在此向他们表示衷心的感谢.

由于我们的水平有限,书中不当之处和错误在所难免,恳请广大读者批评指正.

编 者

2024 年 2 月

前　言

　　物理实验不仅是物理学理论的基础,也是物理学发展的基本动力.在物理学中,每个概念的建立、每个定律的发现,都有其坚实的实验基础.科学技术的发展,尤其是核物理、激光技术、电子技术和计算机技术等的发展,越来越体现出物理实验技术的重要性,更反映了物理实验技术发展的新水平.基于这方面的原因,人们逐渐感到理工科及师范院校加强对学生进行物理实验训练的重要性.

　　物理实验教学的主要目的是:通过给学生创造一个良好的环境,使学生掌握物理实验的基础知识、基本方法和基本技能;培养学生强烈浓厚的学习兴趣以及发现问题、提出问题、分析问题、解决问题最终达到独立获取物理知识的能力;培养学生的创新意识、创新精神和创新能力;培养学生实事求是的科学态度、严谨细致的工作作风和坚韧不拔的意志品质.为今后从事物理学乃至相关领域的科学研究和技术开发打下坚实的基础.

　　为了进一步发展物理实验教学,构建具有特色的物理实验教学体系,深化物理实验教学改革,我们组织编写了这套《物理实验教程丛书》.本丛书各册的作者,都是在我省从事多年实验教学、在该领域有着多年科研经验的教师.全体编著者在编写过程中,参考了以往的实验教材,结合实验教学发展,更新了教学内容,加强了计算机在实验中的应用,突出科学性和实用性,力求实验内容更系统、更全面,更能满足我省各高校实验教学的需要.

　　本套教材共四册.第一、二册对应一、二、三级物理实验,第三册为《近代物理实验》,第四册为《大学物理演示实验》.在课程安排上,一级实验为各专业的普及课程,适用于理、工、医、农、商等各学科专业;二级实验主要适用于理工类专业的学生;三级实验主要对理科类学生开课;近代物理实验适用于理科物理类专业、信息类专业,也可作为一些理工科专业的选修课程;物理演示实验主要为文科学生开设,以提高文科学生的科学文化素养,同时也可作为物理教学过程的课堂教学实验演示.

　　本书为第三册《近代物理实验》,在物理实验教学中具有重要地位,内容覆盖了原子物理、原子核物理、光学、磁学、微波、真空、低温等方面,所涉及的实验仪器数量多、结构复杂,需要学生综合运用物理、电子、计算机等学科的知识.该书保留了在物理学发展史上堪称里程碑的著名物理实验,并着重介绍了近代的实验方法及应用广泛的实验技术.此教材的编写旨在通过近代物理实验教学,培养学生用实验的方法研究物理现象与物理规律的习惯,同时培养学生在科学实验中发现问题与解决问题的能力、严谨的科学态度及认真踏实的工作作风,为进一步的学习与工作打下坚实的基础.

　　本书编著期间参阅了许多兄弟院校的教材和仪器设备厂家的仪器使用说明,吸取了他们的宝贵经验,甚至引用了部分内容,考虑到一些院校教学设备的差异,既照顾到一般,也反映实验的发展;内容力求简明扼要,方法尽量灵活多样;对每一单元实验在物理学发展中的地位和作用,引言中都做了简要的叙述;实验中还设计了一些思考题,以启发学生独立思考,积极主动地自主学习.

　　本书由叶柳组织并负责统稿.参加编著工作的除署名编著者外,还有李爱侠、王翠平、张子云.娄明连教授、王银海教授在百忙中审阅了本书的部分初稿,编著者对此深表谢意.

在丛书的出版过程中,我们得到了不少同行的关心,并参阅和借鉴了不少学者的研究成果,在此一并表示感谢! 衷心地期望本丛书的出版,能够得到广大读者的关注和指导,使其在深化物理实验教学改革和发展中,发挥它应有的作用. 由于编著者水平有限,书中难免有错误和疏漏之处,敬请广大读者批评指正.

编　者

2008 年 12 月

目 录

第 1 单元　原 子 物 理

引　言

　　19 世纪末到 20 世纪初的几十年,是物理学发生伟大变革的年代.1885 年,巴尔末发现氢光谱线系规律.1887 年,赫兹发现光电效应,1897 年,汤姆孙发现电子,并精确测量了其荷质比.1900 年,普朗克提出量子论.1911 年,卢瑟福在对 α 散射实验的 10 万多个数据分析计算的基础上提出了原子结构的核式模型.1913 年玻尔理论的发表,使人们对物质微观结构开始有了一个较完整的认识.1924 年,德布罗意提出了对于光子成立的能量、动量与频率波长之间的关系式,1927 年,戴维孙和革末首先用实验证实了电子的波动性,这就导致了微观结构新理论——量子力学的诞生,开创了近代物理的新时代.

　　激光出现以后,用激光技术来研究原子物理学问题,实验精度有了很大提高,因此发现了很多新现象和新问题.射频和微波波谱学新实验方法的建立,也成为研究原子光谱线的精细结构的有力工具,推动了对原子能级精细结构的研究.原子物理学的一个主要发展方向是原子碰撞研究,涉及光子、电子、离子、中性原子等与原子和分子碰撞的物理过程.发展了电子束、离子束、粒子加速器、同步辐射加速器、激光器等激光源、各种能谱仪等测谱设备,以及电子、离子探测器、光电探测器和微弱信号检测方法,还广泛地应用了核物理技术和光谱技术,发展了新的理论和计算方法.强激光与原子相互作用产生了饱和吸收和双光子、多光子吸收等现象,发展了非线性光谱学,从而成为原子物理学中另一个十分活跃的研究方向.

　　原子是从宏观到微观的第一个层次,是一个重要的中间环节.很多基础学科和技术科学的发展都要以原子物理为基础,例如化学、生物学、空间物理、天体物理、物理力学等.激光技术、核聚变和空间技术的研究也要原子物理提供一些重要的数据,因此,研究和发展原子物理这门学科有着十分重要的理论和实际意义.

　　在这一单元之中,我们安排了一组原子物理实验,用实验方法来揭示原子物理与量子力学中的几个基本概念,其目的在于通过实验加深对原子、分子结构的了解,学习研究原子、分子微观结构的一些基本方法.进而透过这些实验,理解如何用实验手段重现物理现象、研究物理规律,这对于深刻理解物理实验在物理学发展过程的地位和作用是很有帮助的,同时通过实验加深对原子物理、量子力学中的一些基本概念的理解.学生在学习过程中应注重培养勇于探究和创新的科学精神与实事求是的科学态度,养成批判性思维学习习惯.

实验 1-1　氢与氘原子光谱

氢原子是最简单的原子,从波长(或波数)大小的排列次序上其光谱线显示出简单的规律性.研究原子结构,人们很自然首先会关注氢原子.1885 年,巴尔末(J. J. Balmer)根据埃斯特朗(A. J. Augstrom)对光谱线的精确测量,提出了氢原子光谱可见光区域光谱线波长的经验公式.氢光谱规律的发现为玻尔理论的建立提供了坚实的实验基础,对原子物理学和量子力学的发展起着重要作用.1932 年,尤里(H. C. Urey)根据里德伯常数随原子核质量不同而变化的规律,对重氢赖曼线系进行摄谱分析,发现氢的同位素——氘的存在.通过巴尔末公式求得的里德伯常数是物理学中少数几个非常精确的常数,成为检验原子理论可靠性的标准和测量其他基本物理常数的依据.

【实验目的】

(1) 本实验通过测量氢、氘灯光谱线的波长值,了解氢、氘原子光谱规律和原子分立能级结构间的内在联系,同时学会光谱分析的一般方法.

(2) 通过本实验掌握测定里德伯常数及氢、氘原子核质量比的方法,并加深对氢光谱规律和同位素位移的理解.

(3) 熟悉光栅光谱仪的性能与用法.

(4) 训练学生认真细致地观察现象能力和严谨的科学态度.

【实验仪器】

WPL 棱镜摄谱仪或 WGD-8A 型组合式多功能光栅光谱仪.

【实验原理】

氢原子是最简单的一种原子,它发出的光谱有明显的规律.瑞士物理学家巴尔末根据实验结果给出氢原子光谱在可见光区域的经验公式:

$$\lambda_H = \lambda_0 \frac{n^2}{n^2 - 2^2} \tag{1-1-1}$$

式中 λ_H 为氢原子谱线波长,$\lambda_0 = 364.57$ nm 是经验常数,n 是连续整数 $3, 4, 5, \cdots$.

式(1-1-1)用波数 $\tilde{\nu}$ 表示,则有

$$\tilde{\nu}_H = R_H \left(\frac{1}{2^2} - \frac{1}{n^2} \right) \tag{1-1-2}$$

这里 R_H 是氢的里德伯常数.

与此类似,对于氘原子光谱有

$$\tilde{\nu}_{\mathrm{D}}=R_{\mathrm{D}}\left(\frac{1}{2^2}-\frac{1}{n^2}\right) \tag{1-1-3}$$

由于氢、氘核外都只有一个电子,所以光谱极为相似,但对应谱线的波长却稍有差别,这种差别称为"同位素位移". 显然,氢和氘光谱之间的差别在于它们的里德伯常数不同,这是由于二者的原子核质量的不同而引起的. 根据玻尔理论,对氢和类氢原子的里德伯常数的计算应为

$$R_Z=\frac{2\pi^2 me^4 Z^2}{(4\pi\varepsilon_0)^2 h^3 c\left(1+\frac{m}{M}\right)} \tag{1-1-4}$$

式中 M 为原子核质量, m 为电子质量, e 为电子电荷, h 为普朗克常数, ε_0 为真空介电常数, c 为光速, Z 为原子序数. 当 $M\rightarrow\infty$ 时,即假定原子核不动,上式为

$$R_\infty=\frac{2\pi^2 me^4 Z^2}{(4\pi\varepsilon_0)^2 h^3 c} \tag{1-1-5}$$

于是式(1-1-4)可写为

$$R_Z=\frac{R_\infty}{1+\frac{m}{M}} \tag{1-1-6}$$

按上式,氢和氘原子的里德伯常数可以分别写为

$$R_{\mathrm{H}}=\frac{R_\infty}{1+\frac{m}{M_{\mathrm{H}}}} \tag{1-1-7}$$

$$R_{\mathrm{D}}=\frac{R_\infty}{1+\frac{m}{M_{\mathrm{D}}}} \tag{1-1-8}$$

式中 M_{H}, M_{D} 分别为氢和氘的原子核质量.

由式(1-1-7)和式(1-1-8)可得氢与氘原子核质量比:

$$\frac{M_{\mathrm{D}}}{M_{\mathrm{H}}}=\frac{\dfrac{R_{\mathrm{D}}}{R_{\mathrm{H}}}}{\dfrac{M_{\mathrm{H}}}{m}\left(1-\dfrac{R_{\mathrm{D}}}{R_{\mathrm{H}}}\right)+1} \tag{1-1-9}$$

式中 M_{H}/m 为氢原子核质量与电子质量之比,可采用公认值 1 836.15.

由此可知,只要通过实验测得氢与氘的巴尔末线系的前几条谱线的波长,就可由式(1-1-2)、式(1-1-3)求得氢与氘的里德伯常数,以及由式(1-1-9)求得氢与氘的原子核质量比.

表 1-1-1 列出氢和氘的巴尔末线系前 10 条谱线的波长值.

表 1-1-1　氢、氘的巴尔末系的前 10 条谱线的波长

氢(H)		氘(D)	
符　号	波长(nm)	符　号	波长(nm)
H_α	656.280	D_α	656.100
H_β	486.133	D_β	485.999
H_γ	434.047	D_γ	433.928

续表

氢(H)		氘(D)	
符　号	波长(nm)	符　号	波长(nm)
H_δ	410.174	D_δ	410.062
H_ϵ	397.007	D_ϵ	396.899
H_ξ	388.906	D_ξ	388.799
H_η	383.540	D_η	383.435
H_θ	379.791	D_θ	379.687
H_l	377.063	D_l	376.962
H_k	375.015	D_k	374.915

氢的特征谱

紫外部分:赖曼系

$$\frac{1}{\lambda}=R_H\left(\frac{1}{1^2}-\frac{1}{n^2}\right),\quad n=2,3,4,\cdots$$

可见光部分:巴尔末系

$$\frac{1}{\lambda}=R_H\left(\frac{1}{2^2}-\frac{1}{n^2}\right),\quad n=3,4,5,\cdots$$

红外部分:帕邢系

$$\frac{1}{\lambda}=R_H\left(\frac{1}{3^2}-\frac{1}{n^2}\right),\quad n=4,5,6,\cdots$$

布喇开系

$$\frac{1}{\lambda}=R_H\left(\frac{1}{4^2}-\frac{1}{n^2}\right),\quad n=5,6,7,\cdots$$

蓬得系

$$\frac{1}{\lambda}=R_H\left(\frac{1}{5^2}-\frac{1}{n^2}\right),\quad n=6,7,8,\cdots$$

汉弗莱斯系

$$\frac{1}{\lambda}=R_H\left(\frac{1}{6^2}-\frac{1}{n^2}\right),\quad n=7,8,9,\cdots$$

【实验步骤与要求】

实验方法 1

1. 实验仪器

摄谱仪(棱镜摄谱仪)、光谱投影仪、比长计、氢灯、氘灯和氦灯.

2. 实验内容

(1) 拍摄光谱.

移动哈特曼(Hartman)光阑,如图 1-1-1 所示,把氦光谱(比较光谱)、氢光谱和氘光谱并排地拍摄在一块谱板上.

(2) 与标准氦谱图对比辨认所拍摄的氦谱线的波长.

将拍摄后冲洗好的谱板放在光谱投影仪上,与标准氦谱图片进行对比,找出待测谱线中与标准氦谱图完全相同的光谱区域,对照标准氦谱图标出在待测光谱线附近的氦谱线波长值.

(3) 用阿贝(Abbe)比长计精确测量氢、氘各条光谱线与标准氦谱线的距离,计算待测光谱线的波长值,由此计算其对应的里德伯常数.

如图 1-1-2 所示,把所拍摄的氦谱图上谱线波长标定后,就可作为已知波长,另一排的氢(氘)谱线是待测光谱. 在光谱片很小间隔范围内,摄谱仪的线色散可认为是常数,于是谱线间隔与谱线波长成正比. 设图中 λ_x 为待定氢谱线的波长,λ_1 和 λ_2 分别为待测谱线 λ_x 附近两侧的两条已标定的氦谱线的波长. 则有

$$\lambda_x = \lambda_1 + \frac{d_x}{d}(\lambda_2 - \lambda_1)$$

其中 d 和 d_x 值用阿贝比长计测出,即可算出待测谱线的波长值 λ_x 和对应的 R_x.

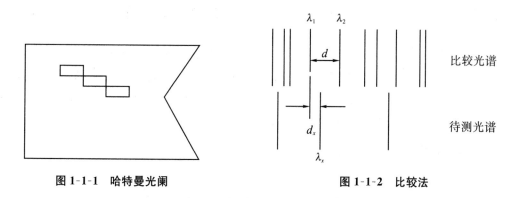

图 1-1-1　哈特曼光阑　　　　　图 1-1-2　比较法

实验方法 2

1. 实验仪器

采用 WGD-8A 型组合式多功能光栅光谱仪.

WGD-8A 型组合式多功能光栅光谱仪由光栅单色仪、接收单元、扫描系统、电子放大器、A/D 采集单元和计算机组成. 光学原理如图 1-1-3 所示. 入射狭缝、出射缝均为直狭缝,在宽度范围 0～2 mm 内连续可调(顺时针狭缝变宽,逆时针狭缝变窄),光源发出的光束进入狭缝 S_1,S_1 位于反射式准光镜 M_2 的焦面上,通过 S_1 射入的光束经 M_2 反射成平行光束投向平面光栅 G(2 400 条/mm,波长范围 200～660 nm)上,衍射后的平行光束经 M_3 成像在 S_2(光电倍增管接收)或 S_3(CCD 接收)上.

在光栅光谱仪中常使用反射式闪耀光栅. 如图 1-1-4 所示,锯齿型是光栅刻痕形状. 现考虑相邻刻槽的相应点上反射的光线. PQ 和 $P'Q'$ 是以 I 角入射的光线,QR 和 $Q'R'$ 是以 I' 角衍射的两条光线. PQR 和 $P'Q'R'$ 两条光线之间的光程差是 $b(\sin I + \sin I')$,其中 b 是相邻刻槽间的距离,称为光栅常数. 当光程差满足光栅方程

$$b(\sin I + \sin I') = k\lambda, \quad k = 0, \pm 1, \pm 2, \cdots$$

时,光强有一极大值,或者说将出现一条亮的光谱线.

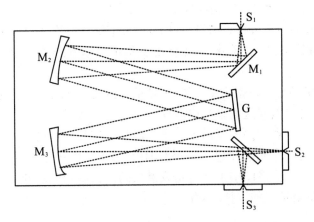

图 1-1-3　WGD-8A 型组合式多功能光栅光谱仪光路图

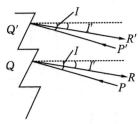

图 1-1-4　闪耀光栅示意图

对同一 k,根据 I,I' 可以确定衍射光的波长 λ,这就是光栅测量光谱的原理.闪耀光栅将同一波长的衍射光集中到某一特定的 k 级上.

为了对光谱进行扫描,将光栅安装在转盘上,转盘由电极驱动.转动转盘,可以改变入射角 I,改变波长范围,实现较大波长范围的扫描.软件中的初始化工作,就是改变 I 的大小,改变测试波长范围.

2. 实验步骤

(1) 准备

① 将转换开关置"光电倍增管"挡(本实验用光电倍增管接收),接通电箱电源,将电压调至 400~500 V.根据光源等实际情况,调节 S_1,S_2,S_3 狭缝.顺时针旋转狭缝增大,反之变小.旋转一周狭缝宽度变化 0.5 mm.为保护狭缝,最大不超过2.5 mm,也不要使狭缝刀口相接触.调节时动作要轻.

② 打开电脑,点击 WGD-8A 型组合式多功能光栅光谱仪控制处理软件,选择光电倍增管.

③ 初始化.屏幕显示工作界面,弹出对话框,让用户确认当前的波长位置是否有效、是否重新初始化.如果选择确定,则确认当前的波长位置,不再初始化;如果选择取消,则初始化,波长位置回到 200 nm 处.

④ 熟悉界面.工作界面主要由菜单栏、主工具栏、辅工具栏、工作区、状态栏、参数设置区以及寄存器信息提示区等组成.菜单栏中有"文件""信息/视图""工作""读取数字""数据图形处理""关于"等菜单项,与一般的 Windows 应用程序类似.

(2) 参数设置

工作方式和模式:所采集的数据格式,有能量、透过率、吸光度、基线.测光谱时选择能量.

间隔:两个数据点间的最小波长间隔,根据需要在 0.01~1.00 nm 范围选择.

工作范围:在起始、终止波长(200～660 nm)和最大、最小值 4 个编辑框中输入相应的值,以确定扫描时的范围.

负高压:设置提供给倍增管的负高压大小,设 1～8 共 8 挡.

增益:设置放大器的放大率,设 1～8 挡.

采集次数:在每个数据点,采集数据区平均的次数.拖动滑块,可在 1～1 000 次之间改变.

在参数设置区中,选择"数据"项,在"寄存器"下拉列表框中选择某一寄存器,在数据框中显示该寄存器的数据.参数设置区中,"系统""高级"两个选项一般不用改动.

(3) 波长定标

① 将汞灯置于狭缝 S_1 前,使光均匀照亮狭缝.

② 用鼠标点击"新建",再点击"单程"进行扫描,工作区内显示汞灯谱线图.

③ 下拉菜单"读取数据"—"寻峰"—"自动寻峰",在对话框中选择好寄存器,进行寻峰,读出波长,与汞灯已知谱线(附后)波长进行比较.

④ 下拉菜单"工作"—"检索",在对话框中输入需校准的波长值,当提示框自动消失时,波长被校准.

(4) 氢(氘)原子光谱的测量

将光源换成氢(氘)灯,测量氢(氘)光谱的谱线.注意:换灯前,先关闭原来的光源,选择待测光源,再开启光源.

进行单程扫描,获得氢(氘)光谱的谱线,通过"寻峰"求出巴尔末线系前 3～4 条谱线的波长.

注意:在单程扫描过程中发现峰值超过最大值,可点击"停止",然后寻找最高峰对应的波长,进行定波长扫描.同时调节狭缝,将峰值调到合适位置,然后将波长范围设置成 200～660 nm,再单程扫描.扫描完毕,保存文件.

3. 实验要求

(1) 熟悉 WGD-8A 型多功能光栅光谱仪的结构、工作原理及软件操作系统.

(2) 用汞灯对光栅光谱仪进行定标,保存定标前后的谱图.

(3) 测量氢(氘)光谱的谱线,通过"寻峰"求出巴尔末线系前 3～4 条谱线的波长. 保存谱图,计算各谱线的里德伯常数 $R_H(R_D)$,然后求出平均值.

(4) 计算普适里德伯常数 R_∞,并与理论值比较,求相对误差.

附:汞灯标准谱线(图 1-1-5)

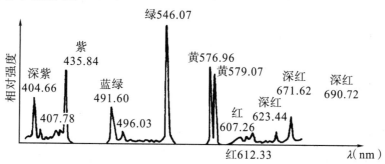

图 1-1-5　汞灯标准谱线

【思考题】

(1) 氢原子在可见区、红外区、紫外区的所有谱线系可统一用一个简单公式表达:

$$\tilde{\nu} = R_H \left(\frac{1}{n_{0i}^2} - \frac{1}{n^2} \right)$$

式中 $n_{0i} = 1, 2, 3, \cdots; n = n_{0i} + 1, n_{0i} + 2, \cdots$. 如何选定各氢光谱线的 n 的可能值? 其值正确性如何判断? 怎样求得 n_{0i}?

(2) 光谱中若出现不属于氢的谱线,应如何判断?

(3) 巴尔末线系极限波长是多大?

(4) R_β(486.133 nm)谱线附近的色散率是多大?

(5) 氢光谱中,怎样判断你所看到的是氢原子发出的而不是氢分子发出的? 请问氢分子光谱与氢原子光谱有什么不同?

实验 1-2 塞曼效应

1896 年,荷兰物理学家塞曼(P. Zeeman)根据物理学家法拉第的想法,探测磁场对光谱线的影响,发现钠双线在磁场中的分裂. 洛伦兹根据经典电子论解释了分裂为 3 条的正常塞曼效应. 这个效应被誉为继 X 射线之后物理学重要的发现之一,由此塞曼和洛伦兹共同获得了 1902 年的诺贝尔物理学奖. 塞曼效应证实了原子具有磁矩和空间量子化,使我们对物质的光谱、原子和分子的结构有了更多的了解. 至今塞曼效应仍是研究能级结构的重要方法之一.

【实验目的】

(1) 通过观察塞曼效应现象,了解塞曼效应的基本原理.

(2) 掌握法布里-泊罗标准具的原理及使用.

(3) 熟练掌握光路的调节.

(4) 了解采用 CCD 及计算机进行实验处理的方法.

【实验仪器】

塞曼效应实验仪.

【实验原理】

当发光的光源置于足够强的外磁场中时,由于磁场的作用,每条光谱线分裂成波长很接近的几条偏振化的谱线,分裂的条数随能级的类别而不同,这种现象称为塞曼效应.

正常塞曼效应谱线分裂为 3 条,而且两边的两条与中间的频率差正好等于 $eB/(4\pi mc)$,可用经典理论给予很好的解释.但实际上大多数谱线的分裂多于 3 条,谱线的裂距是 $eB/(4\pi mc)$ 的简单分数倍,称反常塞曼效应,它不能用经典理论解释,只有用量子理论才能得到满意的解释.

1. 原子的总磁矩与总动量矩的关系

塞曼效应的产生是由于原子的总磁矩(轨道磁矩和自旋磁矩)受外磁场作用的结果.在忽略核磁矩的情况下,原子中电子的轨道磁矩 $\boldsymbol{\mu}_L$ 和自旋磁矩 $\boldsymbol{\mu}_S$ 合成为原子的总磁矩 $\boldsymbol{\mu}$,与电子的轨道角动量 $\boldsymbol{P}_L$、自旋角动量 $\boldsymbol{P}_S$ 合成的总角动量 $\boldsymbol{P}_J$ 之间的关系,可用矢量图 1-2-1 来计算.

已知

$$\boldsymbol{\mu}_L=\frac{e}{2m}\boldsymbol{P}_L,\quad \boldsymbol{P}_L=\frac{h}{2\pi}\sqrt{L(L+1)} \tag{1-2-1}$$

$$\boldsymbol{\mu}_S=\frac{e}{m}\boldsymbol{P}_S,\quad \boldsymbol{P}_S=\frac{h}{2\pi}\sqrt{S(S+1)} \tag{1-2-2}$$

式中 L,S 分别表示轨道量子数和自旋量子数,e,m 分别为电子的电荷和质量.

由于原子的总磁矩 $\boldsymbol{\mu}$ 不在总角动量 $\boldsymbol{P}_J$ 的延长线上,$\boldsymbol{\mu}$ 绕 $\boldsymbol{P}_J$ 的延长线旋进.$\boldsymbol{\mu}$ 在 $\boldsymbol{P}_J$ 方向上分量 $\boldsymbol{\mu}_J$ 对外的平均效果不为零,在进行矢量叠加运算后,得到有效 $\boldsymbol{\mu}_J$ 为

$$\boldsymbol{\mu}_J=g\frac{e}{2m}\boldsymbol{P}_J \tag{1-2-3}$$

其中 g 为朗德因子.在 LS 耦合情况下

$$g=1+\frac{J(J+1)-L(L+1)+S(S+1)}{2J(J+1)} \tag{1-2-4}$$

如果知道原子态的性质,它的磁矩就可以通过式(1-2-3)和式(1-2-4)计算出来.

2. 在外磁场作用下原子能级的分裂

当原子放在外磁场中时,原子的总磁矩 $\boldsymbol{\mu}_J$ 将绕外磁场 $\boldsymbol{B}$ 的方向做旋进(图 1-2-2),使原子获得了附加的能量

$$\Delta E=Mg\frac{he}{4\pi m}B \tag{1-2-5}$$

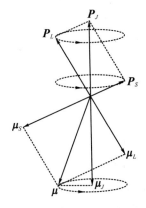

图 1-2-1　角动量和磁矩矢量图

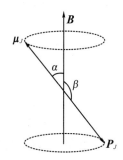

图 1-2-2　角动量旋进

M 称为磁量子数,只能取 $M=J,J-1,\cdots,-J$,共 $2J+1$ 个值.

这说明在稳定磁场作用下,由原来的一个能级分裂成 $2J+1$ 个能级,每个能级的附加量由式(1-2-5)计算,它正比于外磁场强度 B 和朗德因子 g.

3. 能级分裂下的跃迁

设某一光谱线是由能级 E_2 和 E_1 之间的跃迁而产生的,则其谱线的频率 ν 同能级有如下关系:

$$h\nu = E_2 - E_1$$

在外磁场作用下,上下两能级分别分裂为 $2J_1+1$ 个和 $2J_2+1$ 个子能级,附加能量分别为 $\Delta E_1,\Delta E_2$,从上能级各子能级到下能级各子能级的跃迁产生的光谱线频率 ν',应满足下式:

$$
\begin{aligned}
h\nu' &= (E_2+\Delta E_2)-(E_1+\Delta E_1)\\
&= (E_2-E_1)+(\Delta E_2-\Delta E_1)\\
&= h\nu + (M_2 g_2 - M_1 g_1)\frac{eh}{4\pi m}B
\end{aligned}
\tag{1-2-6}
$$

即

$$\nu'-\nu=(M_2 g_2 - M_1 g_1)\frac{e}{4\pi m}B$$

换以波数差来表示 $\left(V=\dfrac{\nu}{c}\right)$

$$
\begin{aligned}
\Delta V = V'-V &= (M_2 g_2 - M_1 g_1)\frac{e}{4\pi mc}B\\
&= (M_2 g_2 - M_1 g_1)\mathscr{L}
\end{aligned}
\tag{1-2-7}
$$

其中 $\mathscr{L}=\dfrac{eB}{4\pi mc}$ 称为洛伦兹单位. $\mathscr{L}=46.67B$,B 的单位是 T(特斯拉),$\mathscr{L}$ 的单位是 m^{-1},也正是正常塞曼效应中谱线分裂的裂距.

M 值的改变需满足选择定则:

(1) $\Delta M=0$,谱线为平面偏振光,电矢量平行于磁场方向.若平行于磁场观察,见不到该谱线,垂直于磁场观察,为振动平行于磁场的线偏振光.此种谱线称为 π 成分.

(2) $\Delta M=\pm1$ 的谱线称为 σ 成分.垂直于磁场观察时为振动垂直于磁场的线偏振光.沿磁场正向观察,$\Delta M=+1$ 为右旋圆偏振光,$\Delta M=-1$ 为左旋圆偏振光.

当 $g_1=g_2=1$ 时,从式(1-2-7)可知,总自旋量子数 S 为 0,$J=L$. 这意味着原子总磁矩唯一由电子轨道磁矩决定,这时原子磁矩与磁场相互作用能量为

$$\Delta E=M\frac{e}{4\pi mc}B$$

塞曼能级跃迁谱线的频率为

$$\nu = \nu_0 \pm \nu_L \quad (\text{当 } \Delta M=\pm1 \text{ 时})$$
$$\nu = \nu_L \quad (\text{当 } \Delta M=0 \text{ 时})$$

式中 $\nu_0=(E_2-E_1)/h$,为拉莫尔旋进频率,$\nu_L=eB/(4\pi m)$.

跃迁谱线对称分布在 ν_0 两侧,其间距等于 ν_L. 即没有外加磁场时的一条谱线,在磁场作用下分裂成频率为 ν_0 和 $\nu_0\pm\nu_L$ 三条谱线,这就是正常塞曼效应. 由此可见,原子内纯电子轨

道运动的塞曼效应为正常塞曼效应.

根据式(1-2-7)可知:正常塞曼效应所分裂的裂距为一个洛伦兹单位,即 $\Delta V=\dfrac{e}{4\pi mc}B$,我们将波数差 ΔV 换成波长差 $\Delta\lambda$,则

$$\Delta\lambda=\lambda^2\,\Delta V=\lambda^2\,\frac{eB}{4\pi mc} \tag{1-2-8}$$

设 $\lambda=500$ nm,磁场强度 $B=1$ T,则 $\Delta\lambda=0.01$ nm,由此可知,塞曼效应分裂的波长差的数值是很小的. 欲观察如此小的波长差,普通棱镜摄谱仪是不能胜任的,必须使用高分辨本领的光谱仪器. 我们所使用的是法布里-泊罗标准具和联合装置来进行观察和测量.下面简单介绍法布里-泊罗标准具的结构和原理.

F-P 标准具的结构为两块平面玻璃板,平板的表面涂以多层介质薄膜,以提高反射率.两块板的中间放一玻璃环,其厚度为 d,装于固定的载架中.该装置应用于多光束干涉中,其干涉条纹为一组明暗相间、条纹清晰、细锐的同心圆环,其经典用处是作为高分辨本领的光谱仪器.

F-P 标准具的光路图如图 1-2-3 所示.当单色平行光束 S_0 以小角度 θ 入射到标准具的 M 平面时,入射光束 S_0 经过 M 表面及 M′ 表面多次反射和透射,形成一系列相互平行的反射光束,这些相邻光束之间有一定的光程差 Δl,而且有

$$\Delta l=2nd\cos\theta$$

式中 d 为平板之间的间距,n 为两平板之间介质的折射率(标准具在空气中使用,$n=1$),θ 为光束入射角.这一系列互相平行并有一定光程差的光在无穷远处或用透镜汇聚在透镜的焦平面上发生干涉,光程差为波长整数倍时产生干涉极大值.

$$2d\cos\theta=K\lambda$$

式中 K 为整数,称为干涉序.由于标准具的间距是固定的,在波长不变的条件下,不同的干涉序 K 对应不同的入射角 θ.在扩展光源照明下,F-P 标准具产生等倾干涉,故它的干涉条纹是一组同心圆环.

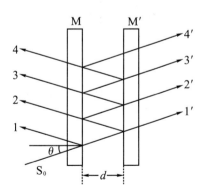

图 1-2-3　标准具光路

由于标准具是多光束干涉,干涉花纹的宽度是非常细锐的,花纹越细锐表示仪器的分辨能力越高.

标准具测量波长差的公式如下:

$$2d\left(1-\frac{D^2}{8f^2}\right)=K\lambda \tag{1-2-9}$$

式中 D 表示圆环的直径，f 为透镜的焦距，d 为 F-P 间的距离.

由上式可见，公式左边第二项的负号表明直径愈大的干涉环纹序愈低. 同理，对于同一级序的干涉环直径大的波长小.

对于同一波长相邻级项 K 和 $K-1$ 圆环直径分别为 D_K 和 D_{K-1}，其直径平方差用 ΔD^2 表示，由式(1-2-9)可得

$$\Delta D^2 = D_{K-1}^2 - D_K^2 = 4\lambda f^2/d \tag{1-2-10}$$

由上式知，ΔD^2 是与干涉级项 K 无关的常数.

对于同一级项不同波长 $\lambda_a,\lambda_b,\lambda_c$ 而言，相邻两个环的波长差 $\Delta\lambda_{ab}$ 的关系由式(1-2-9)得

$$\Delta\lambda_{ab} = \lambda_a - \lambda_b = \frac{d(D_b^2 - D_a^2)}{4f^2 K}$$

$$\Delta\lambda_{bc} = \lambda_b - \lambda_c = \frac{d(D_c^2 - D_b^2)}{4f^2 K}$$

式(1-2-10)代入上式可得

$$\Delta\lambda_{ab} = \lambda_a - \lambda_b = \frac{\lambda(D_b^2 - D_a^2)}{K(D_{K-1}^2 - D_K^2)} \tag{1-2-11}$$

$$\Delta\lambda_{bc} = \lambda_b - \lambda_c = \frac{\lambda(D_c^2 - D_b^2)}{K(D_{K-1}^2 - D_K^2)} \tag{1-2-12}$$

本实验对应圆环直径见图 1-2-4.

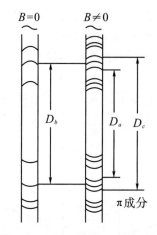

图 1-2-4　塞曼分裂对应圆环图

由于 F-P 标准具中，大多数情况下，$\cos\theta = 1$，所以

$$K = 2d/\lambda$$

于是有

$$\Delta\lambda_{ab} = \lambda_a - \lambda_b = \frac{\lambda^2(D_b^2 - D_a^2)}{2d(D_{K-1}^2 - D_K^2)} \tag{1-2-13}$$

$$\Delta\lambda_{bc} = \lambda_b - \lambda_c = \frac{\lambda^2(D_c^2 - D_b^2)}{2d(D_{K-1}^2 - D_K^2)} \tag{1-2-14}$$

用波数表示为

$$\Delta V_{ab} = V_a - V_b = \frac{D_b^2 - D_a^2}{2d(D_{K-1}^2 - D_K^2)} = \frac{\Delta D_{ab}^2}{2d\Delta D^2} \tag{1-2-15}$$

$$\Delta V_{bc} = V_b - V_c = \frac{D_c^2 - D_b^2}{2d(D_{K-1}^2 - D_K^2)} = \frac{\Delta D_{bc}^2}{2d\Delta D^2} \qquad (1\text{-}2\text{-}16)$$

由上式可知,波长差或波数差与相应干涉圆环的直径平方差成正比.

本实验是以汞放电管为光源,研究波长为 546.1 nm 的绿光谱线的塞曼分裂.谱线是从 $\{6s7s\}^3S_1$ 到 $\{6s6p\}^3P_2$ 能级跃迁产生的.我们将对应于各能级的量子数和 g,M,Mg 值列于表 1-2-1.

表 1-2-1

	L	J	S	g	M	Mg
初态 $^3S_1$	0	1	1	2	1,0,−1	2,0,−2
末态 $^3P_2$	1	2	1	−3/2	2,1,0,−1,−2	3,3/2,0,−3/2,−3

在外磁场作用下能级的分裂如图 1-2-5 所示.

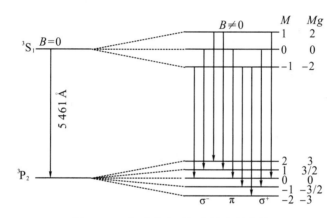

图 1-2-5　汞谱线在磁场中的塞曼分裂

由图可见,Hg 的 546.1 nm 谱线分裂为 9 条等间距的谱线,相邻间距为 1/2 个洛伦兹单位.当垂直于磁场方向观察时(称横效应),将看到 π 分支线.而沿磁场方向观察时(称纵效应),将观察到左旋和右旋偏振光.

【实验装置】

汞放电管及激发电源、电磁铁与电源、法布里-泊罗标准具、滤色片、偏振片、透镜、CCD 与计算机相结合的图像采集系统,如图 1-2-6 所示.

光源用水银放电管,由专用电源点燃;N,S 为电磁铁的磁极,电磁铁用稳压电源供电;L_1 为会聚透镜,使通过标准具的光强增强;F-P 为法布里-泊罗标准具;偏振片用以在垂直磁场方向观察时鉴别 π 成分和 σ 成分;后部分是 CCD 图像采集处理部分.

电荷耦合器件 CCD(Charge Coupled Device)具有光电转换、电荷存储和电荷传输的功能.由面阵 CCD 制成的摄像头,可把经镜头聚焦到 CCD 表面的光学图像扫描变换为相应的电信号,经编码后输出 PAL 或其他制式的彩色全电视视频信号,此视频信号可由监视器或多媒体计算机接受并播放.

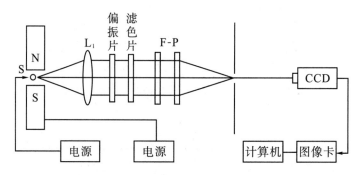

图 1-2-6　塞曼效应实验装置示意图

本实验中用 CCD 作为光探测器,通过图像卡使 F-P 标准具的干涉图样成像在计算机显示器上,实验者可使用本实验专用的实时图像处理软件读取实验数据.

【实验步骤与要求】

观察汞 546.1 nm 的塞曼分裂现象,测量塞曼分裂的谱线直径,算出荷质比,并与理论值比较.

实验步骤如下:

(1) 按图安装仪器,调整光路,使之共轴.

(2) 调节 F-P 标准具内表面的平行度.方法是先移动透镜,使入射光尽量为平行光束,即光源在透镜的前焦平面上,再调节标准具上的 3 个微调螺丝,使干涉圆上、下、左、右各方向条纹宽度均匀细锐.

(3) 接通电磁铁,缓慢增大激磁电流,这时,从显示屏上可观察到细锐的干涉环逐渐变粗,然后发生分裂.随着激磁电流的逐渐增大,谱线的分裂宽度也在不断增宽,当激磁电流达到适当数值时,谱线分裂得很清晰、细锐.旋转偏振片,可观察到 1 个圆环分裂成 3 个圆环的状态即 π 成分.保存下 π 成分的干涉图样,以备后面的数据处理.

(4) 用塞曼效应实验数据处理软件分别测量连续 3 个圆环 D_a,D_b,D_c 的值.算出 $D_{K-1}^2 - D_K^2$,$D_b^2 - D_a^2$,$D_c^2 - D_b^2$ 的平均值,用式(1-2-15)、式(1-2-16)求出塞曼分裂的波数差 ΔV_{ab} 和 ΔV_{bc} 值.

(5) 实验值与理论值比较.由式(1-2-7)计算出 e/m 的实验值.B 为实验时的磁场强度,ΔV 为 ΔV_{ab} 和 ΔV_{bc} 的平均值.

理论值:

$$e/m = 1.758\ 819\ 62 \times 10^{11} (\text{C/kg})$$

【思考题】

(1) 理论上 F-P 标准具两相对反射面距离处处相等,实验中往往不相等.如何判断两反射面是否处处相等? 如果不相等,如何判断哪边 d 大,哪边 d 小?

(2) 为什么改变磁感应强度 **B**,会看到相邻两级谱线的重叠?

(3) 何为正常塞曼效应? 何为反常塞曼效应?

(4) 绘出你所研究的原子光谱线在磁场中的塞曼分裂图.

(5) 怎样观察和鉴别塞曼分裂谱线中的 π 成分和 σ 成分?

实验 1-3 弗兰克-赫兹实验

1914 年,弗兰克(J. Franck)和赫兹(G. Hertz)研究充汞放电管的气体放电现象时,发现透过汞蒸气的电子流随电子的能量显现出周期性变化,同年又拍摄到汞发射光谱的 253.7 nm 谱线,并提出了原子中存在着"临界电位". 1920 年,弗兰克及其合作者对原先的装置做了改进,测得了亚稳能级和较高的激发能级,进一步证实了原子内部能量是量子化的,从而确定了原子能级的存在. 为此,弗兰克和赫兹获得了 1925 年诺贝尔物理学奖.

【实验目的】

(1) 了解弗兰克-赫兹实验的原理.

(2) 学会使用弗兰克-赫兹实验仪.

(3) 测量汞原子第一激发电位,证明原子能级的存在.

(4) 了解电子与原子碰撞和能量交换过程的微观图像,以及影响这个过程的主要物理因素.

(5) 培养学生细致的观察能力和严谨的科学态度.

【实验原理】

玻尔提出的原子理论指出:原子只能较长地停留在一些稳定状态(简称为定态). 原子在这种状态时,不发射或吸收能量. 各定态有一定的能量,其数值是彼此分隔的. 原子的能量不论通过什么方式发生改变,它只能从一个定态跃迁到另一个定态. 原子从一个定态跃迁到另一个定态而发射或吸收辐射时,辐射频率是一定的. 如果用 E_m 和 E_n 分别代表有关两定态的能量,辐射的频率 ν 决定于如下关系:

$$h\nu = E_m - E_n \tag{1-3-1}$$

式中,普朗克常数 $h = 6.63 \times 10^{-34}$ J·s. 为了使原子从低能级向高能级跃迁,可以通过具有一定能量的电子与原子相碰撞进行能量交换的办法来实现.

设初速度为零的电子在电位差为 V_0 的加速电场作用下,获得能量 eV_0. 当具有这种能量的电子与稀薄气体的原子发生碰撞时,就会发生能量交换. 如以 E_1 代表汞原子的基态能量,E_2 代表汞原子的第一激发态能量,那么当汞原子吸收从电子传递来的能量恰好为

$$eV_0 = E_2 - E_1 \tag{1-3-2}$$

时,汞原子就会从基态跃迁到第一激发态,而且相应的电位差称为汞的第一激发电位(或称汞的中肯电位). 测定出这个电位差 V_0,就可以根据式(1-3-2)求出汞原子的基态和第一激发态之间的能量差了(其他元素气体原子的第一激发电位亦可依此法求得). 弗兰克-赫兹实

验的原理如图 1-3-1 所示. 在充汞的弗兰克-赫兹管中, 电子由热阴极发出, 阴极 K 和第一栅极 G1 之间的加速电压主要用于消除阴极电子散射的影响, 阴极 K 和第二栅极 G2 之间的加速电压 V_{G2K} 使电子加速. 在板极 A 和第二栅极 G2 之间加有反向拒斥电压 V_{G2A}. 管内空间电位分布如图 1-3-2 所示.

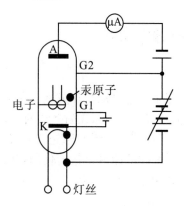

图 1-3-1　弗兰克-赫兹实验原理图

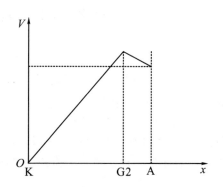

图 1-3-2　弗兰克-赫兹管管内电位分布

电子通过 KG2 空间进入 G2A 空间时, 如果有较大的能量 $(\geqslant eV_{G2A})$, 就能冲过反向拒斥电场而到达板极形成板流, 为微电流计 ⑩A 表检出. 如果电子在 KG2 空间与汞原子碰撞, 把自己一部分能量传给汞原子而使后者激发的话, 电子本身所剩余的能量就很小, 以致通过第二栅极后已不足以克服拒斥电场而被折回到第二栅极, 这时, 通过微电流计 ⑩A 表的电流将显著变小.

实验时, 使 V_{G2K} 电压逐渐增加并仔细观察电流计的电流指示. 如果原子能级确实存在, 而且基态和第一激发态之间有确定的能量差的话, 就能观察到如图 1-3-3 所示的 I_A-V_{G2K} 曲线.

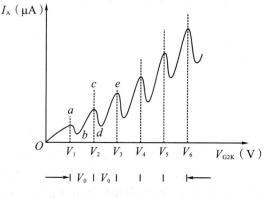

图 1-3-3　I_A-V_{G2K} 的曲线

图 1-3-3 所示的曲线反映了汞原子在 KG2 空间与电子进行能量交换的情况. 当 KG2 空间电压逐渐增加时, 电子在 KG2 空间被加速而获得越来越大的能量. 但起始阶段, 由于电压较低, 电子的能量较小, 即使在运动过程中它与原子相碰撞也只有微小的能量交换 (为弹性碰撞). 穿过第二栅极的电子所形成的板极电流 I_A 将随第二栅极电压 V_{G2K} 的增加而增大 (如图 1-3-3 的 Oa 段). 当 G2K 间的电压达到汞原子的第一激发电位 V_0 时, 电子在第二栅极附近与汞原子相碰撞, 将自己从加速电场中获得的全部能量交给后者, 并且使后者从基态激发到第一激发态. 而电子本身由于把全部能量给了汞原子, 即使穿过了第二栅极也不能克服反向拒斥电场而被折回第二栅极 (被筛选掉), 所以板极电流将显著变小 (图 1-3-3 所示的 ab 段). 随着第二栅极电压的不断增加, 电子的能量也随之增加, 在与汞原子相碰撞后还留下足够的能量, 可以克服反向拒斥电场而达到板极 A, 这时电流又开始上升 (bc 段). 直到 G2K 间电压是二倍汞原子的第一激发电位时, 电子在 G2K 间又会因二次碰撞而失去能量, 因而又会造成第二次板极电流的下降 (cd 段). 同理, 当 G2K 之间电压满足

$$V_{G2K}=nV_0, \quad n=1,2,3,\cdots \tag{1-3-3}$$

时板极电流 I_A 都会相应下跌,形成规则起伏变化的 I_A-V_{G2K} 曲线.而各次板极电流 I_A 达到峰值时相对应的加速电压差 $V_{n+1}-V_n$,即两相邻峰值之间的加速电压差值就是汞原子的第一激发电位值 V_0.

本实验就是要通过实际测量来证实原子能级的存在,并测出汞原子的第一激发电位(公认值为 $V_0=4.9$ V).

原子处于激发态是不稳定的.在实验中被慢电子轰击到第一激发态的原子要跃迁回基态,进行这种反跃迁时,就应该有 eV_0 电子伏特的能量发射出来.反跃迁时,原子是以放出光量子的形式向外辐射能量.这种光辐射的波长满足下列关系:

$$eV_0=h\nu=h\frac{c}{\lambda} \tag{1-3-4}$$

对于汞原子

$$\lambda=\frac{hc}{eV_0}=\frac{6.63\times10^{-34}\times3.00\times10^8}{1.6\times10^{-19}\times4.9} \text{ (m)}=250 \text{ (nm)}$$

如果弗兰克-赫兹管中充以其他元素,则用该方法均可以得到它们的第一激发电位(如表 1-3-1 所示).

表 1-3-1　几种元素的第一激发电位

元素	钠(Na)	钾(K)	锂(Li)	镁(Mg)	汞(Hg)	氦(He)	氖(Ne)
V_0(V)	2.12	1.63	1.84	3.2	4.9	21.2	18.6
λ(nm)	589.8 589.6	766.4 769.9	670.78	457.1	250	58.43	64.02

【实验装置】

测量汞第一激发电位连线如图 1-3-4 所示.

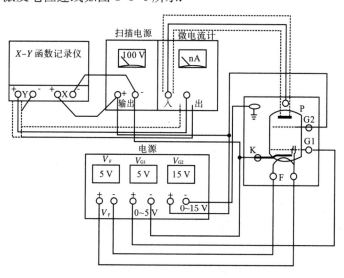

图 1-3-4　测量汞第一激发电位连线图

1. F-H管电源组

用来提供 F-H 管各极所需的工作电压,性能要求如下:

(1) 灯丝电压 V_F,直流 1～5 V 连续可调电压.

(2) 0～5 V 输出,直流 0～5 V 连续可调电压.

(3) 0～15 V 输出,直流 0～15 V 连续可调电压.

2. 扫描电源和微电路放大器

提供 0～90 V 的可调直流电压或慢扫描输出锯齿波电压,作为 F-H 管的加速电压,供手动测量或函数记录仪测量. 微电流放大器用来检测 F-H 管的板流. 性能要求如下:

(1) 具有"手动""自动扫描"两种工作方式,"手动"测量时,输出加速电压为 0～90 V 连续可调.

(2) "自动扫描"测量时,可输出周期变化的锯齿波扫描电压,扫描电压的上限幅度可调节. 自动 2 挡的扫描周期比自动 1 挡得长,可用于慢速记录高激发能级曲线.

(3) 微电路放大器测量范围为 10^{-8} A,10^{-7} A,10^{-6} A 3 挡. 微电流指示表头:若量程选在 10^{-8} 挡时,即表示满刻度指示为 1×10^{-8} A,其他量程挡依此类推.

(4) 极性选择开关:可改变微电流放大器输出电压的极性.

(5) 手动调节电位器:在手动工作方式中,调节此电位器,可输出 0～90 V 的加速电压.

(6) 自动上限调节电位器:调节此电位器可改变自动扫描电压输出的上限值. 如在用充汞 F-H 管时,上限可从 90 V 调小到 50～60 V.

(7) 数字电压表:满量程为 199.9 V.

3. F-H管,加热炉及控温装置

实验中使用的 F-H 管是一种充汞放电管,安装于加热炉内. 前面板画有 F-H 管示意图,见图 1-3-1. F-H 管内各电极已引到前面板的瓷接线柱和 BNC 插头上. 炉顶有安装温度计的小孔,温度计须和控温装置配合使用. 通过后面板的玻璃窗口可观察到内部的 F-H 管.

其性能要求如下:

(1) 谱峰数≥15 个.

(2) 控温范围:(120～200 ℃)±3 ℃.

【实验步骤与要求】

(1) 打开控温仪电流开关,旋转控温旋钮,设定温度 $T=180$ ℃.

(2) 用导线将各仪器正确连接起来.

(3) 将 V_F 和"手动调节"电位器旋转到最小,扫描选择置"手动"挡,极性选择置"负"挡.

(4) 待炉温达到预热温度后(以温度盘指针为准),接通两台仪器的电源,按 F-H 管上标签中参考电压数据,分别调节好 V_{F1},V_{G1},V_{G2}. 扫描选择置"自动"挡,定性观察板流的变化.

(5) 扫描选择置"手动"挡,缓慢调节"手动调节"电位器,从 0 V 至 70 V(须小于 70 V!)逐渐增大加速电压 V_{G2K},定性观察板流的变化,粗测"峰""谷"的位置. 注意选择微电流测试

仪的量程和倍率($\times 10^{-7}$或$\times 10^{-8}$),使板流最大值不超过量程.

(6) 在粗测调整适宜的基础上,从V_{G2K}最小开始逐点记录V_{G2K}和I_A值.V_{G2K}每隔 0.5 V 记录一次,在电流变化较大时,应增加测量点,宜每隔 0.1 V 或 0.2 V 记录一次,直到 11 个峰数.

(7) 用逐差法算出汞原子第一激发电位,并与公认值(4.9 V)相比较,算出测量相对误差和不确定度范围.以 I 为纵坐标,V_{G2K}(或 V_{G2})为横坐标,画出此温度下的 I-V_{G2K}(或I-V_{G2})曲线.

(8) (选做)改变温度,分别测出 190 ℃,170 ℃时 I-V_{G2K}曲线.以 I 为纵坐标,V_{G2K}(或V_{G2})为横坐标,在同一张坐标纸上画出不同温度下的 I-V_{G2K}(或 I-V_{G2})曲线.分析讨论温度对实验曲线的影响.

注意事项:

(1) 仪器连接正确后方可开启电源.

(2) 由于实验时加热炉外壳温度较高,要防止烫伤,导线不要碰到加热炉.

(3) 在测量过程中,当加速电压加到较大时,若发现电流表突然大幅度量程过载,应立即将加速电压降低到零,然后检查灯丝电压是否偏大,或适当降低灯丝电压(每次变小 0.1~0.2 V 为宜),再进行一次全过程测量.若在全过程测量中,电流表指示偏小,可适当加大灯丝电压(每次增大 0.1~0.2 V 为宜).

(4) 为达到理想的 I_A-V_{G2K} 曲线的第一峰值及谷值,炉温宜低些(选为140 ℃),并把测量放大器的灵敏度适当提高(量程用 10^{-8} A 挡).

(5) 使用示波器或记录仪时,炉温应尽可能高些,否则易造成管内电量击穿,但温度最好不要超过 200 ℃,否则实验结果不理想.

【思考题】

(1) 实验中得到的 I_A-U_{G2K}曲线为什么呈周期变化?

(2) 选择不同的U_{G2A}和U_{G1K},它们对 I_A-U_{G2K}曲线会产生什么影响?

(3) 本实验产生误差的主要因素有哪些?

第 2 单元　原子核物理

引　言

　　自 1896 年贝克勒尔(H. Becquerel)发现天然放射性以来,至今人类在探索原子世界方面取得了巨大成功.1911 年卢瑟福提出的原子的核式模型被实验证实后,人们明确了原子与原子核是两个不同层次的微观粒子.此后人们一直在努力探索原子核的结构、组成以及在这一几何尺寸内的各种相互作用,形成了物理学发展的主流方向之一.

　　1919 年,卢瑟福用 α 粒子轰击氮核,打出质子,进行了第一次人工核反应,从此用射线和高能粒子轰击原子核进行核反应的方法成为研究原子核的主要手段,这就导致了各种类型加速器的诞生.1934 年,居里夫人发现了人工放射性,从此人工生产的放射性同位素开始问世.1939 年,哈恩和斯特拉斯曼发现重核裂变现象,开启了人类利用原子能的大门.1942 年,费米建立起第一个链式反应堆,成为人类利用原子能的开始.1952 年第一颗氢弹爆炸成功,人们开始研究可控的热核反应.1954 年,苏联建立起第一个原子能核电站,开辟了人类和平利用原子能的新时代.

　　我国近几十年核电技术取得重大成果,进入创新型国家行列,出现一批国之大器,民族脊梁.彭先觉院士、赵宪庚院士、詹文龙院士、马余刚院士是新中国自己培养出来的核物理科学家,是华夏儿女的新生代,是我国核能产业的领军者.党的二十大报告指出:"深入推进能源革命,加强煤炭清洁高效利用,加大油气资源勘探开发和增储上产力度,加快规划建设新型能源体系,统筹水电开发和生态保护,积极安全有序发展核电,加强能源产供储销体系建设,确保能源安全."我国核能行业协会发布的《中国核能发展报告 2023》蓝皮书显示,截至2022 年底,我国在建核电机组 23 台,总装机容量 2555 万千瓦,核电在建规模世界领先.

　　核物理实验技术是在研究核衰变、核反应过程中发展起来的新技术,它在原子能工业的工艺流程分析、环境保护、医疗、农业、天体物理、材料科学、固体物理、考古等学科领域和生产实践中有着广泛的地应用.正因为如此,在近代物理实验教学中,核物理实验被列为教学内容之一.通过这些实验,可了解核物理的原理、核衰变的规律、探测核衰变的方法以及核辐射防护等基础知识.

◎ 基本概念和基础知识

1. 核衰变

　　理论和实验研究表明,原子核同原子一样,它可以处于各种能态之中.当原子核从高能态跃迁至低能态时就会辐射 α,β,γ,X 等射线. 目前发现的两千余种核素中,绝大多数核素是不稳定的. 它们自发地放出射线,由一种核素变成另一种核素. 原子核的这种自发的衰变过程称为原子核的放射性衰变,也称为核蜕变.

2. 放射性衰变的规律

随着原子核的衰变,放射性物质中所包含的该种原子核的数目会逐渐减少. 例如,把具有 α 放射性的氡 $^{222}_{86}$Rn 单独存放,实验测定,4 天后氡核的数目大约减少一半,8 天后减少到原来的 1/4,经 12 天后减少到原来的 1/8,1 个月后还不到原来的 1%. 以时间为横坐标,以 t_0 时刻与 t 时刻核数目 N_0 与 N 的比值 N/N_0 为纵坐标作图,可得如图2-0-1所示曲线.

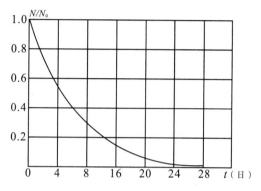

图 2-0-1 $^{222}_{86}$Rn 的衰变规律

根据数据拟合发现,放射性原子核数目是按指数规律减少的.

在放射性物质的样品中,每一个原子核都有一定的衰变概率. 在某一时刻,具体哪一个原子核发生衰变,事先无法知道,但只要放射性核的数目足够多,作为一个整体,它的衰变规律是完全确定的.

3. 衰变常量

若用 N 表示 t 时刻放射性样品中原子核的数目,由上述实验推断,在 $t+dt$ 的时间内发生衰变的原子核的数目为 dN,则 dN 正比于 N 和 dt. 即

$$-dN = \lambda N dt \tag{2-0-1}$$

式中 λ 为比例常数,dN 代表 N 的减少量,所以是负值. 把上式积分得

$$N = N_0 e^{-\lambda t} \tag{2-0-2}$$

N_0 是 $t=0$ 时刻放射性核的数目. $N = N_0 e^{-\lambda t}$ 就是放射性物质衰变规律的数学表达式,它表明放射性原子核的数目是按指数规律衰减的. 由式(2-0-1)得

$$\lambda = \frac{-dN/dt}{N} \tag{2-0-3}$$

由此可见,λ 的物理意义是单位时间内衰变的核数目与该时刻核数目之比. λ 反映的是放射性核数衰变快慢的特征常数,称衰变常数. 实验表明,每一种放射性核素都有确定的 λ 值,与周围温度、压力、磁场、化合物成分等外界因素无关.

4. 半衰期 T

放射性核素衰减到原来数目的一半所需的时间称放射性核素的半衰期. 若用 T 表示半衰期,按定义,$t=T$ 时,$N = \frac{N_0}{2}$,利用前面介绍的 $N = N_0 e^{-\lambda t}$ 公式,可得

$$T = \frac{\ln 2}{\lambda} = \frac{0.693}{\lambda} \tag{2-0-4}$$

这就是衰变常数 λ 和 T 的关系式. 不同核素的半衰期差别很大,短的不到 1 μs,长的达 10^{15} 年.

5. 平均寿命 τ

对大量同一种放射性原子核,在一定时间内有的核先衰变,有的核后衰变,各个核的寿命长短是不相同的,从 $t=0$ 到 $t=\infty$ 都有可能. 所有放射性核平均生存的时间叫平均寿命. 显然,平均寿命 τ 也可作为表征放射性衰变快慢的一个物理量. 它和衰变常数 λ 的关系为

$$\tau = \frac{1}{\lambda} = 1.44T \tag{2-0-5}$$

◎ 核辐射的探测——射线探测器

原子核发生衰变时会发出 α,β,γ,X 等各种射线和粒子,因为它们的尺度非常小,即使用最先进的电子显微镜也不能观察到. 人们根据射线与物质相互作用的规律,设计研制了各种类型的射线探测器. 探测器大致可分为两大类型,即径迹型和信号型.

(1) 径迹型探测器能给出粒子运动的径迹,有的还能测出粒子的速度、性质. 如核乳胶、固体径迹探测器、威尔逊云室、气泡室,这些探测器大多用于高能物理实验.

(2) 信号型探测器是当一个辐射粒子到达探测器时,探测器能够给出一个信号. 根据工作原理不同,又可分以下几种:① 气体探测器;② 半导体探测器;③ 闪烁探测器.

闪烁探测器的工作物质是有机或无机的晶体,射线与闪烁体相互作用,会使其电离激发而产生荧光,从闪烁体出来的光子与光电倍增管的光阴极发生光电效应而击出光电子,光电子在光电倍增管中倍增,形成电子流并在阳极负载上产生电信号,如 NaI(Tl)单晶射线探测器常用来作为探测 γ 射线和 X 射线.

◎ 核辐射的计量与单位

自放射性现象被发现后,在放射学领域先后建立了一些专用单位,其中一些量的概念和定义日趋完善,另一些量或单位趋于淘汰. 从 1984 年开始,在我国包括辐射量在内的所有计量单位都采用国际单位制(SI),部分计量单位暂时与 SI 单位并用. 下面介绍核辐射的计量与单位.

1. 放射性活度(放射源强度)

放射性核素在单位时间内发生核衰变的次数,称为放射源的活度(也称放射性强度),用符号 A 表示,

$$A = \frac{\mathrm{d}N}{\mathrm{d}t}$$

放射性强度的国际单位是贝克勒尔(Becquerel),简称贝可(Bq). 1 Bq 表示 1 s 内发生 1 次核衰变,即 1 Bq=1 次/s.

暂时允许与国际单位并用的另一单位称居里(Ci),1 Ci 相当于 1 g 镭 $_{88}^{226}$Ra 在 1 s 内核衰变次数,即 1 Ci=3.7×10^{10}次/s. 由此可得

$$1 \text{ Ci} = 3.7 \times 10^{10} \text{ Bq}$$

需要指出的是放射性活度只描述放射源在每秒钟内发生衰变的次数,并不表示放射出的粒子数的多少,因为有的核衰变一次只放出一个粒子,而有些核放出不止一个粒子.

2. 照射量(辐射量)

照射量是辐射场的一种量度,表征 X 和 γ 射线在空气介质中的电离能力. 它仅适用于 X,γ 射线及空气介质,而不能用于其他类型的辐射和介质. 照射量的定义是:在标准状态下 1 cm³ 的空气中产生 1 静电单位电荷(正离子或电子)的辐射量,单位为伦琴,用符号 R 表示. 在国际单位制中,照射量的单位是 C/kg. C 为以库仑为单位的电量,kg 为质量单位千克. 由于 1 静电单位电量为 $0.333×10^{-9}$ C,在标准状态下 1 cm³ 空气的质量为 0.001 293 g,所以得

$$1\ \mathrm{R}=2.58×10^{-4}\ \mathrm{C/kg}$$

照射量是辐射场强弱的标志. 一般测量辐射场强弱的辐射仪常以 mR 为单位来刻度.

3. 照射率

照射率是指单位时间内的照射量,记作 P_L,单位常采用 R/h 或 μR/s 等.

若放射源为点式源,它的活度为 A(单位:Ci),与它距离为 L(单位:m)处的照射率

$$P_\mathrm{L}=\frac{A\cdot\varGamma}{L^2}$$

式中 $\varGamma$ 为常数,它表示 1 Ci 的源在距源 1 m 处时给出的以 R/h(伦琴/小时)为单位的射线照射率. 各种放射性同位素 γ 射线的 $\varGamma$ 常数有表可查(放射性辐射防护手册. 北京:人民出版社,1959.).

4. 吸收剂量 *D*

各种射线对物质的作用与单位物质从射线吸收的能量有关. 所谓剂量是指单位质量的被照射物质所吸收的能量值,记作

$$D=\frac{E}{M}$$

式中 D 为吸收剂量,M 是被照射物质的质量,E 是它所吸收的全部射线能量. 在国际单位制中,D 的单位是 J/kg,称为戈瑞(Gray),用符号 Gy 表示.

吸收剂量的专用单位是拉德,符号为 rad. 它的定义是:任何 1 kg 物质当吸收射线能量为 1/100 J 时的辐射剂量.

$$1\ \mathrm{rad}=0.01\ \mathrm{J/kg}=0.01\ \mathrm{Gy}$$

$$1\ \mathrm{Gy}=100\ \mathrm{rad}$$

5. 剂量当量 *H*

一般来说,即使受相同剂量的照射,导致的生物效应的严重程度及发生概率大小会因射线种类不同、照射条件差异而不同. 按照上述照射量和吸收剂量的概念并不能确切反映出各种射线对人机体的危害程度. 因此在辐射防护中又引入了剂量当量的概念. 它与吸收剂量的关系是

$$H=QD$$

式中 Q 是相对生物效应因数. 对于 β 和 γ 射线,Q 取 1;对于慢中子,Q 取 4～5;对于快中子,Q 约为 10;对于能量从 5～10 MeV 的 α 粒子,Q 取 10～20.

H 的国际单位是希沃特(Sievert),用符号 Sv 表示,暂与国际单位并用的单位是雷姆,用符号 rem 表示,

$$1\ \text{rem} = Q \times 1\ \text{rad}$$

剂量当量与吸收剂量有相同的量纲,所以剂量当量的 SI 单位也是 J/kg,

$$1\ \text{Sv} = 1\ \text{J/kg}$$

$$1\ \text{rem} = 0.01\ \text{Sv},\quad 1\ \text{Sv} = 100\ \text{rem}$$

以上介绍的 5 个概念是放射学中常用的. 在使用中,有时用国际单位,也有人习惯使用专用单位. 现列出 5 个辐射量的单位对照表,以方便读者查阅(表 2-0-1).

表 2-0-1　常用辐射计量国际单位与专用单位对照表

辐射计量名称	SI 名称	SI 单位	历史上专用单位名称	国际单位与历史专用单位换算关系
放射性活度(强度)A	贝可(Bq)	秒$^{-1}$(s^{-1})	居里(Ci)	$1\ \text{Bq} = 2.7 \times 10^{-11}\ \text{Ci}$ $1\ \text{Ci} = 3.7 \times 10^{10}\ \text{Bq}$
照射量 Z		库仑/千克(C/kg)	伦琴(R)	$1\ \text{R} = 2.58 \times 10^{-4}\ \text{C/kg}$
照射率 P_{L}			伦琴/小时(R/h)	
吸收剂量 D	戈瑞(Gy)	焦耳/千克(J/kg)	拉德(rad)	$1\ \text{Gy} = 100\ \text{rad}$ $1\ \text{rad} = 0.01\ \text{Gy}$
剂量当量 H	希沃(Sv)	焦耳/千克(J/kg)	雷姆(rem)	$1\ \text{Sv} = 100\ \text{rem}$ $1\ \text{rem} = 0.01\ \text{Sv}$

◎ 在有放射性环境下工作时的安全操作与防护

随着核辐射的广泛应用,人们与各种射线打交道的机会也越来越多,过量的辐射照射会造成人体的损伤. 但辐射是可以防护的,我们只要以科学的态度严肃认真地对待它,就会是安全的. 对核辐射,不能麻痹大意,也不要过分紧张,谈"核"色变.

在核物理实验中,所用放射源基本分两类. 一类是将放射性物质放在密封的容器中,在正常使用情况下无放射性物质的泄漏,称封闭源;另一类是将放射性物质黏附在托盘上(有时在源的活性面上覆盖一层极薄的有机膜),这类放射源称开放式源. 一般 γ 源属封闭式,而 α 和 β 源多为后者. 开放源在使用的过程中,放射性物质有可能向周围环境扩散. 在实验教学中,放射源的活度一般在微居里至毫居里级.

1. 外照射防护的基本原则和措施

外照射就是射线从外部照射人体组织. 其防护的原则和措施是:

(1) 控制时间

接触射线的时间越短,人体的接受的照射量就越少,因而要求操作前做好准备工作,操作尽可能简单快捷,避免在辐射场中过多停留.

（2）控制距离

人体受到的照射率是与距离平方成反比的，因此增大放射源与人体的距离，可以显著减少人体对放射线的接收剂量.

（3）实施屏蔽

根据射线通过物质后能量和强度会损失的特点，在人体与放射源之间设置屏蔽可以有效地减少辐射对人体的伤害. 常用的屏蔽材料有砖、水泥、有机玻璃及铅、铁、铝等金属.

2. 内照射防护的原则和措施

所谓内照射就是放射性物质侵入体内（吞入、吸入或通过伤口侵入），射线从内部照射. 一般来说内照射的危害比外照射更大，除医疗目的外，应严格禁止放射物进入体内. 其防护原则是：

（1）在操作放射源时需在通风橱中进行，并要戴上手套和口罩.

（2）在放射性工作场所内，严禁进食、吸烟、饮水和存放食物，要正确使用防护用品，操作结束后必须洗手.

（3）如面部、手部有伤口，应暂时停止从事可能受到放射性污染的工作.

3. 放射源的安全操作

（1）放射源应在固定的并加了铅屏蔽的地方存放. 实验结束后把放射源立即归还原处.

（2）任何形式封装的放射源，均不得用手接触其活性区.

（3）操作 α,β,γ,X 射线源时，应戴防护眼镜，切忌用眼睛直视活性区，以免损伤角膜.

对于外照射，只要不超过一定限量是允许的. 目前，现行职业放射性工作人员的外照射最大允许剂量标准为每年 0.05 Sv，一般居民相当于每周 0.001 Sv. 对 α 粒子，即使最高能量的 α 粒子，在空气中射程不过几厘米，所以在任何放射性活度水平下均无显著的辐射危害，但却要重视它的污染危险.

实验 2-1　NaI(TI)闪烁谱仪

【实验目的】

（1）了解谱仪的结构和工作原理.

（2）初步掌握安装、调试谱仪的方法.

（3）测定谱仪的能量分辨率以及能量线性.

（4）学习对谱仪的刻度（校准）.

（5）测定 ^{137}Cs γ 能谱并进行能谱分析.

（6）测量未知源的 γ 能谱并确定 γ 射线的能量.

【实验原理】

闪烁体探测器(scintillation detector)是利用电离辐射在某些物质中产生的闪光来进行探测的,也是当前应用较多、较广泛的电离辐射探测器.

NaI(TI)闪烁谱仪由 NaI(TI)闪烁体、光电倍增管、射极输出器和高压电源以及线性脉冲放大器、多道分析器等电子学设备组成. 图 2-1-1 为传统 NaI(TI)闪烁谱仪装置的示意图. 此种谱仪既能对辐射强度进行测量又可作辐射能量的分析,同时具有对 γ 射线探测效率高(比 GM 计数器高几十倍)和分辨时间短的优点.

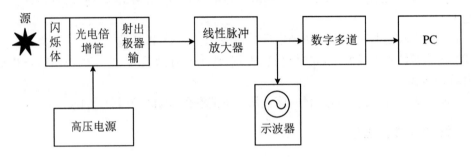

图 2-1-1   NaI(TI)闪烁谱仪装置示意图

◎ γ 射线与物质的相互作用

当 γ 射线入射至闪烁体时,主要发生光电效应(图 2-1-3)、康普顿效应(图 2-1-4)和电子对效应(图 2-1-5)三种基本相互作用过程. 对于低能 γ 射线和原子序数高的吸收物质,光电效应占优势;对于中能 γ 射线和原子序数低的吸收物质,康普顿效应占优势;对于高能 γ 射线和原子序数高的吸收物质,电子对效应占优势,如图 2-1-2 所示.

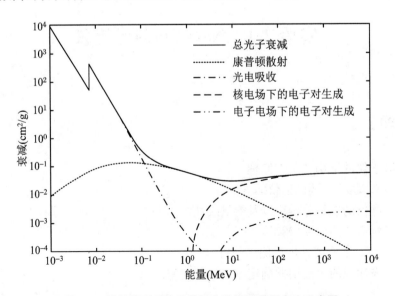

图 2-1-2   铁的物质吸收系数及各种相互作用占比示意图

1. 光电效应

γ 光子与介质的原子相互作用时,整个光子被原子吸收,其所有能量传递给原子中的一个电子(多发生于内层电子).该电子获得能量后就离开原子而被发射出来,称为光电子.光电子的能量等于入射 γ 光子的能量减去电子的结合能.光电子与普通电子一样,能继续与介质产生激发、电离等作用.由于电子壳层出现空位,外层电子补空位并发射特征 X 射线.在闪烁体中,X 光子会很快地被再次光电吸收,将其能量转移给光电子.上述两个过程是几乎同时发生的,因此它们相应的光输出必然是叠加在一起的,即由光电效应形成的脉冲幅度直接代表了 γ 射线的能量(而非 E_γ 减去该层电子结合能).

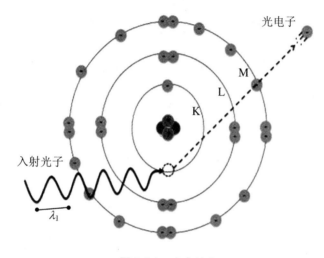

图 2-1-3　光电效应

2. 康普顿效应

1923 年,美国物理学家康普顿(A. H. Compton)发现 X 光与电子散射时波长会发生移动,称为康普顿效应.γ 光子与原子外层电子(可视为自由电子)发生弹性碰撞,γ 光子只将部分能量传递给原子中外层电子,使该电子脱离核的束缚从原子中射出.光子本身改变运动方向.被发射出的电子称康普顿电子,能继续与介质发生相互作用.

散射光子与入射光子的方向间夹角称为散射角,一般记为 θ.反冲电子反冲方向与入射光子的方向间夹角称为反冲角,一般记为 φ.当散射角 $\theta=0°$,散射光子的能量为最大值,这时反冲电子的能量为 0,光子能量没有损失;当散射角 $\theta=180°$ 时,入射光子和电子对头碰撞,沿相反方向散射回来,而反冲电子沿入射光子方向飞出,这种情况称反散射,此时散射光子的能量最小.

3. 电子对效应

能量大于 1.022 MeV 的 γ 光子从原子核旁经过时,在原子核的库仑场作用下,γ 光子转变成一个正电子和一个负电子的现象被称作电子对效应.光子的能量一部分转变成正、负电子的静止能量(1.022 MeV),其余就作为它们的动能.被发射出的电子还能继续与介质产生激发、电离等作用;正电子在损失能量之后,将与物质中的负电子相结合而变成 γ 射线,即湮没(annihilation),探测这种湮没辐射是判明正电子产生的可靠实验依据.

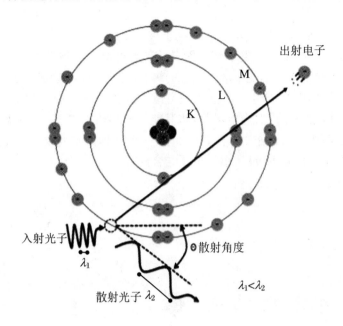

图 2-1-4　康普顿效应

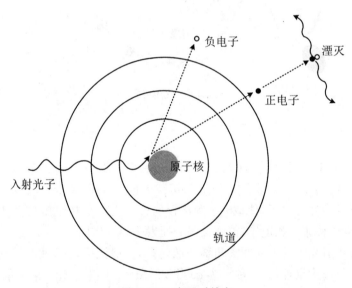

图 2-1-5　电子对效应

◎ γ能谱的构成及分析

在物理学中,粒子能谱是指粒子的计数或粒子束流的强度随粒子能量的分布.通过对谱仪进行能量刻度之后,就可以得到当前环境下粒子在探测器中的沉积能量的分布情况,就是对粒子能谱的一种定量分析.

在γ射线与闪烁体材料发生的相互作用中,光电效应及康普顿散射效应两种过程中会产生次级电子,而电子对效应过程会出现正、负电子对.次级电子将能量消耗在闪烁体中,将使闪烁体中原子电离、激发而后产生荧光. 光电倍增管的光阴极将收集到的这些光子转换成光电子,光电子再在光电倍增管中倍增,最后经过倍增的电子在管子阳极上收集起来,并通过阳极负载电阻形成电压脉冲信号,如图2-1-6 所示.

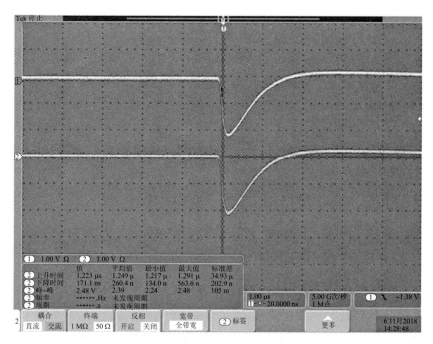

图 2-1-6　示波器荧光屏上观察到的闪烁体探测器信号图示

　　γ 射线与物质的三种作用所产生的次级电子能量各不相同,因此对于一条单能量的 γ 射线,闪烁探测器输出的次级电子脉冲幅度仍有一个很宽的分布. 分布形状决定于三种相互作用的贡献. 图 2-1-7 和图 2-1-8 分别给出了 ^{137}Cs 和 ^{60}Co 放射源的能谱示意图.

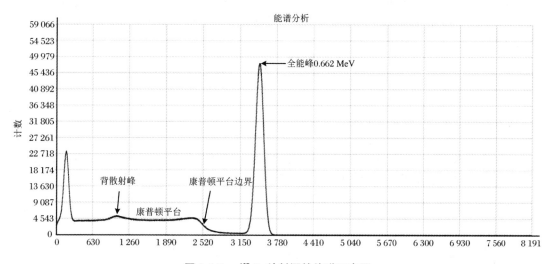

图 2-1-7　　^{137}Cs 放射源的能谱示意图

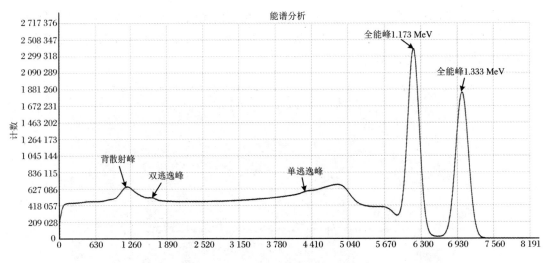

图 2-1-8　^{60}Co 放射源的能谱示意图

一般情况下，γ 射线的能谱主要包含以下一些主要结构：

1. 全能峰

全能峰是指当 γ 粒子的全部能量都沉积在探测器内时贡献的信号形成的峰. 它理论上应该是一条单能谱线，但由于谱仪有限的能量分辨能力，这条谱线就被展宽成了一个高斯形状的峰. 一般情况下，寻峰操作意味着针对这类峰进行高斯拟合. 全能峰的主要贡献者是发生了光电效应的那些 γ 入射事例，因此其又常被称为光电峰.

全能峰的峰位能量应该为 E_γ，即入射的 γ 光子的能量.

2. 康普顿平台

康普顿平台是一个能量从零开始的连续区域，其主要贡献者是发生了康普顿效应的那些 γ 入射事例. 因此其能量的最大值应该是电子在康普顿散射中所能得到的最大能量，也就是康普顿散射角度在 $180°$ 时的示例.

$$E_{\text{Compton max}} = \frac{E_\gamma}{1 + \dfrac{m_0 c^2}{2E_\gamma}} \tag{2-1-1}$$

3. 背散射峰

在真实情况下，有一些 γ 光子可能在进入探测器之前已经经历过一次或者多次康普顿散射过程，这种现象在能谱上会形成一个峰结构，这个峰的峰计数大多是由一些经过约 $180°$ 散射后的 γ 光子贡献的，因此被称为背散射峰. 其峰位大致位于全能峰减去康普顿边界的能量.

4. 单、双逃逸峰

对于入射 γ 光子能量大于两倍电子静质量（1.022 MeV）时，电子对效应就可能发生，这时候正、负电子湮灭后产生的两个 511 keV 的次级 γ 可能：

（1）都把全部能量沉积在探测器中.

（2）其中一个逃离了探测器,而另一个能量全部沉积在探测器中,此时将在能谱中产生一个峰位为 $E_\gamma - 511$ keV 的峰,即单逃逸峰.

（3）两个都逃离了探测器,此时将在能谱中产生一个峰位为 $E_\gamma - 2 \times 511$ keV 的峰,即双逃逸峰.

在 γ 射线能区,光电效应主要发生在 K 壳层.谱峰称为全能峰.

一台闪烁谱仪的基本性能由能量分辨率、线性及稳定性来衡量.探测器输出脉冲幅度的形成过程中存在着统计涨落,即使是确定能量的粒子的脉冲幅度,也仍具有一定的分布,其分布示意图如图 2-1-9 所示.通常把分布曲线极大值一半处的全宽度称半宽度即 FWHM,有时也用 ΔE 表示.半宽度反映了谱仪对相邻脉冲幅度或能量的分辨本领.因为有些涨落因素与能量有关,使用相对分辨本领即能量分辨率 η 更为确切.一般谱仪在线性条件下工作,故也等于脉冲幅度分辨率,即

$$\eta = \frac{\Delta E}{E} = \frac{\Delta V}{V} = \frac{\Delta Chn}{Chn} \tag{2-1-2}$$

$E(V, Chn)$ 和 $\Delta E(\Delta V, \Delta Chn)$ 分别为谱线的对应能量(幅度值、道址值)和谱线的半宽度(幅度分布的半宽度、道址分布的半宽度).标准 ^{137}Cs 全能峰最明显和典型,因此经常用 ^{137}Cs 0.662 MeV 的 γ 射线的能量分辨率来检验与比较 γ 谱仪的这一特性.NaI(TI)闪烁体探测器一般的 η 为 7.0% 左右.

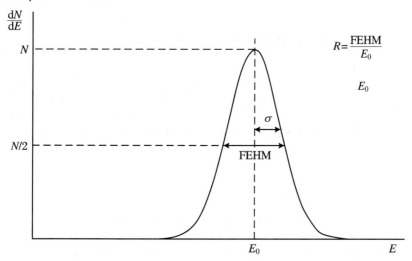

图 2-1-9　单能粒子脉冲幅度分布示意图

闪烁探测器输出脉冲幅度的涨落是由很多因素决定的.理论计算指出:选择发光效率高的闪烁体,使用光电转换效率高的光阴极材料,以及提高光电子第一次被阴极收集的效率等均有利于改善能量分辨率.

◎ NaI(TI)闪烁体探测器的工作原理

1. NaI(TI)闪烁体

本实验用的 NaI(TI)无机闪烁体,它是透明的单晶体,有纯的和铊(TI)激活的两种.在 NaI 中加入微量的铊时,发光效率高.对所发射的光是透明的,发光衰减时间为 0.23 μs.它

的特点是：密度大；含有高原子序数元素碘，因此无论是对带电粒子，还是 γ 射线，都有大的电离损失和高的探测效率；能量分辨率好；能量正比关系较好；易制备、价格便宜；它可以制成各种形状大小的晶体，最常见的是圆柱形、井形、环形、薄片形，不仅可以测量高能电子和 γ 射线，同时可以测量微弱的 β 和 γ 固体或液体样品，还可测量低能 γ 和 X 射线.

NaI(TI)最大的缺点是：容易潮解，易吸收空气中的水分后发黄变质，导致不能使用. 使用时应注意不要剧烈振动和冲击，在正常使用温度下，不要使周围温度突变. 为防止潮解失效，NaI(TI)必须封装在密闭的包壳内. NaI(TI)包壳一面是透明性好的光学玻璃，它与晶体之间加一点硅油，使光学玻璃与晶体之间紧密地结合，在包壳的其他面与晶体之间要加氧化镁反射层，以提高光的收集系数. 使用完毕，要储存在有硅胶等干燥剂的干燥罐中，避光保存.

2. 光电倍增管

光电倍增管是一种真空光电器件，它的结构有直线聚焦形、百叶窗形、盒栅形等. 它的工作原理是建立在光电效应、二次电子发射和电子光学的理论基础上的. 图 2-1-10 是闪烁体与光电倍增管组成的闪烁体探测器的基本原理图.

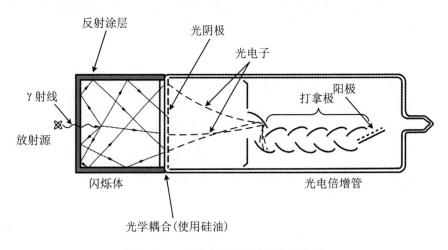

图 2-1-10 闪烁体探测器的基本原理图

它由光电阴极(K)、电子光学输入系统、二次发射倍增系统(D_1,D_2,D_3,$\cdots$,D_{10})及阳极(A)等密封在真空玻璃壳中组成. 光电阴极是接受光子而放出光电子的电极，它是用光电效应概率较大，光电子逸出功小的特殊材料制成.

电子光学输入系统由光电阴极(K)和第一倍增极(D)之间的电极结构以及所加的电压构成，它使光电子尽可能多地聚焦在第一倍增极的有效面积上.

二次发射倍增系统由若干倍增极组成. 工作时各电极依次加上递增电位. 从光电阴极发射的光电子，经过电子光学输入系统入射到第一倍增极上，产生一定数量的二次电子，这些二次电子在电场作用下入射到下一个倍增极，二次电子又得到倍增，如此不断进行，一直到电子流被阳极收集. 光电倍增管的倍增系数 M 是阳极输出电流与阴极光电流之比，它与每个倍增极的倍增系数 δ 的关系为

$$M = \delta^n \tag{2-1-3}$$

式中 n 为倍增极的级数，M 一般为 $10^4 \sim 10^6$.

3. 高压供电和分压器

加在阳极,二次倍增极直到阴极上的依此递减的电压,由一台直流高压电源(插件)串接一串电阻(R_1,R_2,$\cdots$,R_{11})分压器供给,即使同种型号的光电倍增管,由于工艺上的不一致性,倍增系数差别还是很大的,要求电源电压有较大的调节范围,一般为 $600\sim2000$ V,适当调节高压可使输出脉冲幅度达到所需的要求.

对高压电源的输出电流的要求由流经分压电阻的电流 I_R 决定. 由于光电倍增管内电流也要经过分压电阻,这就会改变倍增极之间的电压. 特别是靠近阳极的几个极间电压,光电倍增管内电流倍增相当大,因而影响也较大. 这种电流 I_a 流经分压电阻的方向刚好与 I_R 相反,使极间电压降低,但总的电压不变,因此靠光阴极的几个极间电压会升高,总的效果使倍增系数(M)增加,设倍增系数 M 增加 ΔM,则

$$\frac{\Delta M}{M} = \frac{I_a}{I_R} \tag{2-1-4}$$

式中 I_a 为光电倍增管的平均输出电流. 为了使光电倍增管的输出信号幅度不随 I_a 变化,即在高计数率下 M 不变化,就要求 $I_R \gg I_a$,一般情况下当 I_a 为 $0.1\sim1$ mA,即可满足要求. 若入射粒子数很大,则 I_R 还要取更大一些.

在光电倍增管中,正高压或负高压电源都可使用.本实验用正高压电源,"$-$"接地,"$+$"接高压. 这是由于光阴极和光电倍增管的外壳接地,而避光外壳和电磁屏蔽都处在地电位,因此能够避免噪声的增加和工作的不稳定性. 对能谱测量是有好处的. 但是用正高压时,脉冲输出就要采用耐高压电容:另外由于开关高压时,有的电源有较大的跳变,这就会通过耦合电容进入测量电路,容易造成晶体管击穿,而且纹波也容易进入测量电路中. 因此在增加电压时要缓慢调节,降低电压时也要缓慢逐步降压. 由于高压的变化会影响总的倍增系数 M,造成输出脉冲幅度不稳,因此对高压电源也有一定要求. 经估算作为能谱分析要求高压电源不稳定性 $<0.05\%$ 一般作计数测量小于 0.1% 就可以了.

由上述可知,加在光电倍增管的分压电阻可分为三段.阴极和第一个倍增极之间的是电子光学输入系统,它们之间的电压对能量分辨率影响最大. 为了得到尽可能高的收集系数和第一级倍增系数,它们之间所加的电压(电场)要适当高一些;中间一段所连接的各倍增极是均匀分压的;靠近阳极的一、二级由于电流较大,为了避免空间电荷积累造成的饱和(非线性),就需要加大电压. 分压电阻之间的具体关系与对能量分辨率、线性、输出电流等要求有关,差别较大,而且各管子也不一样,在严格要求时,往往要单个调节. 分压电阻值一般可以估算,在物理测量中分压电阻值一般在 100 k$\Omega\sim1$ MΩ 之间. 光电倍增管在工作时脉冲电流很大,特别在最后几级,为保证极间工作电压不变,就在最后三级并联上滤波电容,C 越大,稳压滤波越好,但是也不能太大,否则高计数率下将产生脉冲堆积造成电压漂移,光电倍增管的放大倍数发生变化. 一般取 $C = 0.01$ μF~1000 PF.

显然,利用 γ 谱解析核素的或能量相近的 γ 射线时,受到了谱仪能量分辨率的限制. 这时就需要借助于实验上得到的单能 γ 谱的经验规律,例如半宽度随着 γ 射线能量变化的经验规律,以及各种数学处理方法来解决.

◎ γ 射线谱仪的能量刻度

能量线性指谱仪对入射 γ 射线的能量和它产生的脉冲幅度之间的对应关系. 一般 NaI

(TI)闪烁谱仪在较宽的能量范围内(100 keV~1300 keV)是近似线性的. 这是利用该谱仪进行射线能量分析与判断未知放射性核素的重要依据. 通常,在实验上利用系列 γ 标准源,在确定的实验条件下分别测量系列源 γ 谱. 由已知 γ 射线能量全能峰峰位对相应的能量作图,这条曲线即能量刻度曲线. 典型的能量刻度曲线为不通过原点的一条直线,即

$$E(x_p) = Gx_p + E_0 \tag{2-1-5}$$

式中 x_p 为全能峰峰位;E_0 为直线截距;G 为增益即每伏(或每道)相应的能量. 能量刻度亦可选用标准^{137}Cs(0.662 MeV)和^{60}Co(1.17、1.33 MeV)来做,如图 2-1-11 所示. 实验中欲得到较理想的线性,还需要注意对放大器及单道分析器甄别阈的线性进行必要的检验与调整. 此外,实验条件变化时应重新进行刻度.

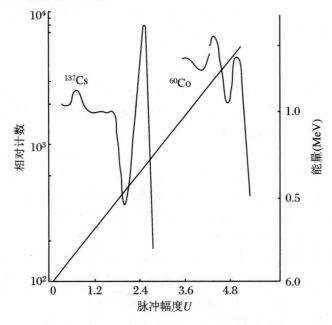

图 2-1-11   用^{137}Cs和^{60}Co放射源做谱仪能量刻度示意图

显然,确定未知 γ 射线能量的正确性取决于全能峰峰位的正确性. 这将与谱仪的稳定性、能量刻度线的原点及增益漂移有关. 事实上,未知源总是和标准源非同时测量的,因此很可能他们的能谱对应了不同的原点及增益. 当确定能量的精确度要求较高时,需用电子计算机处理,调整统一零点及增益,才能得到真正的能量与全能峰峰位的对应关系. 至于全能峰峰位的确定,本实验可在能谱达到足够数目的计数后由选择全能峰并进行寻峰得到.

【实验内容】

(1) 了解真实闪烁体探测器的原理、构成及其安装方法.

(2) 观察并记录真实探测器信号的信息(如选购真实 NaI(TI)探测器),观察并记录模拟探测器输出信号的信息.

(3) 学习 γ 射线谱仪的能量刻度方法,并做好能量刻度.

(4) 测量未知放射源的能谱,求得未知 γ 放射源的能量以进行放射源识别.

【实验步骤】

1. 学习闪烁体探测器的原理、构成，及其组装步骤

能量刻度是能谱实验的基本步骤，是多道分析器进行 γ 放射源能量测量的前提条件. 本实验将利用 ^{137}Cs 与 ^{60}Co 放射源进行能量刻度.

（1）放置"模拟放射源 ^{137}Cs"在放射源平台上，观察模拟探测器 LED 灯快速闪烁之后显示为红色，说明"模拟放射源 ^{137}Cs"识别成功.

（2）在"大物实验教学软件"页面中，点击"开始测量"按钮，等待"谱信息"栏的"总计数"大于 100 万，以降低统计误差.

（3）在能谱中点击并拖动鼠标，选中全能峰. 点击"寻峰"，在"谱信息"栏得到全能峰的峰位及半高宽信息并记录（注：请思考，如何选取合适的感兴趣区）.

（4）改变放射源种类为"模拟放射源 ^{60}Co"，重复（2）、（3）步骤.

（5）在"刻度信息"栏中，添加三个全能峰的"峰位与能量"信息，其中，峰位由寻峰求得，能量信息由表 2-1-1 可查得. 点击"刻度"按钮即可实现能量刻度.

表 2-1-1　常用 γ 放射源数据表

核素	光　　　子（γ）	
	能量（keV）	发射概率
^{22}Na	511	Annih.
	1275	100%
^{55}Fe	5.899	24.4%
	6.49	2.86%
^{57}Co	14	9%
	122	86%
	136	11%
	Fe K x rays	58%
^{60}Co	1173	100%
	1333	100%
^{113}Sn	392	65%
	Ag K x rays	97%
^{137}Cs	662	85%
^{133}Ba	81	34%
	356	62%
	Cs K x rays	121%
^{241}Am	60	36%
	Np L x rays	38%

续表

核素	光　子(γ)	
	能量(keV)	发射概率(%)
	121.78	28.58%
	244.7	7.58%
	344.28	26.5%
	778.9	12.94%
^{152}Eu	964.08	14.6%
	1085.9	10.21%
	1112.1	13.64%
	1408	21%

(6) 分别对 ^{137}Cs 与 ^{60}Co 两种放射源的三个全能峰重新进行寻峰操作,求得它们的全能峰的能量值与实际能量值之间的误差.

2. 理解如何对未知源进行识别

(1) 改变当前放射源种类为"模拟放射源 未知源".

(2) 测量未知 γ 放射源的能谱,并等待"总计数"大于 100 万,以降低统计误差.

(3) 找到未知 γ 放射源的所有全能峰,并对其进行寻峰操作,记录其全能峰的能量信息.

(4) 根据能量信息,查看第(2)步的常用 γ 放射源数据库表格,识别未知放射源的种类.

【实验数据处理】

(1) 绘制 ^{137}Cs γ 能谱图,求能量分辨率并解释其谱形.

(2) 在同一坐标图上分别绘制 ^{60}Co,^{137}Cs,^{57}Co 的全能峰,并利用 ^{137}Cs 与 ^{60}Co 放射源进行能量刻度.

(3) 根据绘得的刻度曲线确定未知 γ 源的能量及源种类.

(4) 求不同 γ 射线能量分辨率 η,利用不同 γ 射线能量 E_γ,绘制 $\ln E_\gamma$-$\ln\eta$ 曲线图.

【思考题】

(1) γ 射线与物质的三种相互作用分别是 γ 射线和物质中原子的什么成分发生的相互作用?

(2) ^{60}Co 放射源的其中一个全能峰能量为 1.332 MeV,其对应的单逃逸峰能量与双逃逸峰能量分别是多少?

(3) ^{22}Na 放射源的其中一个全能峰能量为 1.275 MeV,其对应的康普顿散射平台的能量上限是多少?

(4) ^{137}Cs 放射源的其中一个全能峰能量为 0.662 MeV,其对应的背散射峰的能量大致是多少?

实验 2-2　γ 射线的吸收

【实验目的】

（1）验证 γ 射线通过物质时其强度减弱遵循指数规律.

（2）测量 γ 射线在不同物质中的吸收系数.

【实验原理】

当 γ 射线穿过物质时,与物质作用发生光电效应、康普顿效应和电子对效应（当 γ 能量大于 1.02 MeV 时才产生）,γ 射线损失其能量. γ 射线与物质的原子一旦发生三种相互作用,原来为 E_γ 的光子就消失,或散射后能量改变并偏离原来的入射方向. 通常把通过物质的未经过相互作用的光子所组成的射线束称为窄束 γ 射线（也称为良好的几何条件下的射线束）. γ 射线通过物质时其强度会逐渐减弱,这种现象称为 γ 射线吸收,单能窄束 γ 射线强度的衰减,遵循指数规律,即

$$I = I_0 e^{-\sigma_\gamma N x} = I_0 e^{-\mu x} \tag{2-2-1}$$

其中 I_0, I 分别是通过物质前、后 γ 射线强度,x 是 γ 射线通过物质的厚度（单位为 cm）,σ_γ 是三种效应（光电效应、康普顿效应和电子对效应）截面之和,N 是吸收物质单位体积中的原子数,μ 是物质的线性吸收系数（$\mu = \sigma_\gamma N$,单位为 cm^{-1}）. 显然 μ 的大小反映了物质吸收 γ 射线能力的大小.

由于在相同的实验条件下,某一时刻的计数率 n 总是与该时刻的 γ 射线强度 I 成正比,因此 I 与 x 的关系也可以用 n 与 x 的关系来代替. 由(2-2-1)式可以得到

$$n = n_0 e^{-\mu x} \tag{2-2-2}$$

$$\ln n = \ln n_0 - \mu x \tag{2-2-3}$$

可见,如果在半对数坐标图上绘制吸收曲线,那么这条曲线就是一条直线（图 2-2-1）,该直线斜率的绝对值就是线性吸收系数 μ.

如果所要测定的放射源包括多种能量的 γ 射线,在半对数坐标纸上的标绘将是一条曲线,随着 γ 射线通过物质厚度（x）的增加,低能 γ 射线逐渐被过滤出去,当吸收物质超过一定的厚度以后,当厚度继续增加时,则吸收曲线将是一条直线,根据这条直线的斜率的绝对值,我们就可以得到最大能量 γ 射线的吸收系数;把这一直延伸到 $x = 0$,再以原来的吸收曲线减去这条直线相对应吸收厚度的计数率,就可以得到其他能量的 γ 射线的吸收曲线,从得到的曲线最后部分求斜率,即可得到能量仅次于最高能量 γ 射线的吸收系数;重复上述方法,就能依次得到其他 γ 射线的吸收系数.

为了得到准确的结果,最好是放射源只放出一种能量的射线或者是探测器能对各种能量的 γ 射线进行鉴别.

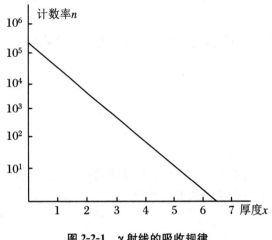

图 2-2-1　γ 射线的吸收规律

吸收系数 μ 表示单位路程上 γ 射线与物质发生三种相互作用的总几率，若分别考虑每一种效应，则有光电吸收系数 μ_{ph}、康普顿吸收系数 μ_e，和电子对吸收系数 μ_p. 总的吸收系数 μ 为

$$\mu = \mu_p h + \mu_e + \mu_p \tag{2-2-4}$$

由于三种效应的截面都是随入射 γ 射线能量 E_γ 和吸收物质的原子序数 Z 而变化，因而吸收系数 μ 也就随 E_γ 和 Z 而变化，$\mu_{ph} \propto Z^5$，$\mu_e \propto Z$，$\mu_p \propto Z^2$，图 2-2-2 给出铅、锡、铜、铝对 γ 射线的线性吸收系数与 γ 射线能量的关系曲线.

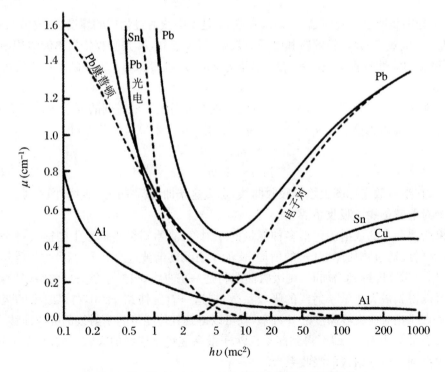

图 2-2-2　锡、铅、铜、铝对 γ 射线的吸收系数和能量的关系

因为 $N=(\rho/A)\cdot N_A$，A 为原子质量数，N_A 为阿伏伽德罗常数，所以 $\mu=\sigma\gamma(\rho/A)N_A$，$\mu$ 与吸收物质密度有关. 用质量衰减系数来表示更为方便. 令 $\mu_{\mathrm{m}}=\mu/\rho$，则式(2-2-1)可改为

$$I = I_0\mathrm{e}^{-\mu_{\mathrm{m}}x_{\mathrm{m}}} \tag{2-2-5}$$

式中 $x_{\mathrm{m}}=\rho x$，称为质量厚度，单位为 g·cm^{-2}，μ_{m} 的单位为 cm^2·g^{-1}.

把 γ 射线强度减弱到 $\frac{1}{2}I_0$ 所需的吸收层厚度，称为半吸收厚度，记为 $d_{1/2}$，从式(2-2-3)可以得出 $d_{1/2}$ 和 μ 的关系为

$$d\frac{1}{2} = \frac{\ln 2}{\mu} = \frac{0.693}{\mu} \tag{2-2-6}$$

以上两种方法都是用作图方法求得线性吸收系数的，其特点是直观、简单，但误差比较大. 比较好的方法是用最小二乘法直接拟合来求得线性吸收系数.

对于一系列的吸收片厚度 $x_1,x_2,x_3,\cdots,x_n$（假定 x_i 没有误差），测到一系列的计数值 $N_1,N_2,\cdots,N_n$（这些计数值都正比于射线强度），经计算得到一系列的计数率 $n_i=N_i/t_i$，这里 t_i 是相应于 N_i 的测量时间，利用式(2-2-2)令 $y=\ln n$ 则 $y=ax+b$，其中斜率 a（即为 $-\mu$）与截距 b 的计算公式为

$$a = \frac{[w][wx\ln n]-[wx][w\ln n]}{[w][wx^2]-[wx]^2}$$

$$b = \frac{[w\ln n][wx^2]-[wx\ln n][wx]}{[w][wx^2]-[wx]^2}$$

其中 $[wx]=\sum_{i=1}^{n}w_i x_i$（$w_i$ 表示 $y=\ln n_i$ 的权重），其他类似. w_i 的计算如下（假定本底不大和本底误差可以忽略）：

$$\sigma_{y_i} = \sigma_{\ln n_i} = \frac{\sigma_{n_i}}{n_i} = \frac{1}{\sqrt{N_i}}$$

$$w_i \propto \frac{1}{\sigma_{y_i}^2} = \frac{1}{\sigma_{\ln n_i}^2} = N_i$$

a 和 b 的标准误差为

$$\sigma_a = \sigma_y\sqrt{\frac{[w]}{[w][wx^2]-[wx]^2}}$$

$$\sigma_b = \sigma_y\sqrt{\frac{[wx^2]}{[w][wx^2]-[wx]^2}}$$

式中 $\sigma_y=\sqrt{\dfrac{[w_i V_i^2]}{n-2}}$，$v_i=y_i-\hat{y}_i$，其中 y_i 是测量值，$\hat{y}_i$ 是拟合值.

根据 γ 吸收的原理，可以制成各种料位计、密度计、厚度计等. 目前这一类仪器在工业部门中已得到推广.

上面的讨论都是指窄束 γ 射线的吸收过程. 实际上，γ 射线大多为宽束辐射，探测器记录下来的脉冲数可能有五种来源（图 2-2-3）：① 透过吸收物质的 γ 射线；② 由周围物质散射而进入的次级 γ 射线；③ 与吸收物质发生小角度散射而进入的次级 γ 射线；④ 在探测器对源所张立体角度以外的 γ 射线被吸收物质散射而进入；⑤ 本底. 这时探测器计数要比公式(2-2-1)给出得多，必须进行修正，如仍用式(2-2-1)，则相当于 μ 值变小. 通常是使用窄束的 μ 值，对式(2-2-1)加以修正得

$$I = I_0 B e^{-\mu x} \tag{2-2-7}$$

B 是大于 1 的修正因子,通常称累积因子,与 γ 射线能量,吸收物质原子序数,厚度和几何形状等有关,有专门表可查. 一般说 γ 射线能量越小,吸收层厚度愈大,吸收物质 Z 越小,则 B 越大.

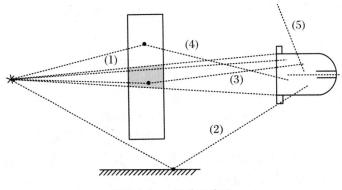

图 2-2-3 γ 吸收示意图

【实验内容】

（1）选择良好的实验条件,测量 ^{137}Cs 的 γ 射线在一组吸收片(铅、铁、铜、铝)中的吸收曲线,并由定出线性吸收系数和半吸收厚度.

（2）用最小二乘直线拟合的方法求出线性吸收系数.

【实验步骤】

理解物质对 γ 射线的吸收公式的物理意义. 学习测量物质对一定能量的 γ 射线的吸收本领.

1. 无吸收片时,全能峰的计数率

（1）放置"模拟放射源 ^{137}Cs"在放射源平台上,观察模拟探测器 LED 灯快速闪烁之后显示为红色,说明"模拟放射源 ^{137}Cs"识别成功.

（2）在"大物实验教学软件"页面中,点击"开始测量"按钮,测量此时的能谱.

（3）在能谱中点击并拖动鼠标,选中全能峰. 使得感兴趣区总计数大于 20 万,观察此时的谱形及实时计数率(注:请思考,如何选取合适的感兴趣区).

（4）停止测量. 点击"寻峰",在"谱信息"栏得到全能峰的峰位及半高宽信息并记录.

（5）根据"谱信息"栏的"测量时间"与"ROI 面积"信息,计算全能峰的计数率.

2. 有吸收片时,全能峰的计数率

（1）放置"模拟吸收体 Fe 1 cm"在吸收体平台上,观察模拟探测器 LED 灯快速闪烁之后显示为绿色,说明"模拟吸收体 Fe 1 cm"识别成功.

（2）清除原有数据,测量能谱,使得感兴趣区总计数大于 20 万,观察此时的谱形及实时计数率(注:此时谱形有什么变化吗? 为什么?).

（3）停止测量.不要改变感兴趣区的范围,对全能峰进行寻峰,记录峰位等信息(注:峰位及半高宽信息有什么变化吗? 为什么?).

（4）根据"谱信息"栏的"测量时间"与"ROI 面积"信息,计算全能峰的计数率.

（5）测量吸收片分别为 2～5 cm 时,全能峰范围的计数率.根据 γ 射线的吸收公式拟合,结合吸收片的密度,计算该吸收片对 662 keV 的 γ 射线的吸收本领和半吸收厚度.

（6）改变"吸收片种类"分别为铅、铜、铝,重复（2）～（5）步,计算不同吸收片对 662 keV 的 γ 射线的吸收本领和半吸收厚度.

【实验数据处理】

用最小二乘法原理拟合测量得到的铁、铅、铜和铝的吸收曲线并分别求出 μ 值以及半吸收厚度.

【思考题】

（1）什么叫 γ 射线被吸收了? 为什么说 γ 射线通过物质时没有确定的射程?

（1）什么样的几何布置条件才是良好的几何条件? 吸收片的位置应当放在靠近放射源还是靠近探测器的地方?

（1）试分析在不好的几何条件下,测出的半吸收厚度是偏大还是偏小? 为什么?

实验 2-3　放射性测量的统计误差

【实验目的】

（1）验证原子核衰变及放射性计数的统计规律.

（2）了解统计误差的意义,掌握计算统计误差的方法.

（3）掌握对测量精度的要求,合理选择测量时间的方法.

【实验原理】

放射性原子核的衰变彼此是独立无关的,我们无法预知每个原子核的衰变时刻.两次原子核衰变的时间间隔也不一样,在重复的放射性测量中,即使保持完全相同的实验条件,每次测量的结果也不完全相同,而是围绕着其平均值上下涨落,有时甚至差别很大.这种现象就叫作放射性计数的统计性.放射性计数的这种统计性反映了放射性原子核衰变本身固有的特性,与使用的测量仪器及技术无关.

放射性测量就是在衰变的统计涨落影响下进行的,因此了解统计误差的规律,对评估测结果的可靠性是很必要的.

1. 核衰变的统计规律

放射性原子核衰变的统计分布可以根据数理统计分布的理论来推导. 放射性原子核衰变的过程是一个相互独立彼此无关的过程,即每一个原子核的衰变是完全独立的,和别的原子核是否衰变没有关系,而且哪一个原子核先衰变,哪一个原子核后衰变也纯属偶然的,并无一定的次序,因此放射性原子核的衰变可以看成是一种伯努里试验问题. 设在 $t=0$ 时,放射性原子核的总数是 N_0,在 t 时间内将有一部分核发生了衰变. 已知任何一个核在 t 时间内衰变的概率为 $W=(1-e^{-\lambda t})$,不衰变的概率为 $q=1-W=e^{-\lambda t}$,λ 是该放性原子核的衰变常数. 利用二项式分布可以得到总核数 N_0 在 t 时间内有 N 个核发生衰变的概率 $W(N)$ 为

$$W(N) = \frac{N_0!}{(N_0-N)!N!}(1-e^{-\lambda t})^N (e^{-\lambda t})^{N_0-N} \qquad (2\text{-}3\text{-}1)$$

在 t 时间内,衰变掉的原子核平均数为

$$\overline{N} = N_0 W = N_0(1-e^{-\lambda t}) \qquad (2\text{-}3\text{-}2)$$

其相应的均方根差为

$$\sigma = \sqrt{N_0 W q} = \sqrt{\overline{N}(1-W)} = (\overline{N}e^{-\lambda t})^{\frac{1}{2}} \qquad (2\text{-}3\text{-}3)$$

假如 $\lambda t \ll 1$,即时间 t 远比半衰期小,这时 σ 可简化为

$$\sigma = \sqrt{\overline{N}} \qquad (2\text{-}3\text{-}4)$$

N_0 总是一个很大的数目,而且如果满足 $\lambda t \ll 1$,则二项式分布可以简化为泊松分布,因为在二项式分布中,N_0 不小于 100,而且 W 不大于 0.01 的情况下,泊松分布能很好地近似于二项式分布. 此时几率分布可写成

$$W(N) = \frac{\overline{N}^N}{N!}e^{\overline{N}} \qquad (2\text{-}3\text{-}5)$$

如图 2-3-1 所示,在泊松分布中,N 的取值范围为所有的正整数 $(0,1,2,3,\cdots)$,并且在 $N=\overline{N}$ 附近时,$W(N)$ 有一极大值. 当 $\overline{N}$ 较小时,分布是不对称的;$\overline{N}$ 较大时,分布渐趋近

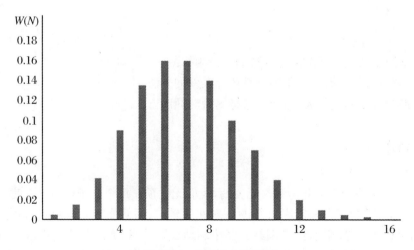

图 2-3-1　泊松分布示意图

于对称,当 $\overline{N} \geqslant 20$ 时,泊松分布一般就可用正态(高斯)分布来代替.

$$W(N) = \frac{1}{\sqrt{2\pi}\sigma} e^{\frac{-(N-\overline{N})^2}{2\sigma^2}} \tag{2-3-6}$$

式中 $\sigma^2 = \overline{N}$, $W(N)$ 是在 N 处的概率密度值(图 2-3-2).

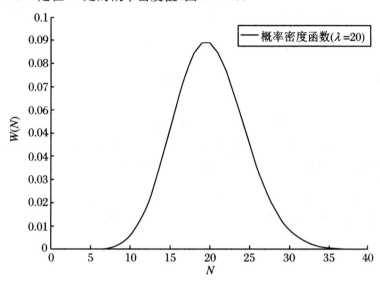

图 2-3-2 高斯分布示意图

当我们用探测器记录衰变粒子引起的脉冲数时,这个脉冲数与衰变原子核数是成正比的.通过观察大量的单个衰变事件,就可以得到在预定时间间隔内可能发生的衰变数.假设在时间间隔 t 内核衰变的平均数为 $\overline{N}$,则在此时间间隔 t 内衰变数为 N 的出现几率为 $W(N)$.当 $\overline{N}$ 值较大(一般大于 20)时,在同一测量装置上对同一放射源进行多次测量,在坐标纸上画出每一次测量值出现的几率,就可以得到高斯分布曲线(图 2-3-2).若以出现几率最大的测量值 $\overline{N}$ 为轴线,高斯分布曲线是对称的,它表示单次测值偏离平均值(真值)的几率是正负对称的,偏离愈大,出现的几率越小:出现几率较大的计数值与平均值的偏差较小.所以我们在实际测量中,当测量时间 t 小于放射性核的半衰期时,可以用一次测量结果 N 来代替平均值 $\overline{N}$,其统计差为 $\sigma = \sqrt{N}$,测量结果可以写成

$$N \pm \sqrt{N} \tag{2-3-7}$$

它的物理意义表示在完全相同的条件下再进行一次测量,其测量值处于 $N-\sqrt{N}$ 到 $N+\sqrt{N}$ 范围内的几率为 68.3%,用数理统计的术语来说,我们把 68.3% 称为"置信度".相应的置信区间为 $N\pm\sigma$,而当置信区间为 $N\pm2\sigma$ 和 $N\pm3\sigma$ 时,相应的置信度为 95.5% 和 99.7%,测量的相对误差为

$$\delta = \frac{\sigma}{N} = \frac{\sqrt{N}}{N} = \frac{1}{\sqrt{N}} \tag{2-3-8}$$

δ 可以用来说明测量的精度,当 N 大时 δ 小,表示测量精度高;当 N 小时 δ 大,表示测量精度低.

2. 测量时间的选择

测量放射性时,一般对计数率 $n = \dfrac{N}{t}$(脉冲数/秒)或放射性的衰变率 A(衰变数/秒)感兴趣,因为时间 t 的测量不受统计涨落影响,所以

$$\frac{N \pm \sqrt{N}}{t} = \frac{N}{t} \pm \frac{\sqrt{N}}{t}$$

因此计数率的统计误差可表示为

$$n \pm \sqrt{\frac{n}{t}} = n\left(1 \pm \frac{1}{\sqrt{nt}}\right) = n\left(1 \pm \frac{1}{\sqrt{N}}\right) \tag{2-3-9}$$

只要计数 N 相同,计数率和计数的相对误差是一样的. 当计数率不变时,测时间越长,误差越小;当测量时间被限定时,则计数率越高,误差越小.

如果进行 m 次重复测量,总计数为 N_0,平均计数为 $\overline{N}$,总计数和误差用 $m\overline{N} \pm \sqrt{m\overline{N}}$ 表示,平均计数及统计误差可表示为

$$\overline{N} \pm \sqrt{\frac{\overline{N}}{m}} = \overline{N}\left(1 \pm \frac{1}{\sqrt{m\overline{N}}}\right) = \overline{N}\left(1 \pm \frac{1}{\sqrt{N_0}}\right) \tag{2-3-10}$$

由此可见,测量次数越多,误差越小,精确度越高. 但 m 次测量总计数 N,和平均值 $\overline{N}$ 的相对误差是一样的.

在测量较强的放射性时,必须对测量结果进行由于探测系统分辨时间不够小所引起的漏计数的校正. 而在低水平测量中,必须考虑到本底计数的统计涨落. 所谓本底涨落是由于宇宙线和测量装置周围有微量放射性物质的沾染等原因造成的. 本底计数也服从统计规律. 考虑本底的统计误差后,源的净计数率的数学表达式为

$$n \pm \sigma_n = (n_s - n_b) \pm \sqrt{\frac{n_s}{t_s} + \frac{n_b}{t_b}} \tag{2-3-11}$$

而相对误差为

$$\delta = \frac{\sqrt{\dfrac{n_s}{t_s} + \dfrac{n_b}{t_b}}}{n_s - n_b} \tag{2-3-12}$$

式中 n_s 为测量源加本底的总计数率,n_b 为没有放射源时的本底计数率,t_s 为有源时的测量时间,t_b 为本底测量时间.

从上式可以看出:

(1) 本底计数率越大,对测量精度的影响越大,因此在测量时应很好屏蔽,想方设法降低本底计数率.

(2) 为了减少 n 的误差应增加 t_s 和 t_b,但过长的测量时间对我们并不利,故要选择合适的测量时间. 一般是在限定的误差范围内,确定最短的测量时间;或者是在总测量时间一定时合理地分配 t_s 和 t_b,以获得最小的测量误差. 根据 $\dfrac{\mathrm{d}\sigma_n}{\mathrm{d}t_s} = 0$ 或 $\dfrac{\mathrm{d}\sigma_n}{\mathrm{d}t_b} = 0$ 可以求出,当 $\dfrac{t_s}{t_b} = \sqrt{\dfrac{n_s}{n_b}}$ 时统计误差具有最小值. 被测样品放射性愈强,本底测量时间就愈短,究竟选用多长的测量

时间,由测量精度决定.由式(2-3-8)和式(2-3-9)可以导出在给定的计数率相对误差 δ 的情况下,样品和本底测量时间各为

$$t_s = \frac{n_s + \sqrt{n_s n_b}}{(n_s - n_b)^2 \delta^2}; \quad t_b = \frac{n_b + \sqrt{n_s n_b}}{(n_s - n_b)^2 \delta^2} \tag{2-3-13}$$

【实验内容】

(1) 在相同条件下,对本底进行重复测量,画出本底计数的频率分布图,并与理论分布图做比较.

(2) 根据实验精度要求选择测量时间.

(3) 用 χ^2 检验法检验放射性计数的统计分布类型.

【实验步骤】

(1) 打开"大物实验教学软件",点击"设置",选择"计数器模式""确定".

(2) 不放置"模拟放射源",点击"设置",更改计数时长为 0.1,要求测量次数在 1 000 次以上.记录计数发生次数并做好实验数据统计.

(3) 不放置"模拟放射源",点击"设置",更改计数时长为 1,要求测量次数在 1 000 次以上.记录计数发生次数并做好实验数据统计.

(4) 放置"模拟放射源^{137}Cs",点击"设置",更改计数时长为 1,要求测量次数在 1 000 次以上.记录计数发生次数并做好实验数据统计.

【实验数据处理】

(1) 泊松分布和高斯分布数据都要处理.

(2) 将实验数据列表并作出频率直方图.

(3) 按公式计算理论曲线并与实验曲线进行比较.

(4) 计算算术平均值的统计误差.

(5) 计算一次测量值的统计误差.

(6) 计算测量数据落在 $\overline{N} \pm \sigma$, $\overline{N} \pm 2\sigma$, $\overline{N} \pm 3\sigma$ 范围内的频率.

(7) 进行 χ^2 检验.

【思考题】

(1) 什么是放射性原子核衰变的统计性? 它服从什么规律? 在实验中如何判断你所做的是泊松分布还是高斯分布?

(2) σ 的物理意义是什么? 以单次测量值 N 如何表示放射性测量值? 其物理意义是

什么?

(3) 测量一个放射源(如本底计数 $n_b = 50$ 计数/分,$n_s = 150$ 计数/分)若要求测量精度达到 1‰应如何选择 t_s 和 t_b?

(4) 测量^{137}Cs γ 射线计数(不考虑本底影响)测量时间是 30 s,求计数的统计误差是多少? 如果增加源强,假定 10 s 测得的计数恰好与上述 30 s 测得的计数相同,求两次计数率的统计误差各是多少?

第3单元　光　　学

引　言

　　自从 1960 年梅曼(Maiman)用红宝石制成第一台激光器以来,光学开始进入了一个新的发展时期,以至于成为现代物理学和现代科学技术前沿的重要组成部分.激光具有极好的单色性、高亮度和良好的方向性,所以自发现以来得到迅速的发展和广泛应用,引起了光学领域和科学技术的重大变革.目前,人们已经获得了在气体、液体、固体以及半导体等材料中的激光输出;有上万条的激光谱线及许多连续可调节的波段,其波长几乎遍及了从真空紫外到远红外的整个光谱范围.激光已深入到许多学科领域,形成了许多新的科学分支,如激光物理、激光光谱学、非线性光学、超快(超强)光学、量子光学、原子光学、纳米光学等,在计量科学、工业生产、通信、化学、生物、材料加工、军事、航空航天、信息处理、医疗卫生、文化教育、农业等领域也得到日益深入和广泛的应用.我国的光学工业发展迅猛,基础研究和原始创新不断加强,一些关键核心技术实现突破,载人航天、探月探火、深海深地探测、超级计算机、卫星导航、量子信息、核电技术、新能源技术、大飞机制造、生物医药等取得重大成果.

　　早在激光器出现以前,为了提高电子显微镜的分辨本领,1948 年盖伯提出了著名的全息术实验原理.由于当时实验条件的限制,有十几年的时间这方面的工作进展并不显著.激光的出现为全息术提供了理想的光源,从此全息术的研究工作进入了一个新的阶段,相继出现了许多全息方法,开辟了全息应用的新课题,有的已收到了实际应用的效果,如全息术在显微技术、干涉计量、信息的存储和处理等方面的应用.傅里叶光学是现代光学的重要分支,图像的光学信息处理是它的重要应用之一.光学信息处理的基本做法是根据对图像的处理要求,制作合适的空间滤波器,然后用这个滤波器对图像的频谱加以改造,从而提取所需要的信息.在实际操作中经常利用透镜实现图像空间与频谱空间的傅里叶变换和逆变换以达到信息处理的目的.

　　光学研究既要有严密的理论基础,又要有精密的实验条件,光学是理论和应用结合得很紧密的一门学科.在近代物理实验中,光学所研究的内容和范围主要是近代光学,它涉及光的反射和折射、干涉和衍射、辐射和吸收、色散和散射,以及透明晶体光学等现象.

　　在这一单元里,我们将研究全息技术、激光技术、傅里叶光学、像差理论,还安排了有关光学现象与电磁现象相联系、与薄膜测量相结合的实验项目,用以拓展学生的知识面,加深学生对光学现象的理解,更好地将光学现象应用于实际工作中.

实验 3-1　法拉第效应

1845 年,英国科学家法拉第(M. Faraday)在探索电磁现象和光学现象之间的联系时,发现了一种现象:当一束平面偏振光穿过介质时,如果在介质中沿光的传播方向加上一个磁场,就会观察到光经过样品后偏振面转过一个角度,亦即磁场使介质具有了旋光性,这种现象后来就称为法拉第效应.

法拉第效应有许多方面的应用,它可以作为物质结构研究的手段,如根据结构不同的碳氢化合物的法拉第效应的表现不同来分析碳氢化合物;在半导体物理的研究中,它可以用来测量载流子的有效质量和提供能带结构的知识;特别是在激光技术中,利用法拉第效应的特性,制成了光波隔离器或单通器,这在激光多级放大技术和高分辨激光光谱技术中都是不可缺少的器件. 此外,在激光通信、激光雷达等技术中,也应用了基于法拉第效应的光频环行器、调制器等.

【实验目的】

(1) 通过本实验了解法拉第效应原理.
(2) 掌握法拉第旋光角的测量方法.
(3) 培养学生认真的观察能力和严谨的科学态度.

【实验原理】

◎ 法拉第效应实验规律

(1) 当磁场不是非常强时,法拉第效应中偏振面转过的角度 θ,与沿介质厚度方向所加磁场的磁感应强度 B 及介质厚度 L 成正比,即

$$\theta = VBL \tag{3-1-1}$$

或

$$\theta = V \int_0^L B \mathrm{d}l$$

式中比例常数 V 叫作费尔德常数.

几乎所有的物质都存在法拉第效应,对于不同的物质偏振面旋转的方向可能不同. 设想磁场 B 是由绕在样品上的螺旋线圈产生的. 习惯上规定:振动面的旋转方向和螺旋线圈中电流方向一致,称为正旋($V>0$);反之,叫作负旋($V<0$). V 由物质和工作波长决定,它表征物质的磁光特性.

(2) 对于每一种给定的物质,法拉第旋转方向仅由磁场方向决定,而与光的传播方向无关,不管传播方向与 B 同向或反向,这是法拉第磁光效应与某些物质的固有旋光效应的重要区别. 固有旋光效应的物质旋光方向与光的传播方向有关,对固有旋光效应而言,随着顺光

线和逆光线方向观察,线偏振光的振动面的旋向是相反的,因此,当光波往返两次穿过固有旋光物质时,则会一次沿某一方向旋转,另一次沿相反方向旋转,结果是振动面复位,即振动面没有旋转.而法拉第效应则不然,在磁场方向不变的情况下,光线往返穿过磁致旋光物质时,法拉第转角将加倍,即转角为 2θ.利用法拉第旋向与光传播方向无关这一特性,可令光线在介质中往返数次,从而使效应加强.

（3）与固有旋光效应类比,法拉第效应还有旋光色散,即费尔德常数 V 随波长 λ 而变.一束白色线偏振光穿过磁致旋光物质,紫光的振动面要比红光的振动面转过的角度大,这就是旋光色散.

实验表明,磁致旋光物质的费尔德常数 V 随波长 λ 的增加而变小.旋光色散曲线又称法拉第旋转谱.

法拉第效应示意图如图 3-1-1 所示.

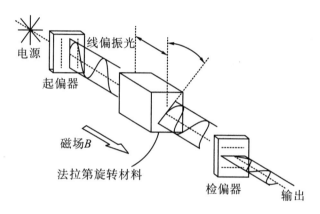

图 3-1-1　法拉第效应示意图

◎ 法拉第效应实验原理

1. 法拉第效应的旋光角

一束平面偏振光可以分解为两个同频率、等振幅的左旋和右旋圆偏振光. 设线偏振光的电矢量为 E,角频率为 ω,可以把 E 看作左旋圆偏振光 E_L 和右旋圆偏振光 E_R 之和,通过磁场中的磁性物质(以下简称为介质)时,E_L 的传播速度为 v_L,E_R 的传播速度为 v_R. 通过长度 D 的介质后,E_L 与 E_R 之间产生相位差

$$\theta = \omega(t_R - t_L) = \omega\left(\frac{D}{v_R} - \frac{D}{v_L}\right) = \frac{\omega D}{c}(n_R - n_L) \tag{3-1-2}$$

式中 t_R,n_R 为 E_R 光通过介质的时间和折射率,t_L,n_L 为 E_L 光通过介质的时间和折射率,c 为真空中的光速.

当它们穿过介质重新合成为平面偏振光时,出射的线偏振光相对于入射介质前的线偏振光转过一个角度

$$\alpha_F = \frac{\theta}{2} = \frac{\omega D}{2c}(n_R - n_L) \tag{3-1-3}$$

α_F 即为法拉第效应的旋光角.

2. 法拉第效应旋光角的计算

电子磁矩为

$$\boldsymbol{\mu} = -\frac{e}{2m}\boldsymbol{L}$$

式中 e,m 为电子电荷和质量，$\boldsymbol{L}$ 为电子轨道角动量. 在磁场 $\boldsymbol{B}$ 的作用下，电子磁矩具有势能

$$\Psi = -\boldsymbol{\mu} \cdot \boldsymbol{B} = \frac{e}{2m}\boldsymbol{L} \cdot \boldsymbol{B} = \frac{eB}{2m}L_B$$

式中 L_B 为 $\boldsymbol{L}$ 在磁场方向的分量.

在磁场的作用下，当左旋圆偏振光通过样品时，光把电子从基态激发到较高能级，跃迁时轨道电子吸收光的能量，电子的能级结构不变，势能增加了

$$\Delta\Psi_{\mathrm{L}} = \frac{eB}{2m}\Delta L_B = \frac{eB}{2m}\hbar$$

可以认为，用能量为 $\hbar\omega$ 的左旋圆偏振光子激发电子，电子在磁场中的能级结构与用能量为 $\hbar\omega - \Delta\Psi_{\mathrm{L}}$ 的光子激发电子时，电子在没有磁场时的能级结构相同，即

$$n_{\mathrm{L}}(\hbar\omega) = n(\hbar\omega - \Delta\Psi_{\mathrm{L}})$$

或写作

$$n_{\mathrm{L}}(\omega) = n\left(\omega - \frac{\Delta\Psi_{\mathrm{L}}}{\hbar}\right)$$

$$\approx n(\omega) - \frac{\mathrm{d}n}{\mathrm{d}\omega}\frac{\Delta\Psi_{\mathrm{L}}}{\hbar}$$

$$\approx n(\omega) - \frac{\mathrm{d}n}{\mathrm{d}\omega}\frac{eB}{2m}$$

对于右旋圆偏振光，由类似的推导可得

$$\Delta\Psi_{\mathrm{R}} = -\left(\frac{eB}{2m}\right)\hbar$$

$$n_{\mathrm{R}}(\omega) \approx n(\omega) + \frac{\mathrm{d}n}{\mathrm{d}\omega}\frac{eB}{2m}$$

则

$$n_{\mathrm{R}}(\omega) - n_{\mathrm{L}}(\omega) = \frac{eB}{m}\frac{\mathrm{d}n}{\mathrm{d}\omega} \tag{3-1-4}$$

将式(3-1-4)代入式(3-1-3)得

$$\alpha_{\mathrm{F}} = \frac{DeB}{2mc}\omega\,\frac{\mathrm{d}n}{\mathrm{d}\omega} = \left(-\frac{e}{2mc}\right)\lambda\,\frac{\mathrm{d}n}{\mathrm{d}\lambda}DB = V_{(\lambda)}DB \tag{3-1-5}$$

式中

$$V_{(\lambda)} = -\frac{e}{2mc}\lambda\,\frac{\mathrm{d}n}{\mathrm{d}\lambda}$$

称为费尔德常数，它反映了介质材料的一方面特性. 式(3-1-5)适用于国际单位制，B 的单位是 T(特斯拉)，1 T = 10^4 Gs(高斯). 式(3-1-5)就是计算法拉第效应旋光角的公式，它表示旋光角与磁场强度及介质长度成正比，且与入射光波长及介质的色散有关.

法拉第效应测试仪结构示意图如图 3-1-2 所示.

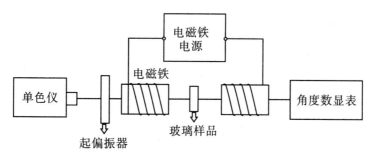

图 3-1-2　法拉第效应测试仪结构示意图

【实验装置】

1. 光源系统

光源产生复合白光,通过单色仪可获得波长 360~800 nm 的单色光. 单色光经过偏振片变成平面偏振光.

2. 磁场和样品介质

激磁电流与磁场强度的关系曲线如图 3-1-3 所示.

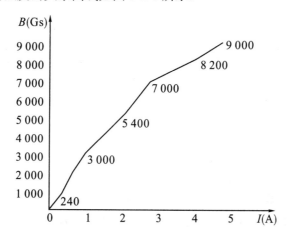

图 3-1-3　激磁电流与磁场强度的关系曲线

直流电磁铁磁极柱直径 40 mm,磁路中有直径 60 mm 通光孔,因此能保证入射光的光轴方向与磁场 B 的方向一致,磁极间隙为 11 mm.

样品介质为玻璃呈棱镜片(顶角为 60°)的形状,样品固定在电磁铁两极之间的夹具上.

3. 小型单色仪

可变狭缝,高 10 mm、宽 0~3 mm;鼓轮格值 0.01 mm.

从照明系统发出的复合光束,光束被色散棱镜分解成不同折射角的单色平行光,又经过物镜聚焦,由小反射镜 M 反射到出射狭缝 F′ 处,F′ 限制谱线的宽窄,从而获得单色光束. 旋转棱镜,在 F′处可获得不同波长的单色光束(图 3-1-4).

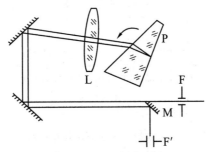

图 3-1-4　光路原理图

表 3-1-1 列举了可见波长部分实测数据.

表 3-1-1　可见波长部分实测数据

波长	鼓轮读数	波长	鼓轮读数
(μm)	棱镜(60°)	(μm)	棱镜(60°)
0.404 7	1.827	0.577 0	4.890
0.407 7	1.950	0.579 0	4.909
0.434 1	2.704	0.587 6	4.990
0.435 8	2.742	0.589 3	5.000
0.486 1	3.770	0.656 3	5.490
0.546 1	4.580	0.667 8	5.556

【实验步骤与要求】

◎ 仪器操作

(1) 打开光源及检偏角度测试仪的电源,预热 5 min,使仪器工作状态处于稳定.

(2) 首先将起偏器手柄(标记为红点)、连接座的标记(为红点)及电磁铁一端的标记(为红点),三点调成一直线.

(3) 选择适当的狭缝宽度和鼓轮读数.

(4) 灵敏度旋钮,顺时针为增加,逆时针为减少,灵敏度的高低直接反映在数显表的数字跳动的快慢.在测量前,验证一下灵敏度旋钮的位置是否合适.可通过加磁场来检验.把稳流电源接至电磁铁,将电流值分别从 1 A,2 A,……一直调到 5 A,观察其数显表的示值应呈线性增加,这说明角度表的灵敏度旋钮的位置合适.注意同一波长情况下,一经调定,在整个测量过程中即不应再动此旋钮.

(5) 把检偏测角的手轮顺时针旋转到头后,再逆时针旋转两周后,按一下清零按钮.微动调零手钮,使数显表的示值为零,即可进行测量.

◎ 实验内容

1. 测量法拉第效应偏振面旋转角 *θ* 与外加磁场电流 *I* 的关系曲线

（1）打开电源，逐渐增加电流至 1 A，数显表示值应为两位数.

（2）旋转检偏器手轮，使角度表读数增加，直到数显表读数为零，记录检偏角度表数值，这就是法拉第效应角 θ.

以上过程每增加 1 A 电流，重复测量 3 次，求平均值，以降低误差.

2. 测量法拉第效应偏振面旋转角 *θ* 和波长的关系曲线

测量过程基本同上，在电流不变的基础上，每更改一次鼓轮读数，记录检偏角度数值. 重复测量 3 次，求平均值.

3. 检验实验精度，计算电子荷质比 *e/m*

本实验样品为 ZF3 重火石玻璃制成的三角形棱镜，四面抛光，可将它置于分光仪上，用最小偏向角法测量折射率. 测量时，以单色仪出射光为光源，测出波长 λ 与最小偏向角 $\theta_{\min}$ 的对应数值，由

$$n = \frac{\sin\dfrac{\alpha+\theta_{\min}}{2}}{\sin\dfrac{\alpha}{2}}$$

求得对应各波长的折射率，作出 λ-n 关系曲线，再算出 λ-$\dfrac{\mathrm{d}n}{\mathrm{d}\lambda}$ 关系曲线.

$$\frac{\mathrm{d}n}{\mathrm{d}\lambda} = \frac{\cos\dfrac{\theta_{\min}+\alpha}{2}}{2\sin\dfrac{\alpha}{2}} \cdot \frac{\Delta\theta_{\min}}{\Delta\lambda}$$

代入上面的公式，即可求出电子的荷质比：

$$\frac{e}{m} = \frac{2c\alpha_{\mathrm{F}}}{D\lambda B\dfrac{\mathrm{d}n}{\mathrm{d}\lambda}}$$

◎ 实验数据的处理

对于每个给定的条件，重复测量 3 次，结果求平均. 将数据输入 Excel 绘制出平滑曲线图.

测量原始条件为狭缝宽度：0.02 mm，鼓轮读数：2.000 mm.

◎ 注意事项

（1）磁极间距要固定好，使刚好能放下样品又不使样品受压力.

（2）施加或撤除磁化电流时，应先将电源输出电位器逆时针旋回到零，以防止接通或切断电源时磁体电流的突变.

（3）为了保证能重复测得磁感应强度及与之相应的磁体激磁电流的数据，磁体电流应从零上升到正向最大值，否则要进行消磁.

（4）测量过程中，不能直接关闭直流恒流电源，要逐渐降低电流直到为零.

（5）必须使用交流稳压净化电源.电压的波动对数值表和光源入射光强产生影响，测量存在误差，使数值表的读数不准确.

（6）关启单色仪入射狭缝时，切勿过零.

（7）角度数显表显示溢出，可关小单色仪入射狭缝.

（8）角度数显表未与主机相连之前切勿接通电源，以免烧坏仪器.

【思考题】

（1）实验误差主要来源是什么？如何改进？

（2）利用法拉第效应特性，可以做成一个装置，安在门窗上，由室内可看到室外景物，而由室外却完全看不到室内物体.试设计一个实验方案.

（3）法拉第旋转角与什么因素有关？

实验 3-2　椭圆偏振法测量薄膜厚度和折射率

椭圆偏振测量是研究两介质界面或薄膜中发生的现象及其特性的一种光学方法，其原理是利用偏振光束在界面或薄膜上的反射或透射时出现的偏振变换现象.椭圆偏振测量的应用范围很广，如半导体、圆晶、金属、介电薄膜、玻璃（或镀膜）、激光反射镜、大面积光学膜、有机薄膜等，以及介电、非晶半导体、聚合物薄膜等，它也可用于薄膜生长过程的实时监测等测量.这种测薄膜厚度方法的优点是：能测很薄的膜厚（达 1 nm 左右），测量精度高，能同时测膜厚和折射率，测量是非破坏性的.

【实验目的】

（1）熟悉椭偏仪的结构和使用方法.

（2）学会使用椭偏仪测量薄膜厚度和折射率.

【实验仪器】

WJZ-Ⅱ多功能激光椭圆偏振仪.

【实验原理】

激光器发出的光经过平行光管成为平行光束，又经过起偏器变成线偏振光，通过 1/4 波

片 θ 后通常为一椭圆偏振光(简称椭偏光),投射到样品表面,光经过透明薄膜反射后,其偏振态即振幅与相位发生变化. 只要调节起偏器 P 和 1/4 波片 θ 的相对方位,即可使透明薄膜反射后的椭圆偏振光被补偿成线偏振光,调节检偏器 A 可得到消光位置,用以确定振幅衰减量,最后获得薄膜的厚度和折射率.

反射型椭偏仪的基本原理是:用一束椭圆偏振光照射到样品上,由于样品对入射光中平行于入射面的电场分量(以下简称 P 分量)和垂直于入射面的电场分量(以下简称 S 分量)有不同的反射、透射系数,因此从样品上反射的光,其偏振状态相对于入射光要发生变化.

1. 测量原理

入射光在两个界面来回反射和折射,总反射光由多束光合成. 把光的电矢量和磁矢量各分为两个分量,把光波在入射面上的分量称为 P 分量或 P 波,垂直面射入的叫 S 分量或 S 波.

如图 3-2-1 所示,入射光可分为 E_{1S} 和 E_{1P} 两个分量,经过折射和反射之后,总的反射光也可分为 E_S' 和 E_P' 两个分量.

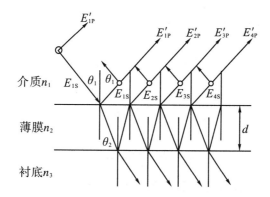

图 3-2-1　光在介质薄膜上的折射和反射

$$\begin{cases} E_S = E_{1S} + E_{2S} + E_{3S} + \cdots \\ E_P = E_{1P} + E_{2P} + E_{3P} + \cdots \end{cases}$$

在反射光中,相邻两束光之间的相位差为

$$2\delta = \frac{4\pi}{\lambda} n_2 d \cos \theta_2$$

设

$$R_P = \frac{E_P'}{E_{1P}}, \quad R_S = \frac{E_S'}{E_{1S}}$$

R_S, R_P 分别称为 S 光(垂直分量)和 P 光(平行分量)的总反射系数.

因为 R_S, R_P 一般为复数,故

$$\frac{R_S}{R_P} = \frac{|R_S| e^{i\Delta_S}}{|R_P| e^{i\Delta_P}} = \left| \frac{E_S'}{E_P'} \cdot \frac{E_{1P}}{E_{1S}} \right| e^{i(\Delta_S - \Delta_P)} = \frac{\left| \dfrac{E_S'}{E_P'} \right|}{\left| \dfrac{E_{1S}}{E_{1P}} \right|} e^{i(\Delta_S - \Delta_P)} \tag{3-2-1}$$

令

$$\tan \Psi = \frac{\left|\dfrac{E'_{S}}{E'_{P}}\right|}{\left|\dfrac{E_{1S}}{E_{1P}}\right|}$$

来表征反射波对入射波的相对振幅的变化.

　　引入相应的 θ 表示入射光和反射光中 S 波、P 波的相位,经反射系统后,相位差变化

$$\Delta_{S} - \Delta_{P} = \Delta = (\theta'_{S} - \theta'_{P}) - (\theta_{S} - \theta_{P})$$

$\tan \Psi \mathrm{e}^{\mathrm{i}\Delta}$ 称为反射系数比, $\tan \Psi$ 相当于模,规定 Ψ 在 $0 \sim \pi/2$ 之间取值.

　　R_{S} 和 R_{P} 的比值反映了与反射有关的光学参量信息,通过测量 Ψ, Δ,可以得出 δ 和 n_{2} 等参数.

　　反射椭偏测量法的光路如图 3-2-2 所示.

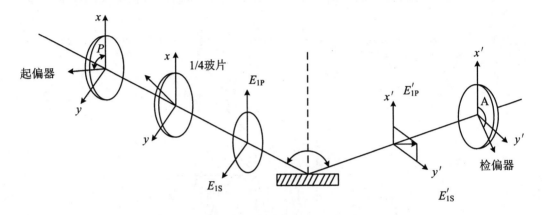

图 3-2-2　反射椭偏仪的光路图

　　图中 x 和 x' 轴在入射面内,且分别垂直于入射光和反射光传播方向, y 轴垂直于射面, y' 垂直于反射面.

　　单色光经起偏器后成线偏振光,1/4 波片与 x 轴成 45°夹角,以获得等幅椭偏入射光.

　　在图 3-2-2 中, E_{0} 为单色光经起偏器以后的线偏振光, E_{0} 经过与 P 平面成 45°角的 $\lambda/4$ 波片以后,在其快慢轴上分量为

$$E_{快} = E_{0} \mathrm{e}^{\mathrm{i}\frac{\pi}{2}} \cos (P - 45°) \tag{3-2-2}$$

$$E_{慢} = E_{0} \sin (P - 45°) \tag{3-2-3}$$

这两个分量分别在 x 和 y 轴上投影合成 E_{x} 和 E_{y},即是 E_{1P} 和 E_{1S}.

$$E_{1P} = E_{x} = E_{快} \cos 45° - E_{慢} \sin 45°$$

$$= \frac{\sqrt{2}}{2} E_{0} \left[\mathrm{e}^{\mathrm{i}\frac{\pi}{2}} \cos (P - 45°) - \sin (P - 45°) \right] \tag{3-2-4}$$

$$\begin{cases} E_{1P} = \dfrac{\sqrt{2}}{2} E_{0} \mathrm{e}^{\mathrm{i}\frac{\pi}{2}} \mathrm{e}^{\mathrm{i}(P - 45°)} = \dfrac{\sqrt{2}}{2} E_{0} \mathrm{e}^{\mathrm{i}(\frac{\pi}{4} + P)} \\[3mm] E_{1S} = E_{y} = \dfrac{\sqrt{2}}{2} E_{0} \mathrm{e}^{\mathrm{i}(\frac{3\pi}{4} - P)} \end{cases} \tag{3-2-5}$$

　　从上式可知, E_{1P} 和 E_{1S} 位相差为 $2P - \dfrac{\pi}{2}$,振幅为 $\dfrac{\sqrt{2}}{2} |E_{0}|$,即为所需的等幅椭圆偏振光.

　　如果 $\lambda/4$ 波片的快轴与 x 成 $-45°$ 角,同样也可获得等幅椭偏光(图 3-2-3),此时振幅仍

为 $\frac{\sqrt{2}}{2}|E_0|$，相位差变为 $\frac{\pi}{2}-2P$.

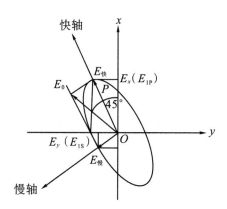

图 3-2-3 等幅椭偏光的获得

当由式(3-2-5)给出的椭圆偏振光以 θ_1 的入射角入射到待测样品的表面后，则反射后总的 E'_P, E'_S 分量为

$$\begin{cases} E'_P = |E'_P|\,\mathrm{e}^{\mathrm{i}\beta'_P} \\ E'_S = |E'_S|\,\mathrm{e}^{\mathrm{i}\beta'_S} \end{cases} \tag{3-2-6}$$

根据式(3-2-1)、式(3-2-5)、式(3-2-6)有

$$\begin{cases} \tan \Psi = \left| \dfrac{E'_P}{E'_S} \right| \\ \Delta = (\beta'_S - \beta'_P) + \left(2P - \dfrac{\pi}{2} \right) \end{cases} \tag{3-2-7}$$

我们希望反射光成为线偏振光，即 E_S 和 E_P 的相位差为 $K\pi$，取值有

$$\beta'_S - \beta'_P = \begin{cases} \pi \\ 0 \end{cases}$$

所以，转动起偏器总可以找到某个方向，使反射光成为线偏振光，即当

$$\Delta = \begin{cases} \dfrac{P}{2} - \pi \\ \dfrac{P}{2} + \pi \end{cases} \tag{3-2-8}$$

时，起偏器转到 P 方位角时，可使经过样品的反射光成为线偏振光，因此由起偏器的方位角 P 便可确定 Δ，至于经样品反射后的线偏振光的方向是由式(3-2-7)确定的. 利用检偏器，转动其方位，当检偏器方位角 A 与反射线偏振光振动方向垂直时，光束不能通过，出现消光，此时

$$A = \arctan \frac{R_S}{R_P} = \Psi \tag{3-2-9}$$

因此，在图 3-2-2 的装置中只要使 1/4 波片的快轴与 x 轴的夹角为 $\pi/4$，然后测出消光时起、检偏器方位角，便可按式(3-2-8)和式(3-2-9)，求出 (Ψ, Δ)，从而完成总反射系数比的测量，同时借助计算机程序，可得出待测薄膜的厚度和折射率.

【实验装置】

椭圆偏振光实验仪器构造如图3-2-4所示.

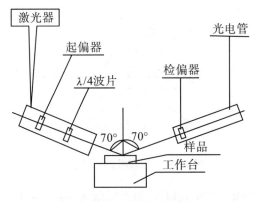

图 3-2-4　椭偏仪结构图

【实验步骤与要求】

测量 K9 玻璃衬底上薄膜厚度和折射率.

(1) 用自准直法调好分光计,使望远镜和平行光管共轴并与载物台平行.

(2) 分光计度盘的调整:调游标与刻度盘零线至适当位置,当望远镜转过一定角度时不至于无法读数.

(3) 检偏器读数头位置的调整和固定.

① 检偏器读数头套在望远镜筒上,90°读数朝上,位置基本居中.

② 附件黑色反光镜置于载物台中央,将望远镜转过 66°(与平行光管成 114°夹角),使激光束按布儒斯特角(约 57°)入射到黑色反光镜表面并反射入望远镜到达半反目镜上成为一个圆点.

③ 转动整个检偏器读数头,调整与望远镜筒的相对位置(此时检偏器读数应保持 90°不变),使半反目镜内的光点达到最暗. 这时检偏器的透光轴一定平行于入射面,将此时检偏器读数头的位置固定下来(拧紧 3 颗平头螺钉).

④ 适当旋转激光器在平行光管中的位置,使目镜中光点最暗(或检流计值最小),然后固定激光器.

(4) 起偏器读数头位置的调整与固定.

① 将起偏器读数头套在平行光管镜筒上,此时不要装上 1/4 波片,0°读数朝上,位置基本居中.

② 取下黑色反光镜,将望远镜系统转回原来位置,使起偏器、检偏器读数头共轴,并令激光束通过中心.

③ 调整起偏器读数头与镜筒的相对位置(此时起偏器读数应保持 0°不变),找出最暗位置. 定此值为起偏器读数头位置,并将 3 颗平头螺钉拧紧.

（5）1/4 波片零位的调整.

① 起偏器读数保持 0°,检偏器读数保持 90°,此时白屏上的光点应最暗（或检流计值最小）.

② 1/4 波片读数头（即内刻度圈）对准零位.

③ 1/4 波片框的标志点（即快轴方向记号）向上,套在波片盘上,并微微转动波片框（注意不要带动波片盘）,使半反目镜内的光点达到最暗（或检流计值最小）,定此位置为 1/4 波片的零位.

（6）将镀有薄膜的被测样品放在载物台的中央,旋转载物台使达到预定的入射角 70°,即望远镜转过 40°,并使反射光在白屏上形成一亮点.

（7）为了尽量减少系统误差,采用 4 点测量.

先置 1/4 波片快轴于 +45°,转动起偏器和检偏器,找出消光角度.

第 1 步:A_1 处于 90°~180°,调节 P_1,找出消光角度.

第 2 步:A_2 处于 0°~90°,调节 P_2,找出消光角度.

再使 1/4 波片快轴于 -45°,进行以下操作:

第 3 步:A_3 处于 90°~180°,调节 P_3,找出消光角度.

第 4 步:A_4 处于 0°~90°,调节 P_4,找出消光角度.

理论上,

$$A_1+A_2=180°, \quad A_3+A_4=180°$$
$$|P_1-P_2|=90°, \quad |P_3-P_4|=90°$$

（8）将测得的 4 组数据经下列公式换算后取平均值,就得到所要求的 A 值和 P 值:

$$A_1-90°=A_{(1)}, \quad P_1=P_{(1)}$$
$$90°-A_2=A_{(2)}, \quad P_2+90°=P_{(2)}$$
$$A_3-90°=A_{(3)}, \quad 270°-P_3=P_{(3)}$$
$$90°-A_4=A_{(4)}, \quad 180°-P_4=P_{(4)}$$
$$A=[A_{(1)}+A_{(2)}+A_{(3)}+A_{(4)}]\div 4$$
$$P=[P_{(1)}+P_{(2)}+P_{(3)}+P_{(4)}]\div 4$$

注:上述公式适用于 A 和 P 值在 0°~180°范围的数值,若出现大于 180°的数值时应减去 180°后再换算.

（9）将相关数据输入"椭偏仪数据处理程序",经过范围确定后,可以利用逐次逼近法,求出与之对应的 d 和 n.

【思考题】

（1）1/4 波片的作用是什么?

（2）椭偏仪测量薄膜厚度的基本原理是什么?

（3）用反射型椭偏仪测量薄膜厚度时,对样品的制备有什么要求?

（4）为了使实验更加便于操作及测量更准确,你认为该实验中哪些地方需要改进?

实验 3-3　　光拍法测量光速

光速是指真空中电磁波的传播速度,它是物理学中一个极其重要的基本物理常量,许多物理概念和物理量都与它有密切的联系.光速的测定在物理学的发展史上具有非常特殊而重要的意义.它不仅推动了光学实验的发展,也打破了光速无限的传统观念;在物理学理论研究的发展过程中,它不仅为粒子说和波动说的争论提供了判定的依据,而且最终推动了爱因斯坦相对论理论的发展.所以长期以来对光速的测量一直是物理学家十分重视的课题.无论哪一个时代,几乎都运用了当时最先进的科学技术对光速进行测量.尤其是近几十年来天文测量、地球物理、空间技术的发展以及计量工作的需要,使得光速的精确测量变得越来越重要.

17 世纪以前,人类一直以为宇宙中恒星发出的光是瞬间到达地球的.古希腊哲学家亚里士多德就曾经猜测这种速度可能是无穷大的.伽利略(Galileo Galilei)首先对上述观点提出怀疑,他认为光速虽然很大,但却是有限并可测定的.1676 年,丹麦天文学家罗默(Romer)用木星的卫星蚀这一天文现象第一个测出了光速.1728 年,英国天文学家布拉德雷(James Bradley)利用另外一种天文现象——行星光行差现象,对光速进行了测量.随后,Fizeau、Foucault 等人在陆地上测出了光速.特别是迈克尔逊(Michelson)在 1879—1926 年期间,对光速进行了多次系统的测量.实验结果不仅验证了光是电磁波,而且为深入地了解光的本性和为建立新的物理原理提供了宝贵的资料.1972 年,美国标准局的埃文森(K. M. Evenson)等人成功地测量了甲烷稳频激光的频率,又以 ^{86}Kr 原子的基准波长测定了该激光的波长值,从而得到光速的最新数值 $c=299\ 792\ 458\ \text{m/s}$,其不确定度为 4×10^{-9}.此值为 1975 年第十五届国际计量大会所确认.

本实验是用声光频移法获得光拍,通过测量光拍的波长和频率来确定光速.

【实验目的】

(1) 理解光拍的概念.
(2) 掌握光拍法测光速的技术.

【实验原理】

1. 光拍的产生和传播

根据振动叠加原理,两列速度相同、振面相同、频差较小而且同向传播的简谐波的叠加即形成拍.设有频率分别为 f_1 和 f_2(频差 $\Delta f=f_1-f_2$ 较小)的光束(为简化讨论,我们假定它们具有相同的振幅),

$$E_1 = E\cos(\omega_1 t - k_1 x + \varphi_1)$$
$$E_2 = E\cos(\omega_2 t - k_2 x + \varphi_2)$$

式中 $k_1 = \dfrac{2\pi}{\lambda_1}, k_2 = \dfrac{2\pi}{\lambda_2}$ 为波数,φ_1 和 φ_2 分别为两列波在坐标原点的初相位. 它们的叠加

$$E_s = E_1 + E_2$$
$$= 2E\cos\left[\frac{\omega_1 - \omega_2}{2}\left(t - \frac{x}{c}\right) + \frac{\varphi_1 - \varphi_2}{2}\right] \times \cos\left[\frac{\omega_1 + \omega_2}{2}\left(t - \frac{x}{c}\right) + \frac{\varphi_1 + \varphi_2}{2}\right] \tag{3-3-1}$$

是角频率为 $\dfrac{\omega_1 + \omega_2}{2}$、振幅为 $2E\cos\left[\dfrac{\omega_1 - \omega_2}{2}\left(t - \dfrac{x}{c}\right) + \dfrac{\varphi_1 - \varphi_2}{2}\right]$ 的前进波. 注意到 E_s 的振幅以

频率 $\Delta f = \dfrac{\omega_1 - \omega_2}{2\pi}$ 周期性的变化,我们称它为拍频波,Δf 就是拍频,如图3-3-1所示.

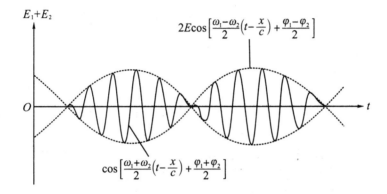

图 3-3-1 光拍频的形成

用光电检测器接收这个拍频波. 因为光电检测器的光敏面上光照反应所产生的光电流系光强(即电场强度的平方)所引起的,故光电流为

$$i_0 = gE_s^2 \tag{3-3-2}$$

式中 g 为接收器光电转换常数. 把式(3-3-1)代入式(3-3-2),同时注意:由于光频甚高($f_0 > 10^{14}$ Hz),光敏面来不及反映频率如此之高的光强变化,迄今仅能反映频率为 10^8 Hz 左右的光强变化,并产生光电流. 将 i_0 对时间积分,并取对光检测器的响应时间 $t\left(\dfrac{1}{f_0} < t < \dfrac{1}{\Delta f}\right)$ 的平均值. 结果,i_0 积分中的高频项为零,只留下常数项和缓变项,即

$$\bar{i}_0 = \frac{1}{t}\int_t i_0 \mathrm{d}t = gE^2\left\{1 + \cos\left[\Delta\omega\left(t - \frac{x}{c}\right) + \Delta\varphi\right]\right\} \tag{3-3-3}$$

其中 $\Delta\omega$ 是与 Δf 相应的角频率,$\Delta\varphi = \varphi_1 - \varphi_2$ 为初相. 可见光电检测器输出的光电流包含有直流和光拍信号两种成分. 滤去直流成分,即得频率为拍频 Δf、相位与初相和空间位置有关的输出光拍信号.

图 3-3-2 是光拍信号 i_0 在某一时刻的空间分布. 如果接收电路将直流成分滤掉,即得纯粹的拍频信号在空间的分布. 这就是说,处在不同空间位置的光电检测器,在同一时刻有不同相位的光电流输出. 这就提示我们可以用比较相位的方法间接地决定光速. 事实上,由式(3-3-3)可知,光拍频的同相位的诸点有如下关系:

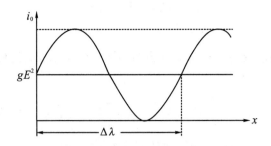

图 3-3-2　光拍的空间分布

$$\Delta\omega\,\frac{x}{c}=2n\pi \quad \text{或} \quad x=\frac{nc}{\Delta f} \tag{3-3-4}$$

式中 n 为整数,两相邻同相点的距离 $\Lambda=\dfrac{c}{\Delta f}$ 即相当于拍频波的波长. 测定了 Λ 和光拍频 Δf,即可确定光速 c.

2. 拍频波的获得

光拍频波要求相拍两光束具有一定的频差. 使激光束产生固定频移的办法很多,一种最常用的办法是使超声波与光波互相作用. 超声波(弹性波)在介质中传播,引起介质光折射率发生周期性变化,就成为一相位光栅. 这就使入射的激光束发生了与声频有关的频移.

利用声光互相作用产生频移常用的方法为驻波法,如图 3-3-3 所示. 利用声波的反射,使声光介质中存在驻波声场,引起介质中光折射率的周期性变化,形成相位光栅,从而使入射光束产生衍射. 第 l 级衍射光的频率为

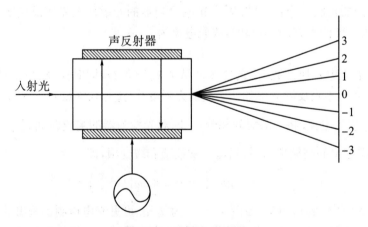

图 3-3-3　驻波法示意图

$$\omega_{l,m}=\omega_0+(l+2m)\Omega \tag{3-3-5}$$

其中 $l,m=0,\pm1,\pm2,\cdots$. 可见在同一级衍射光束内就含有许多不同频率的光波的叠加(当然强度不同),因此用不着光路的调节就能获得拍频波. 例如选取第一级衍射光束($l=1$),由 $m=0$ 和 $m=-1$ 的两种频率成分叠加得到拍频为 2Ω 的拍频波.

【实验装置】

LM2000C 型光速测量仪、示波器、数字式频率计.
(1) LM2000C 光速测量仪外形结构如图 3-3-4 所示.
(2) LM2000C 光速测量仪光学系统示意图如图 3-3-5 所示.

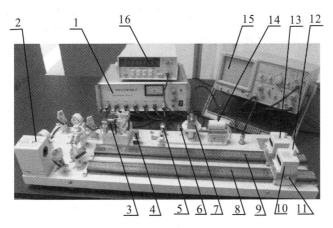

1—电路控制箱 2—光电接收盒 3—斩光器 4—斩光器转速控制旋钮 5—手调旋钮 1 6—手调旋钮 2 7—声光器件 8—导轨 B 9—导轨 A 10—棱镜小车 B 11—棱镜小车横向移动手轮 12—棱镜小车俯仰手轮 13—棱镜小车 A 14—半导体激光器 15—示波器 16—频率计

图 3-3-4 机械结构图

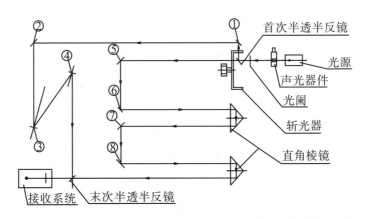

①②③④—内（近）光路全反光镜 ⑤⑥⑦⑧—外（远）光路全反光镜

图 3-3-5 光学系统示意图

【实验步骤与要求】

用声光频移法获得光拍,通过测量光拍的波长和频率来确定光速.

(1) 预热：电子仪器都有一个温漂问题，光速仪的声光功率源、晶振和频率计须预热半小时再进行测量．在这期间可以进行线路连接、光路调整（即下述步骤（3）至步骤（7））、示波器调整等．因为斩光器分出了内、外两个光路，所以在示波器上的波形有些微抖，这是正常的．

(2) 连接：图 3-3-6 是电路控制箱的面板，按表 3-3-1 将其与 LM2000C 光学平台或其他仪器连接．

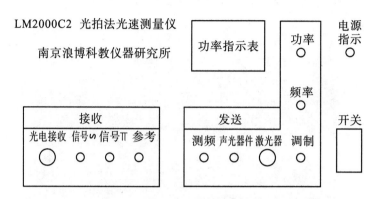

图 3-3-6　LM2000C2 光速测量仪控制面板

表 3-3-1

序号	电路控制箱面板	光学平台/频率计/示波器	连接类型（电路控制箱—光学平台/其他测量仪器）
1	光电接收	光学平台上的光电接收盒	4 芯航空插头—由光电接收盒引出
2	信号（∽）	示波器的通道 1	Q9 — Q9
3	信号（∏）	示波器的通道 2	Q9 — Q9
4	参考	示波器的同步触发器	Q9 — Q9
5	测频	频率计	Q9 — Q9
6	声光器件	光学平台上的声光器件	莲花插头— Q9
7	激光器	光学平台上的激光器	3 芯航空插头— 3 芯航空插头
8	调制	暂不用	暂不用

注意：电路控制箱面板上的功率指示表头中，读数值乘以 10 就是毫瓦数（即满量程是 1 000 mW）.

(3) 调节电路控制箱面板上的"频率"和"功率"旋钮，使示波器上的图形清晰、稳定（频率在 75 MHz 左右，功率指示一般在满量程的 60%～100%）.

(4) 调节声光器件平台的手调旋钮 2，使激光器发出的光束垂直射入声光器件晶体，产生 Raman-Nath 衍射（可用一白屏置于声光器件的光出射端以观察 Raman-Nath 衍射现象），这时应明确观察到 0 级光和左右两个（以上）强度对称的衍射光斑，然后调节手调旋钮 1，使某个 1 级衍射光正好进入斩光器．

(5) 内光路调节：调节光路上的平面反射镜，使内光路的光打在光电接收器入光孔的中心．

(6) 外光路调节：在内光路调节完成的前提下，调节外光路上的平面反射镜，使棱镜小车 A/B 在整个导轨上来回移动时，外光路的光也始终保持在光电接收器入光孔的中心．

(7) 反复进行步骤(5)和(6),直至示波器上的两条波形清晰、稳定、幅值相等. 注意调节斩光器的转速要适中. 过快,则示波器上两路波形会左右晃动;过慢,则示波器上两路波形会闪烁,引起眼睛观看的不适. 另外,各光学器件的光轴设定在平台表面上方 62.5 mm 的高度,调节时注意保持才不致调节困难.

完成光路调节后开始数据测量.

(8) 记下频率计上的读数 f. 在步骤(8)和(9)中应随时注意 f,如发生变化,应立即调节声光功率源面板上的"频率"旋钮,保持 f 在整个实验过程中的稳定.

(9) 利用千分尺将棱镜小车 A 定位于导轨 A 左端某处(比如 5.0 mm 处),这个起始值记为 $D_a(0)$;同样,从导轨 B 最左端开始移动棱镜小车 B,当示波器上的两条正弦波完全重合时,记下棱镜小车 B 在导轨 B 上的读数,反复重合 5 次,取这 5 次的平均值,记为 $D_b(0)$.

(10) 将棱镜小车 A 定位于导轨 A 右端某处(比如 535.0 mm 处,这是为了计算方便),这个值记为 $D_a(2\pi)$;将棱镜小车 B 向右移动,当示波器上的两条正弦波再次完全重合时,记下棱镜小车 B 在导轨 B 上的读数,反复重合 5 次,取这 5 次的平均值,记为 $D_b(2\pi)$.

(11) 将上述各值填入下表,用公式

$$c = 2f\{2[D_b(2\pi) - D_b(0)] + 2[D_a(2\pi) - D_a(0)]\}$$

计算出光速 c,并计算出相应的误差.

次数	$D_a(0)$	$D_a(2\pi)$	$D_b(0)$	$D_b(2\pi)$	f	c	误差
1							
2							
3							

【思考题】

(1) 什么是光拍频波? 它有什么特点?
(2) 为什么采用光拍法测量光速?
(3) 如何测量光拍的波长?
(4) 使示波器上出现两个正弦拍频信号的振幅相等,应如何操作?
(5) 分析本实验的主要误差来源,并讨论提高测量精确度的方法.

实验 3-4　用傅里叶变换全息图作资料存储

随着科学技术的发展和时间的延续,人们积累了越来越多的信息. 信息量的不断增加,对信息的流通、保存、查阅都提出了高标准要求,如何把图像、文字、数据缩微化就成为重大的问题. 全息信息存储是 20 世纪 60 年代随着激光全息技术发展而出现的一种大容量、高密度的存储方式,该技术为资料存储开辟了一条崭新的途径. 较其他信息存储方式(如照相缩微、磁存储等),其特点是大容量、高密度、高冗余度、高衍射效率、低噪声、高分辨率和高保真度等.

傅里叶变换全息图是全息图的一种特殊类型,它不像一般全息图那样记录物光波本身,而是记录物光波的空间频谱,即记录物光波的傅里叶变换.引入一束参考光和物的频谱相干涉,用得到的干涉条纹记录物频谱的振幅分布和相位分布就得到物体的傅里叶变换全息图.

本实验把傅里叶变换与全息照相技术结合在一起,利用全息技术,将物体的空间频谱与参考光所形成的干涉图样记录在全息底片上,再通过全息图重现原物体的像.

【实验目的】

(1)巩固对全息术原理的认识.

(2)了解光学傅里叶变换及频谱的基本概念.

(3)了解用傅里叶变换全息术存储二维资料的方法.

【实验原理】

全息存储是用全息的方法记录物体的频谱,把图像、文字、数据等资料超缩微地存储起来的一种方法,其实质是记录物体的傅里叶变换全息图.

全息存储的记录原理如图 3-4-1 所示.透明胶片 P 的物分布为 $O(x,y)$,放置在透镜 L 的前焦面上,用平行光照明物 $O(x,y)$,用透镜 L 对物进行傅里叶变换,在后焦面上得到物体的频谱函数 $\tilde{O}(f_x,f_y)$.由于 λ 比 f 小得多,所以 $\tilde{O}(f_x,f_y)$ 在后焦面上的分布实际上集中在焦点附近.即使稍微离焦,频谱分布仍只在直径 $1\sim2$ mm 的范围内.如果在后焦面上放置一记录介质,并引入一束细光束 R 作为参考光与之相干涉,将物体的频谱信息记录在介质上,制得一张面积很小的全息图,这就是全息存储的记录.在全息干版平面,物光场和参考光场的复振幅分布可分别表示为 $\tilde{O}(f_x,f_y)$ 及 $R\exp[j\phi(\theta)f_y]$,因此在全息干版上两光波叠加后,总光场的复振幅分布为

$$U(f_x,f_y)=\tilde{O}(f_x,f_y)+R\exp[j\phi(\theta)f_y] \tag{3-4-1}$$

总光场的强度分布为

$$
\begin{aligned}
I(f_x,f_y)&=U(f_x,f_y)U^*(f_x,f_y)\\
&=\{\tilde{O}(f_x,f_y)+R\exp[j\phi(\theta)f_y]\}\{\tilde{O}^*(f_x,f_y)+R\exp[-j\phi(\theta)f_y]\}\\
&=|R|^2+|\tilde{O}(f_x,f_y)|^2+\tilde{O}(f_x,f_y)R\exp[-j\phi(\theta)f_y]\\
&\quad+\tilde{O}^*(f_x,f_y)R\exp[j\phi(\theta)f_y]
\end{aligned}
\tag{3-4-2}
$$

记录上述强度分布的全息底片经适当处理后,其振幅透过率 t 与强度 I 为线性关系,设比例系数为 1,则有

$$
\begin{aligned}
t=I(f_x,f_y)&=|R|^2+|\tilde{O}(f_x,f_y)|^2+\tilde{O}(f_x,f_y)R\exp[-j\phi(\theta)f_y]\\
&\quad+\tilde{O}^*(f_x,f_y)R\exp[j\phi(\theta)f_y]
\end{aligned}
\tag{3-4-3}
$$

由上式可见,在傅里叶变换全息图上,记录了物光的傅里叶变换 $\tilde{O}(f_x,f_y)$ 及其共轭 $\tilde{O}^*(f_x,f_y)$.

全息存储的再现光路如图 3-4-1 所示.用细激光束 C 照射全息图,方向与记录时参考光束 R 方向相同,则式(3-4-3)中的第 3 项成为

$$|R|^2\tilde{O}(f_x,f_y)$$

此即恢复了物光场的频谱,该频谱通过夫琅禾费衍射(再经过一次透镜变换)或菲涅耳衍射(在有限远处成像)均可恢复原物体的像.这就是全息存储的再现过程.

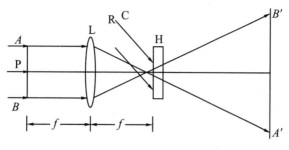

图 3-4-1 全息资料存储原理图

【实验装置】

全息平台、2 mW He-Ne 激光器、小磁座、反射镜、分束镜、扩束镜、准直透镜、傅里叶变换透镜、圆孔光阑、天津Ⅰ型全息干版等.

【实验步骤与要求】

来自激光器的光束被分束器 BS 分成两束,其中透射的一束经反射镜 M_1 转折后,经过扩束镜扩束和针孔滤波器 L_1 滤波,再经准直透镜 L_2 准直后变成平行光束.平行光束垂直照射待存储的物体 P,P 置于傅里叶变换透镜 L_3 的前焦面上,全息干版放在偏离 L_3 的后焦面离焦量为 $0.01f \sim 0.05f$ 的位置(f 为傅里叶变换透镜 L_3 的焦距),这路光称为物光;被 BS 反射的一束光经反射镜 M_2 反射后经过圆孔光阑 D 射向全息干版作为参考光,与物光相干涉.傅里叶变换全息资料存储实验光路如图 3-4-2 所示,其实物图如图 3-4-3 所示.

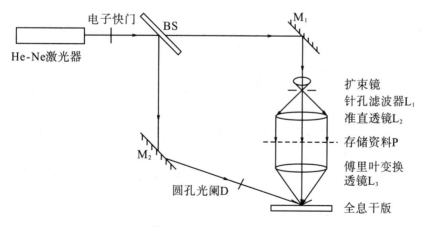

图 3-4-2 傅里叶变换全息资料存储实验光路

(1) 按图 3-4-2 安排光路,光路要求:

① 使参考光与物光光程应尽可能相等,并使存储资料 P 上的光强均匀.

② 参考光束与物光束夹角为 $30°\sim60°$.

③ 共焦系统应输出平行光. 判断透镜是否出射平行光的简单方法是：用白屏沿着光的传播方向从透镜附近移动到远处，只要白屏上光斑的大小不随白屏的移动而变化，就可认为透镜出射的是平行光.

④ 存储资料 P 置于傅里叶变换透镜前方约一倍焦距（$f=100$ mm）处.

图 3-4-3　全息资料存储实物图

⑤ 为了减轻由于物光频谱中的低频成分太强而产生的非线性噪声，使全息干版上的光强分布均匀些以提高全息图的衍射效率，实验中采用离焦法拍摄，即让全息干版放置在傅里叶变换透镜 L_3 的后焦面离焦量为 $0.01f\sim0.05f$ 的位置（f 为傅里叶变换透镜 L_3 的焦距），全息干版稍向参考光方向倾斜.

⑥ 为了产生预定的曝光量，应使参考光光强稍大于物光光强. 如果物光太强，则会因散斑效应的影响而降低衍射效率.

⑦ 频谱应位于参考光斑的中心.

⑧ 模拟干版乳胶面迎光放置.

（2）光路安排好后，分别用 $0.3,0.6,0.9,1.2,1.5,1.8,2.1,2.4,2.7$ 及 3.0 秒各拍摄一幅全息图. 全息干版应平行移动，拍摄期间应保持安静.

（3）对曝光后的全息片进行显影、定影处理.

冲洗条件：用 D-76 稀释显影剂显影，F-5 坚膜定影液定影，室温 20 ℃左右，显影时间为 $8\sim10$ s，定影 1 min，水洗，晾干.

（4）用未经扩束的出射激光束直接照射全息图，按拍摄条件放置全息图，使再现光与干版的相互位置关系与拍摄时参考光与干版的相互位置关系一致（复位）. 沿原物光方向在适当位置用白屏接收并仔细观察实像，并比较各全息图所成的像，记录最佳全息图的曝光时间，对实验结果进行分析.

【思考题】

（1）如何判断一束光是否为平行光？

（2）实验中为什么要求物光光程和参考光光程尽量相等？

（3）要记录准确的傅里叶变换全息图，透明资料片应置于什么位置？

附录 1　傅里叶变换

一个空间二维非周期函数 $g(x,y)$ 可以展开为

$$g(x,y)=\int_{-\infty}^{\infty}\int_{-\infty}^{\infty}G(f_x,f_y)\exp[\mathrm{j}2\pi(xf_x+yf_y)]\mathrm{d}f_x\mathrm{d}f_y \tag{3-4-4}$$

式中 f_x,f_y 分别表示 x,y 方向的空间频率. 空间频率指单位长度内空间信号（如干涉条纹）变化的周期数，它描述信号的空间周期性. $G(f_x,f_y)$ 称为 $g(x,y)$ 的空间频谱. xy 平面称为空域平面，f_xf_y 平面称为空间频率域（简称空频域）平面. 对于一般图像的透过率函数（或称物函数）$g(x,y)$，式（3-4-4）可理解为，物函数 $g(x,y)$ 可分解为无穷多个不同空间频率或不同传播方向的平面波的叠加，各平面波的权重为 $G(f_x,f_y)\mathrm{d}f_x\mathrm{d}f_y$；也可以理解为物函数 $g(x,y)$ 是由无穷多个不同振幅、不同方向的平面波叠加的结果.

与式（3-4-4）相对应的变换为

$$G(f_x,f_y)=\int_{-\infty}^{\infty}\int_{-\infty}^{\infty}g(f_x,f_y)\exp[-\mathrm{j}2\pi(xf_x+yf_y)]\mathrm{d}x\mathrm{d}y \tag{3-4-5}$$

通常，式（3-4-5）称为函数 $g(f_x,f_y)$ 的傅里叶变换，式（3-4-4）称为函数 $G(f_x,f_y)$ 的傅里叶逆变换，式（3-4-4）和式（3-4-5）合称为傅里叶变换对. 傅里叶变换对指出：对一个函数的傅里叶变换再作一次逆变换，就得到原来的函数.

附录 2　平面波场的复振幅分布的空间频率表示

振幅为 u_0 的平面波光场的复振幅分布 $\bar{u}(x,y,z)$ 为

$$\bar{u}(x,y,z)=u_0\mathrm{e}^{\mathrm{j}k\cdot r}=u_0\exp[\mathrm{j}k(x\cos\alpha+y\cos\beta+z\cos\gamma)] \tag{3-4-6}$$

式中 k 为波矢量，$k=\dfrac{2\pi}{\lambda}$；$\cos\alpha,\cos\beta,\cos\gamma$ 为波矢量 k 的方向余弦；r 为位置矢量.

在选定的垂直于 z 轴的平面内，式（3-4-6）中的 z 项为常数，式（3-4-6）可写成

$$\tilde{u}(x,y)=u_0\exp[\mathrm{j}k(x\cos\alpha+y\cos\beta)] \tag{3-4-7}$$

如果 x,y 方向的空间周期记为 D_x,D_y，则根据几何关系有

$$D_x=\frac{\lambda}{\cos\alpha},\quad D_y=\frac{\lambda}{\cos\beta}$$

如果空间频率记为 f_x,f_y，则有

$$f_x=\frac{1}{D_x}=\frac{\cos\alpha}{\lambda},\quad f_y=\frac{1}{D_y}=\frac{\cos\beta}{\lambda}$$

因此，由式（3-4-7）表示的平面波的空间频率形式为

$$\tilde{u}(x,y)=u_0\exp[\mathrm{j}2\pi(xf_x+yf_y)] \tag{3-4-8}$$

在近轴条件下，如图 3-4-4 所示，有

$$\cos\alpha=\frac{x'}{z_1},\quad \cos\beta=\frac{y'}{z_1}$$

所以

$$f_x = \frac{x'}{\lambda z_1}, \quad f_y = \frac{y'}{\lambda z_1} \tag{3-4-9}$$

式(3-4-9)给出了在近轴条件下频谱面上空间频率与位置坐标的关系.

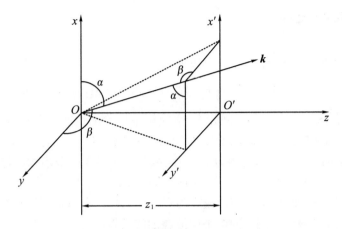

图 3-4-4　空间频率与位置坐标的关系

附录 3　全息图的最小光斑尺寸

在同一全息底片上,若减少全息图的光斑尺寸,则可以增大资料的存储量.但最小光斑尺寸受图像空间频率的限制.

如图 3-4-5 所示,设图像(物)的最小分辨单元尺寸为 d_1,对于许多平行排列的分辨单元,可以看成是光栅常数为 d_1 的光栅,在 L 的后焦面上形成的夫琅禾费衍射图的各个极大分别用…,2,1,0,−1,−2,…表示,它们对应于不同衍射方向的空间频率.为了能分辨最小单元 d_1,根据经验,全息图至少应包括 x'_{-1} 和 x'_{+1} 处的两个空间频率.因此,全息图光斑的最小尺寸应为 $D = x'_{+1} - x'_{-1} = 2|x'_{+1}|$.

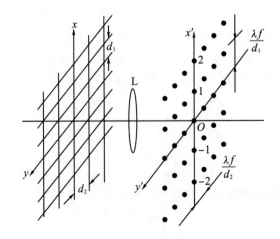

图 3-4-5　计算全息图最小光斑尺寸

应用附录 2 中的式(3-4-9),并注意到 $z_1 = f$,即

$$f_x = \frac{x'}{\lambda f}$$

则

$$D = 2|x'_{+1}| = 2\lambda f f_x = \frac{2\lambda f}{d_1}$$

式中 λ 为照明光波波长, f 为透镜焦距, d_1 为最小分辨单元的尺度.

如果参考光束的光斑小于 D 值,则记录的傅里叶变换全息图在再现时图像不清楚. 如果参考光斑大小合适,参考光中心与物光中心不对准,则全息图斑内各处光强比不同,再现时,衍射效率不同,像面上的亮度分布失真.

实验 3-5　数字式光学传递函数测量和透镜像质评价

光学系统成像质量的评价,一直是应用光学领域中众所瞩目的问题. 所谓成像质量,主要是像与物之间在不考虑放大率情况下的强度和色度的空间分布的一致性. 为了能准确评价光学系统的成像质量,人们研究了许多种检验方法,如几何像差检验、鉴别率检验、星点检验,但这些检验方法都各有自己的适用范围和局限性.

近代光学理论的发展,证明了光学系统可以有效地看作一个空间频率的滤波器,而它的成像特性和像质评价则可以用像物之间的频谱之比来表示. 这个对比特性就是所谓的光学传递函数(optical transfer function, OTF). 用光学传递函数来评价光学系统的成像质量是前面方法的发展. 光学传递函数理论的基本出发点是将物体分解为各种频率的谱,也就是把物体的亮度分布函数展开为傅里叶级数(物函数为周期函数)或傅里叶积分(物函数为非周期函数),研究光学系统对不同空间频率的亮度呈余弦分布的传递能力. 光学传递函数反映了光学系统的频率特性,它既与光学系统的像差有关,又与系统的衍射效果有关,并且以一个函数的形式定量地表示星点所提供的大量像质信息,同时也包括了鉴别率所表示的像质信息,因此光学传递函数被公认为目前评价光学系统成像质量比较客观、有效的方法.

【实验目的】

(1) 了解光学镜头传递函数测量的基本原理.
(2) 掌握传递函数测量和成像质量评价的近似方法,学习抽样、平均和统计算法.

【实验原理】

傅里叶光学证明了光学成像过程可以近似作为线性空间不变系统来处理,从而可以在频域中讨论光学系统的响应特性. 任何二维物体 $g_o(x, y)$ 都可以分解成一系列 x 方向和 y 方向的不同空间频率(f_x, f_y)的简谐函数(物理上表示余弦光栅)的线性叠加:

$$g_o(x, y) = \int_{-\infty}^{\infty} \int_{-\infty}^{\infty} G_o(f_x, f_y) \exp[j2\pi(xf_x + yf_y)] \mathrm{d}f_x \mathrm{d}f_y \tag{3-5-1}$$

式中 $G_{\mathrm{o}}(f_x,f_y)$ 为 $g_{\mathrm{o}}(x,y)$ 的傅里叶变换谱,它正是物体所包含的空间频率 (f_x,f_y) 的成分含量,其中低频成分表示缓慢变化的背景和大的物体轮廓,高频成分则表征物体的细节.

当该物体经过光学系统后,各个不同空间频率的余弦信号发生两个变化:首先是调制度(或反差度)下降,其次是相位发生变化,这一过程可综合表示为

$$G_{\mathrm{i}}(f_x,f_y)=H(f_x,f_y)\times G_{\mathrm{o}}(f_x,f_y) \tag{3-5-2}$$

式中 $G_{\mathrm{i}}(f_x,f_y)$ 表示像的傅里叶变换谱. $H(f_x,f_y)$ 称为光学传递函数,它是一个复函数,其模为调制传递函数(modulation transfer function,MTF),相位部分则为相位传递函数(phase transfer function,PTF).显然,当 $H(f_x,f_y)=1$ 时,表示像和物完全一致,即成像过程完全保真,像包含了物的全部信息,没有失真,光学系统成完善像.

由于光波在光学系统孔径光阑上的衍射以及像差(包括设计中的余留像差及加工、装调中的误差),信息在传递过程中不可避免要出现失真.总的来讲,空间频率越高,传递性能越差.

对像的傅里叶谱 $G_{\mathrm{i}}(f_x,f_y)$ 再作一次逆变换,就得到像的复振幅分布

$$g_{\mathrm{i}}(x',y')=\int_{-\infty}^{\infty}\int_{-\infty}^{\infty}G_{\mathrm{i}}(f_x,f_y)\exp\bigl[\mathrm{j}2\pi(x'f_x+y'f_y)\bigr]\mathrm{d}f_x\mathrm{d}f_y \tag{3-5-3}$$

调制度 m 定义为

$$m=\frac{I_{\max}-I_{\min}}{I_{\max}+I_{\min}} \tag{3-5-4}$$

式中 $I_{\max}$ 和 $I_{\min}$ 分别表示光强的极大值和极小值.光学系统的调制传递函数可表示为给定空间频率下像和物的调制度之比

$$\mathrm{MTF}(f_x,f_y)=\frac{m_{\mathrm{i}}(f_x,f_y)}{m_{\mathrm{o}}(f_x,f_y)} \tag{3-5-5}$$

除零频以外,MTF 的值永远小于 1. $\mathrm{MTF}(f_x,f_y)$ 表示在传递过程中调制度的变化.一般来说 MTF 越高,系统的像越清晰.平时所说的光学传递函数往往是指调制传递函数 MTF.图 3-5-1 给出一个光学镜头的设计 MTF 曲线,不同视场的 MTF 不相同.

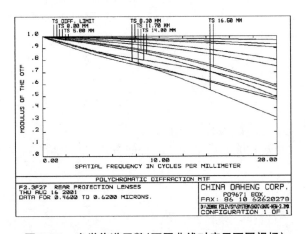

图 3-5-1 光学传递函数(不同曲线对应于不同视场)

本实验用 CCD 对矩形光栅的像进行抽样处理,测定像的归一化的调制度,并观察离焦对 MTF 的影响.该装置实际上是数字式 MTF 仪的模型.为简化实验,提高效率,通常采用如下近似处理:

（1）测量某几个甚至一个空间频率 f 下的 MTF 来评价像质；

（2）由于正弦光栅较难制作,常常用矩形光栅作为目标物.

一个给定空间频率下的满幅调制（调制度 $m=1$）的矩形光栅目标物如图 3-5-2 所示. 如果光学系统成完善像,则抽样的结果只有 0 和 1 两个数据,像仍为矩形光栅. 在软件中对像进行抽样统计,其直方图为一对 δ 函数,位于 0 和 1. 见图 3-5-3 及图 3-5-4.

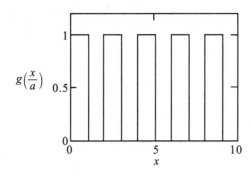

图 3-5-2 满幅调制（调制度 $m=1$）的矩形光栅目标函数

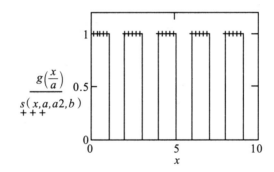

图 3-5-3 对矩形光栅的完善像进行抽样（样点用"＋"表示）

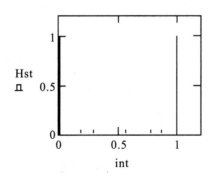

图 3-5-4 直方图统计

如上所述,由于衍射及光学系统像差的共同效应,实际光学系统的像不再是矩形光栅,如图 3-5-5 所示,波形的最大值 I_{max} 和最小值 I_{min} 的差代表像的调制度. 对图 3-5-5 所示图形实施抽样处理,其直方图见图 3-5-6. 找出直方图高端的极大值 m_H 和低端极大值 m_L,它们的差（m_H-m_L）近似代表在该空间频率下的调制传递函数 MTF 的值. 为了比较全面地评价像质,不但要测量出高、中、低不同频率下的 MTF,从而大体给出 MTF 曲线,还应测定不同视场下的 MTF 曲线.

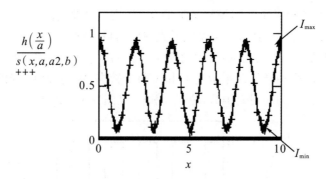

图 3-5-5　对矩形光栅的不完善像进行抽样(样点用"十"表示)

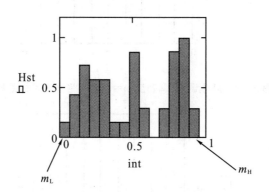

图 3-5-6　直方统计图

【实验步骤与要求】

本实验光路图如图 3-5-7 所示.

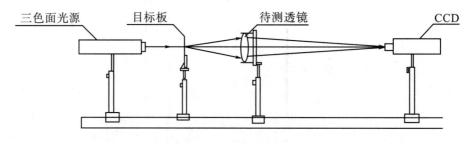

图 3-5-7　实验光路图

（1）以光源的出射光轴为实验主光轴,其他光学元件以其为基准对各自光学轴线进行校准.

（2）把波形发生器（即矩形光栅,空间频率分别为 10 lp/mm、25 lp/mm、50 lp/mm、80 lp/mm)放置在目标板位置,放置时应注意要使照射光充满波形发生器.

（3）在指定位置放置待测镜头,调整镜头使得入射光完全通过镜头的光阑.

（4）在像面上放置 CCD,并通过电脑终端进行抽样、直方图统计等分析,测出待测镜头在给定频率下的 MTF 的值.

(5) 存储并打印实验结果,对结果进行分析.

【思考题】

(1) 什么是光学传递函数? 它的作用是什么?
(2) 光学传递函数的理论基础是什么?
(3) 怎样测量光学传递函数?

实验3-6 电子散斑干涉(ESPI)技术测量物体离面位移

散斑是在相干光照明下在散射体的表面漫反射,或通过一个透明散射体时,在散射体的表面或附近的光场中,观察到的随机分布的亮暗斑纹. 激光的高相干性使散斑现象显而易见. 实际上,散斑就是来自粗糙表面不同面积元的光波之间的自身干涉现象,因而它也是粗糙表面的某些信息的携带者. 借助于散斑不仅可以研究粗糙表面本身,而且还可以研究其位置及形状的变化. 电子散斑干涉(ESPI)技术是计算机图像处理技术、激光技术以及全息干涉技术相结合的一种现代光测技术. ESPI 技术采用 CCD 摄像机作为记录载体,其结果可以直接由计算机来处理,因此具有结构简单、精度高、非接触、灵敏性好、处理信息快、不必暗房操作、实时显示全场信息等特点,它广泛应用于物体形变测量、无损测量、震动测量等.

【实验目的】

(1) 了解电子散斑干涉原理.
(2) 掌握干涉光路及图像处理软件.
(3) 学会使用本系统来测量物体离面位移.

【实验原理】

电子散斑干涉技术是利用被测物体的光学粗糙表面所造成的漫反射光与参考光之间的干涉进行测量. 当激光照射在被测物体表面时,其漫反射在探测器件 CCD 表面的光场分布为

$$U_{\mathrm{o}}(r) = u_{\mathrm{o}}(r)\exp[\mathrm{j}\varphi_{\mathrm{o}}(r)] \tag{3-6-1}$$

其中 $u_{\mathrm{o}}(r)$ 是物光的振幅,$\varphi_{\mathrm{o}}(r)$ 是被测物体反射后的光波相位.

电子散斑干涉技术与全息干涉技术类似,需要一束参考光. 参考光在探测器表面的光场分布可以表示为

$$U_{\mathrm{R}}(r) = u_{\mathrm{R}}(r)\exp[\mathrm{j}\varphi_{\mathrm{R}}(r)] \tag{3-6-2}$$

物光与参考光在 CCD 表面上形成的光强 $I(r)$ 为

$$I(r) = u_{\mathrm{o}}^2 + u_{\mathrm{R}}^2 + 2u_{\mathrm{o}}u_{\mathrm{R}}\cos(\varphi_{\mathrm{o}} - \varphi_{\mathrm{R}}) \tag{3-6-3}$$

当被测物体发生形变后,表面各点的散斑场振幅 $u_0(r)$ 基本不变,而相位 $\varphi_0(r)$ 将改变为 $\varphi_0(r) - \Delta\varphi(r)$,即

$$U_0'(r) = u_0(r)\exp[j\varphi_0(r) - \Delta\varphi(r)] \tag{3-6-4}$$

而变形前后的参考光波维持不变,从而变形后的合成光强 $I'(r)$ 为

$$I'(r) = u_0^2 + u_R^2 + 2u_0 u_R\cos[\varphi_0 - \varphi_R - \Delta\varphi(r)] \tag{3-6-5}$$

对于全息干涉,它是把两个不同时刻的光强记录在同一全息干版上,即产生叠加效应,而电子散斑则是对两个光强进行相减处理

$$\bar{I} = |I'(r) - I(r)|$$
$$= |4u_0 u_R\sin[(\varphi_0 - \varphi_R) + \Delta\varphi(r)/2]\sin[\Delta\varphi(r)/2]| \tag{3-6-6}$$

可见,处理后的光强分布是一个含有高频载波项 $[(\varphi_0 - \varphi_R) + \Delta\varphi(r)/2]$ 的低频条纹 $\sin[\Delta\varphi(r)/2]$. 该低频条纹取决于物体形变引起的光波相位改变. 这个光波相位变化与物体形变关系不难从光波传播的理论推导出来,即有

$$\Delta\varphi = 2\pi[d_1(1 + \cos\theta) + d_2\sin\theta]/\lambda \tag{3-6-7}$$

其中 λ 是所用的激光波长,θ 是激光与物体表面法线的夹角,d_1 是物体形变的离面位移,d_2 是物体形变的面内位移. 在一般情况下,照明角度较小,即 $\cos\theta \approx 1$,$\sin\theta \approx 0$,所以这种单光束照明的电子散斑干涉对离面位移比较敏感,而对面内位移不敏感. 相应地相位改变为

$$\Delta\varphi = \frac{2\pi}{\lambda}2d_1 \tag{3-6-8}$$

当 $\Delta\varphi = 2n\pi$(出现暗条纹)时,变化前后的散斑图像完全相同,于是有

$$d_1 = \frac{n\lambda}{2} \tag{3-6-9}$$

其中 $n = 0, 1, 2, \cdots$,是干涉条纹的级数. 可见,黑条纹处的离面位移是半波长的整数倍.

电子散斑干涉(ESPI)实验系统的光路如图 3-6-1 所示.

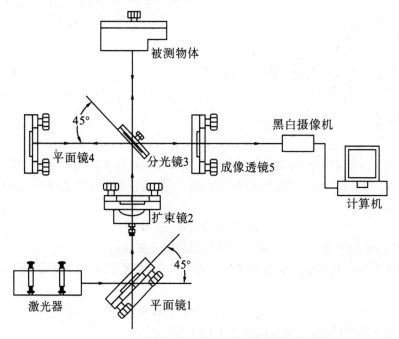

图 3-6-1　电子散斑干涉(ESPI)实验系统的光路图

【实验装置】

激光器、反射镜、分光镜、扩束镜、透镜、被测物体 1、被测物体 2、CCD、图像卡、计算机及软件.实验装置实物图如图 3-6-2 所示.

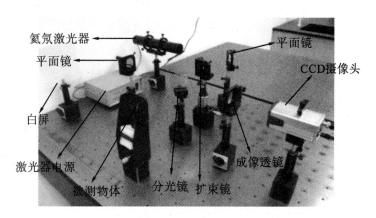

图 3-6-2　电子散斑干涉(ESPI)实验系统实物图

【实验步骤与要求】

1. 实验内容

(1) 对被测物体 1 手动调节背面的旋钮产生形变(其中背面上部的螺丝用来粗调,下面的螺旋测微器旋钮用来细调),用手动方式测量其离面形变量.

(2) 对被测物体 2 通电加热,使其产生形变,用自动方式测量其离面形变量.

2. 实验步骤

光路的调整调节过程实际上就是调节迈克尔逊(Michelson)干涉光路的过程.

(1) 断开被测物体的电源,断开激光器的电源.

(2) 按照图 3-6-1 摆放好各个实验器件,平面镜 1 的入射角为 45°,分光镜 3 也是倾斜 45°放置,调整底座的高度,使各个实验器件的中心高度一致.

(3) 打开激光器的电源,使激光束打在平面镜 1 的中心位置.

(4) 调整平面镜 1 的角度使得反射的激光束垂直照射在扩束镜上.

(5) 调整扩束镜使得激光束被扩展照在分光镜 3 中部.

(6) 调整分光镜 3 使得反射光和透射光分别照射在平面反射镜和被测物体的中部.这里要注意使经分光镜(透反比为 5∶5)的透射光照射在被测物体上,反射光照射在平面反射镜上.

(7) 调整透镜 5 和白屏的位置,使得白屏上清晰呈现迈克尔逊干涉条纹(注意:若不能调整出清晰的干涉条纹,尝试将被测物体用平面反射镜替换).

(8) 固定各个器件的位置,将白屏撤掉,在它的位置上摆放黑白摄像机.

(9) 打开其他仪器的电源,注意把被测物体的可调电源的电压调到 0.

(10) 启动计算机,将显示器的分辨率设置为 1 024×768×16 位,运行控制程序(若显示器的参数与上述不符,控制程序会在提示后动态修改,若要恢复用户原来的设置,重启计算机即可).

(11) 设置采图方式为手动,点击"控制"菜单里"开始"菜单,或者点击工具条上的"开始"按钮,或者直接按 F1 键,调整黑白摄像机的位置,直到在主工作区看到实时显示的清晰的迈克尔逊干涉条纹.

(12) 设置显示模式、采集方式、保存路径、采图速度等参数.

(13) 将被测物体1的可调电源的电压调到适当值(电压值视具体情况而定,以便控制被测物体形变的速度,进而控制实验的速度).

(14) 点击"控制"菜单里"开始"菜单,或者点击工具条上的"开始"按钮,或者直接按 F1 键,开始采集图像.若采集方式为手动,点击"控制"菜单里"抓图并保存"菜单,或者点击工具条上的"抓图"按钮,或者直接按 F4 键来采集一幅图像到设置好的保存路径中,也会将此图加入到左侧的图像列表中,同时主工作区右侧会给出一些信息提示.

(15) 在采图过程中,用户可以随时暂停.采集图像完毕后点击"停止",将可调电源的电压调到 0 以冷却被测物体,以待下次实验.

(16) 对采集到的数据,进行图像相减、二值化、手动拟合或自动拟合等步骤,并存储打印实验结果.

(17) 等物体冷却后,重复以上(11)~(16)步,可再次进行实验.

(18) 退出控制程序.

(19) 关闭各个仪器的电源.

(20) 整理仪器.

3. 注意事项

系统在使用中要注意以下事项:

(1) 眼睛不可正面直视激光束,以免造成伤害.

(2) 请勿用手触摸光学元件的表面.光学零件表面有灰尘,不允许接触擦拭,可小心用吹气球吹掉.

(3) 在运行控制程序前,请关闭其他应用程序.

(4) 在采集图像的过程中,同一组名的图像会不予提示地覆盖以前的图像,所以在采集新图时,建议更改组图名称.

(5) 防止触电.

【思考题】

(1) 散斑是怎么形成的?

(2) 怎样提取电子散斑条纹骨架线?

实验 3-7　阿贝成像原理和空间滤波

傅里叶光学是把通信理论,特别是傅里叶分析(频谱分析)方法引入到光学中来逐步形成的一个分支.它是现代物理光学的重要组成部分.阿贝成像理论是建立在傅里叶光学基础上的信息光学理论,阿贝-波特实验是阿贝成像理论的有力证明.阿贝成像理论所揭示的物体成像过程中频谱的分解与综合,使得人们可以通过物理手段在谱面上改变物体频谱的组成和分布,从而达到处理和改造图像的目的,这就是空间滤波.空间滤波的目的是通过有意识地改变像的频谱,使像产生所希望的变换.光学信息处理是一个更为宽广的领域,它主要是用光学方法实现对输入信息的各种变换或处理.空间滤波和光学信息处理可追溯到 1873 年阿贝(Abbe)提出的二次成像理论,阿贝于 1893 年、波特(Porter)于 1906 年为验证这一理论所做的实验,科学地说明了成像质量与系统传递的空间频谱之间的关系.20 世纪 60 年代由于激光的出现和全息术的重大发展,光学信息处理进入了蓬勃发展的新时期.

【实验目的】

(1) 了解阿贝成像原理.
(2) 理解空间频率、空间频谱和空间滤波的概念.
(3) 掌握 θ 调制空间假彩色编码的原理.

【实验原理】

1. 阿贝成像原理

阿贝研究显微镜成像问题时,提出了一种不同于几何光学(点物成点像)的新观点,他将物看成是不同空间频率信息的集合,相干成像过程分两步完成,如图 3-7-1 所示.第一步是入射光场经物平面 P_1 发生夫琅禾费衍射,在透镜后焦面 P_2 上形成一系列衍射斑;第二步是各衍射斑作为新的次波源发出球面次波,在像面上互相叠加,形成物体的像,将显微镜成像过程看成是上述两步成像的过程,是波动光学的观点,后来人们称其为阿贝成像原理.阿贝成像原理不仅用傅里叶变换阐述了显微镜成像的机理,更重要的是首次引入频谱的概念,启发人们用改造频谱的手段来改造信息.

现在我们以一维光栅为例,用傅里叶分析的手段讨论空间滤波过程,以便更透彻地了解改变系统透射频谱对像结构的影响.为简明起见,采用最典型的相干滤波系统,通常称为 $4f$ 系统,如图 3-7-2 所示.图中 L_1 是准直透镜;L_2 和 L_3 为傅里叶变换透镜,焦距均为 f,P_1,P_2 和 P_3 分别是物面、频谱面和像面,并且 P_3 平面采用反演坐标系.设光栅常数为 d,缝宽为 a,光栅沿 x_1 方向的宽度为 L,则它的透过率为

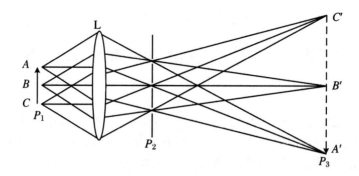

图 3-7-1　阿贝成像原理

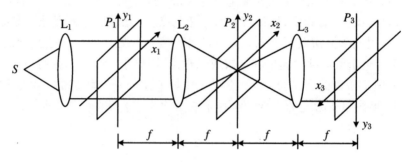

图 3-7-2　典型的相干滤波系统

$$t(x_1) = \left[\operatorname{rect}\left(\frac{x_1}{a}\right) \frac{1}{d} \operatorname{comb}\left(\frac{x_1}{d}\right) \right] \operatorname{rect}\left(\frac{x_1}{L}\right) \tag{3-7-1}$$

在 P_2 平面上的光场分布应正比于

$$
\begin{aligned}
T(f_x) &= \frac{aL}{d} \sum_{m=-\infty}^{\infty} \operatorname{sinc}\left(\frac{am}{d}\right) \operatorname{sinc}\left[L\left(f_x - \frac{m}{d}\right) \right] \\
&= \frac{aL}{d} \left\{ \operatorname{sinc}(Lf_x) + \operatorname{sinc}\left(\frac{a}{d}\right) \operatorname{sinc}\left[L\left(f_x - \frac{1}{d}\right) \right] \right. \\
&\quad \left. + \operatorname{sinc}\left(\frac{a}{d}\right) \operatorname{sinc}\left[L\left(f_x + \frac{1}{d}\right) \right] + \cdots \right\}
\end{aligned}
\tag{3-7-2}
$$

式中 $f_x = x_2/\lambda f$，x_2 是频谱面上的位置坐标，f_x 是同一平面上用空间频率表示的坐标. 为了避免各级频谱重叠，假定 $L \gg d$. 下面我们将讨论在频谱面上放置不同滤波器时，在输出面上像场的变化情况.

（1）滤波器是一个适当宽度的狭缝，只允许零级谱通过，也就是说只让式（3-7-2）中第一项 $\frac{aL}{d} \operatorname{sinc}(Lf_x)$ 通过，则狭缝后的透射光场为

$$T(f_x)H(f_x) = \frac{aL}{d} \operatorname{sinc}(Lf_x) \tag{3-7-3}$$

式中 $H(f_x)$ 是狭缝的透过率函数. 于是在输出平面上的场分布为

$$g(x_3) = F^{-1}\{T(f_x)H(f_x)\} = \frac{a}{d} \operatorname{rect}\left(\frac{x_3}{L}\right) \tag{3-7-4}$$

在像平面上呈现出均匀一片亮，没有强度起伏，也不再有周期条纹结构.

（2）狭缝加宽能允许零级和正、负一级频谱通过，这时透射的频谱包括式（3-7-2）中的前三项，即

$$T(f_x)H(f_x) = \frac{aL}{d}\left\{ \operatorname{sinc}(Lf_x) + \operatorname{sinc}\left(\frac{a}{d}\right)\operatorname{sinc}\left[L\left(f_x - \frac{1}{d}\right)\right]\right.$$

$$\left. + \operatorname{sinc}\left(\frac{a}{d}\right)\operatorname{sinc}\left[L\left(f_x + \frac{1}{d}\right)\right]\right\} \tag{3-7-5}$$

于是输出平面上的场分布为

$$g(x_3) = F^{-1}\{T(f_x)H(f_x)\}$$

$$= \frac{a}{d}\operatorname{rect}\left(\frac{x_3}{L}\right) + \operatorname{sinc}\left(\frac{a}{d}\right)\operatorname{rect}\left(\frac{x_3}{L}\right)\exp\left(\mathrm{j}2\pi\frac{x_3}{d}\right)$$

$$+ \operatorname{sinc}\left(\frac{a}{d}\right)\operatorname{rect}\left(\frac{x_3}{L}\right)\exp\left(-\mathrm{j}2\pi\frac{x_3}{d}\right)$$

$$= \frac{a}{d}\operatorname{rect}\left(\frac{x_3}{L}\right)\left[1 + 2\operatorname{sinc}\left(\frac{a}{d}\right)\cos\left(\frac{2\pi x_3}{d}\right)\right] \tag{3-7-6}$$

在这种情况下,像与物的周期相同,但是由于高频的丢失,像的结构变成余弦振幅光栅.

(3) 滤波面放置双缝,只允许正、负二级谱通过,这时系统透射的频谱为

$$T(f_x)H(f_x) = \frac{aL}{d}\operatorname{sinc}\left(\frac{2a}{d}\right)\left\{\operatorname{sinc}\left[L\left(f_x - \frac{2}{d}\right)\right] + \operatorname{sinc}\left[L\left(f_x + \frac{2}{d}\right)\right]\right\} \tag{3-7-7}$$

输出平面上的场分布为

$$g(x_3) = F^{-1}\{T(f_x)H(f_x)\} = \frac{2a}{d}\operatorname{sinc}\left(\frac{2a}{d}\right)\cos\left(\frac{4\pi x_3}{d}\right)\operatorname{rect}\left(\frac{x_3}{L}\right) \tag{3-7-8}$$

在这种情况下,像的周期是物的周期的一半,像的结构是余弦振幅光栅.

(4) 在频谱面上放置不透光的小圆屏,挡住零级谱,而让其余频率成分通过,这时透射频谱可表示为

$$T(f_x)H(f_x) = T(f_x) - \frac{aL}{d}\operatorname{sinc}(Lf_x) \tag{3-7-9}$$

像面上的光场分布正比于

$$g(x_3) = F^{-1}\{T(f_x)\} - F^{-1}\left\{\frac{aL}{d}\operatorname{sinc}(Lf_x)\right\} = t(x_3) - \frac{a}{d}\operatorname{rect}\left(\frac{x_3}{L}\right)$$

$$= \left[\operatorname{rect}\left(\frac{x_3}{a}\right)\frac{1}{d}\operatorname{comb}\left(\frac{x_3}{d}\right)\right]\operatorname{rect}\left(\frac{x_3}{L}\right) - \frac{a}{d}\operatorname{rect}\left(\frac{x_3}{L}\right) \tag{3-7-10}$$

当 $a = d/2$,即缝宽等于缝的间隙时,直流分量为 $1/2$,像场的复振幅分布仍为光栅结构,并且周期与物周期相同,但强度分布是均匀的,即实际上看不见条纹. 当 $a > d/2$,即缝宽大于缝的间隙时,直流分量大于 $1/2$. 去掉零级谱以后,对应物体上亮的部分变暗,暗的部分变亮,实现了对比度反转.

阿贝-波特实验是对阿贝成像原理最好的验证和演示. 这项实验的一般做法如图 3-7-3 所示,用平行相干光束照明一张细丝网格,在成像透镜的后焦面上出现周期性网格的傅里叶频谱,由于这些傅里叶频谱分量的再组合,从而在像平面上再现网格的像. 若把各种遮挡物(如光圈、狭缝、小光屏)放在频谱平面上,就能以不同方式改变像的频谱,从而在像平面上得到由改变后的频谱分量重新组合得到的对应的像. 图 3-7-3(a)是实验装置图,图 3-7-3(b)是使用一条水平狭缝时透过的频谱,对应的像如图 3-7-3(c)所示,它只包括网格的垂直结构. 如果将狭缝旋转 90°,则透过的频谱和对应的像如图 3-7-3(d)、图 3-7-3(e)所示.若在焦面上放一个可变光阑,开始时光圈缩小,使得只通过轴上的傅里叶分量,然后逐渐加大光圈,就可以看到网格的像是怎样由傅里叶分量一步步综合出来的. 如果去掉光圈换上一个小光屏挡住零

级频谱,则可以看到网格像的对比度反转.这些实验以其简单的装置十分明确地演示了阿贝成像原理,对空间滤波的作用给出了直观的说明,为光学信息处理的概念奠定了基础.

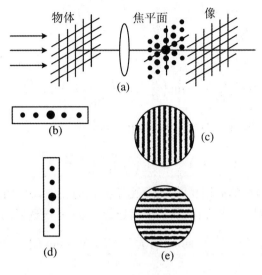

图 3-7-3　阿贝-波特实验

2. 空间滤波

概括地说,上述成像过程分两步:先是"衍射分频",然后是"干涉合成".所以如果着手改变频谱,必然引起像的变化.在频谱面上做的光学处理就是空间滤波.最简单的方法是用各种光阑对衍射斑进行取舍,达到改造图像的目的.

在光学信息处理系统中,空间滤波器是位于空间频率平面上的一种模片,它改变输入信息的空间频谱,从而实现对输入信息的某种变换.限制高频成分的光阑构成低通滤波器.低通滤波器的作用是只让接近零级的低频成分通过而除去高频成分.图像的精细结构及突变部分主要由高频成分起作用,故经低通滤波后图像的精细结构消失,黑白突变处变模糊.低通滤波器可用于滤除高频噪声(例如消除照片中的网纹或减轻颗粒影响).只阻挡低频成分而让高频成分通过,称高通滤波器.高通滤波限制连续色调而强化锐边,有助于细节观察.高级的滤波器可以包括各种形状的孔板、吸收板和移相板等.

【实验装置】

红光光源、白光光源、透镜组、狭缝、天安门光栅、彩色滤波片、白屏等.

【实验步骤与要求】

1. 一维光栅

(1) 根据图 3-7-4 安装所有的器件.
(2) 调整器件高度,使激光器、显微物镜(扩束镜)、准直透镜、一维光栅、双凸透镜处于同一水平高度.

（3）调整激光器的高度和方向,使其射出的光线与导轨平行.

（4）调整显微物镜高度和方向,使出射光形成亮度较均匀的光斑. 注:此时应将显微物镜小口径端作为激光入射方向.

（5）调整准直透镜与显微物镜(扩束镜)之间的距离,使用白屏观察准直后的光斑,光斑在近处和远处直径大致相等(一般以图像的直径 38.5 mm 左右为宜).

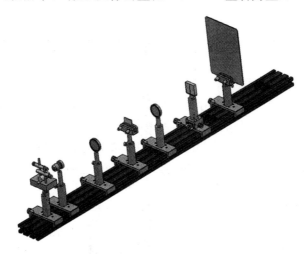

图 3-7-4　阿贝成像与空间滤波实验

（6）插入一维光栅,调节一维光栅高度,使光斑尽可能地打到光栅上.

（7）插入双凸透镜进行傅里叶变换,将狭缝调整到双凸透镜的焦点位置上.

（8）调节狭缝高度及位置,在频谱面上放置可调狭缝及各种滤波器,用白屏在导轨一端观察并记录频谱滤波后的一维光栅像的变化现象,并给出简单解释.

序号	频谱成分	成像情况说明	成像原因解释
1	全部透过		
2	0 级透过		
3	0,±1 级透过		
4	除 ±1 级以外透过		
5	除 0 级外透过		

2. 正交光栅

将一维光栅换成正交光栅,在频谱面上放置各种滤波器,使用白屏在导轨一端观察并记录频谱情况和滤波后的正交光栅像的变化现象,并给出简单解释.

序号	滤波器	频谱成分	成像情况说明	成像原因解释
1	无光阑			
2	圆孔光阑			
3	水平狭缝			
4	竖直狭缝			
5	倾斜狭缝(45°)			
6	圆屏			

3. θ 调制

对于一幅图像的不同区域分别用取向不同(方位角 θ 不同)的光栅预先进行调制,经多次曝光和显影、定影等处理后制成透明胶片,并将其放入光学信息处理系统中的输入面,用白光照明,则在其频谱面上,不同方位的频谱均呈彩虹颜色. 如果在频谱面上开一些小孔,则在不同的方位角上,小孔可选取不同颜色的谱,最后在信息处理系统的输出面上便得到所需的彩色图像. 由于这种编码方法是利用不同方位的光栅对图像不同空间部位进行调制来实现的,故称为 θ 调制空间假彩色编码. 具体编码过程如下:

物的样品如图 3-7-5 所示. 若要使其中草地、天安门和天空 3 个区域呈现 3 种不同的颜色,则可在一胶片上曝光 3 次,每次只曝光其中一个区域(其他区域被挡住),并在其上覆盖某取向的光栅,3 次曝光分别取 3 个不同取向的光栅,如图3-7-5(a)中的线条所示. 将这样获得的调制片经显影、定影处理后,置于光学信息处理的输入平面. 用白光平行光照明,并进行适当的空间滤波处理.

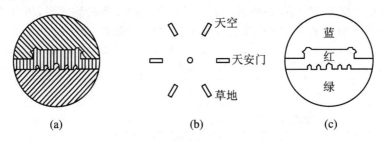

图 3-7-5　被调制物示意图

由于物被不同取向的光栅所调制,所以在频谱面上得到的将是取向不同的带状谱(均与其光栅栅线垂直),物的 3 个不同区域的信息分布在 3 个不同的方向上,互不干扰,当用白光照明时,各级频谱呈现出的是色散的彩带,由中心向外按波长从短到长的顺序排列. 在频谱面上选用一个带通滤波器,实际是一个被穿了孔的光屏或不透明纸.

本实验所用的物是一个空间频率为 100 mm 的正弦光栅,并把它剪裁拼接成一定图案,如图 3-7-5(a)中的天安门图案. 其中天安门用条纹竖直的光栅制作,天空用条纹左倾 60°的光栅,地面用条纹右倾 60°的光栅制作. 因此在频谱面上得到的是三个取向不同的正弦光栅的衍射斑,如图 3-7-5(b)所示. 由用白光照明和光栅的色散作用,除 0 级保持为白色外,正负 1 级衍射斑展开为彩色带,蓝色靠近中心,红色在外. 在 0 级斑点位置、条纹竖直的光栅正负 1 级衍射带的红色部分、条纹左倾光栅正负 1 级衍射带的蓝色部分以及条纹右倾光栅正负 1 级衍射带的绿色部分分别打孔进行空间滤波. 然后在像平面上将得到蓝色天空下,绿色草地上的红色天安门图案,如图 3-7-5(c)所示.

　　因此,在代表草地、天安门和天空信息左斜、水平方向和右倾方向的频谱带上分别在绿色、红色和蓝色位置打孔,使这 3 种颜色的谱通过,其余颜色的谱均被挡住,则在系统的输出面就会得到绿地、蓝天和红色天安门效果的彩色图像.很明显,θ 调制空间假彩色编码就是通过 θ 调制处理手段,"提取"白光中所包含的彩色,再"赋予"图像而形成的.

　　(1) 根据图 3-7-6 安装所有的器件.

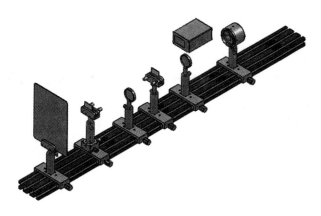

图 3-7-6　θ 调制空间假彩色编码实验

　　(2) 调整各个器件高度,使 LED 光源、准直透镜、天安门光栅、双凸透镜、滤波板、白屏处于同一水平高度.

　　(3) 调整 LED 光源的高度与方向,使其出射的光沿导轨方向.

　　(4) 调整准直透镜与 LED 光源之间的距离,使用白屏观察准直后的光斑,使光斑在近处和远处直径大致相等(在调整准直透镜时,只要光斑大小不变即可,不用考虑形状).

　　(5) 插入天安门光栅,调节天安门光栅高度,使光斑尽可能地打到光栅上.

　　(6) 将白屏放置在导轨另一端,固定.插入双凸透镜,并调整透镜到光栅的距离,使得光栅上的天安门图像在白屏上清晰成像即可.

　　(7) 将滤波板调整在双凸透镜的焦点位置上,通过白屏一侧观察,使 6 个焦点分别打到六条色彩条纹上,前后移动白屏,观察滤波后的天安门光栅像的变化.

【思考题】

　　(1) 什么是阿贝成像原理?

　　(2) 阿贝成像原理与光学空间滤波有什么关系?

　　(3) θ 调制空间假彩色编码中调制光栅空间频率的选择依赖于哪些因素?

实验 3-8　位置色差的测量及星点法观测光学系统单色像差

　　所谓理想光学系统,就是能够对任意大的空间以任意宽的光束成完善像的光学系统.一个物体发出的光经过理想光学系统后将产生一个清晰的、与物貌完全相似的像. 实际中除平面镜反射成像之外,没有像差的光学系统是不存在的. 虽然在近轴区域共轴球面系统可近似地满足理想光学系统的要求,但是实际光学系统成像都是需要一定大小的成像空间以及光束孔径的,同时还由于成像光束多是由不同颜色的光组成的(同一种介质的折射率随波长而异). 所以实际的光学系统成像都不是理想的,有一定的偏离,光学成像相对近轴成像的偏离称像差. 描述像差可以用几何像差和波像差(又叫光程差).

【实验目的】

(1) 掌握主要七种几何像差产生的条件及其基本规律,了解星点检验法的测量原理.
(2) 学会用平行光管测量球差镜头的色差.
(3) 用星点法观测各种像差.

【实验原理】

◎ 像差

几何像差主要有七种:球差、彗差、像散、场曲、畸变、位置色差及倍率色差. 前五种为单色像差,后两种为色差.

1. 球差

轴上点发出的同心光束经光学系统各个球面折射后,将不复为同心光束,不同倾角的光线交光轴于不同位置上,相对理想像点的位置有不同程度的偏离,这种偏离称为轴向球差,简称球差($\delta L'$). 如图 3-8-1 所示. 当物点位置确定后,孔径角越小所产生的球差也就越小. 随着孔径角的增大,球差的增大与孔径角的高次方成正比.

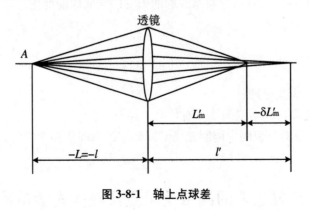

图 3-8-1　轴上点球差

2. 彗差

彗差是轴外点和轴上点发出的宽光束通过光学系统后,不会聚在一点,而呈彗星状图形的一种相对主光线失去对称的像差. 具体地说,在轴外物点发出的光束中,对称于主光线的一对光线经光学系统后,失去对主光线的对称性,使交点不再位于主光线上,对整个光束而言,与理想像面相截形成一彗星状光斑的一种非轴对称性像差. 彗差通常用子午面和弧矢面上对称于主光线的各对光线,经系统后的交点相对于主光线的偏离来度量,分别称为子午彗差和弧矢彗差,分别用 K_t' 和 K_s' 表示. 彗差既与孔径相关又与视场相关. 若系统存在较大彗差,则将导致轴外像点成为彗星状的弥散斑,影响轴外像点的清晰程度. 如图 3-8-2 所示.

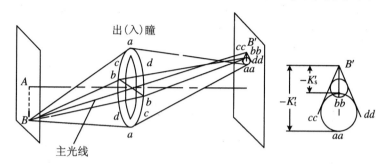

图 3-8-2　彗差

3. 像散

像散也是一种轴外像差,与彗差不同,它是描述无限细光束成像缺陷的一种像差,仅与视场有关. 由于轴外光束的不对称性,使得轴外点的子午细光束的会聚点与弧矢细光束的会聚点各处于不同的位置,与这种现象相应的像差,称为像散. 像散用偏离光轴较大的物点发出的邻近主光线的细光束经光学系统后,其子午焦线与弧矢焦线间的轴向距离表示为

$$x_{ts}' = x_t' - x_s' \tag{3-8-1}$$

式中 x_t',x_s' 分别表示子午焦线至理想像面的距离及弧矢焦线到理想像面的距离,如图 3-8-3 所示. 当系统存在像散时,不同的像面位置会得到不同形状的物点像. 若光学系统对直线成像,由于像散的存在其成像质量与直线的方向有关. 例如,若直线在子午面内其子午像是弥散的,而弧矢像是清晰的;若直线在弧矢面内,其弧矢像是弥散的而子午像是清晰的;若直线既不在子午面内也不在弧矢面内,则其子午像和弧矢像均不清晰,故而影响轴外像点的成像清晰度.

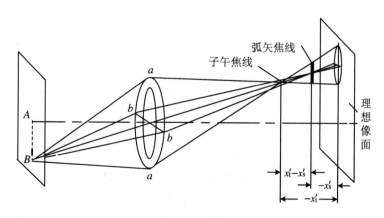

图 3-8-3　像散

4. 场曲

场曲是像场弯曲的简称,是物平面形成曲面像的一种像差. 如果光学系统还存在像散,则实际像面还受像散的影响而形成子午像面和弧矢像面,所以场曲需用子午场曲和弧矢场曲来表征. 如图 3-8-4 所示. 子午细光束的交点沿光轴方向到高斯像面的距离称为细光束的子午场曲;弧矢细光束的交点沿光轴方向到高斯像面的距离称为细光束的弧矢场曲. 场曲是视场的函数,随着视场的变化而变化. 当系统存在较大场曲时,就不能使一个较大平面同时成清晰像,若对边缘调焦清晰,则中心就模糊,反之亦然.

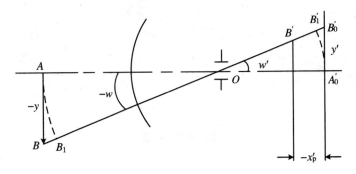

图 3-8-4 场曲

5. 畸变

畸变是指物体所成的像在形状上的变形. 畸变只改变轴外物点在理想像面的成像位置,使像的形状产生失真,但不影响像的清晰度. 由于畸变的存在,物空间的一条直线在像方就变成一条曲线,造成像的失真. 畸变分桶形畸变和枕形畸变两种,如图 3-8-5 所示. 畸变与相对孔径无关,仅与视场有关.

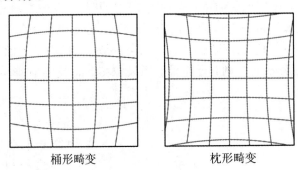

桶形畸变　　　　　枕形畸变

图 3-8-5 畸变

6. 色差

上面所述的五种像差都是单色像差. 但光学系统多是白光成像,白光是由各种不同波长的单色光组成的. 光学材料对不同波长的色光折射率不同,白光经光学系统第一表面折射后,各种色光被分开,在光学系统内以各自的光路传播,造成各色光之间成像位置和大小的差异,在像面上形成彩色的弥散圆. 复色光成像时,由于不同色光而引起的像差称为色差. 色差分为位置色差和倍率色差.

（1）位置色差

光学系统中介质对不同波长的光线的折射率是不同的.薄透镜的焦距公式为

$$\frac{1}{f} = (n-1)\left(\frac{1}{r_1} - \frac{1}{r_2}\right) \tag{3-8-2}$$

可见,同一薄透镜对不同的色光具有不同的焦距.所以当透镜对于一定物距 l 成像时,由于各色光的焦距不同,不同颜色的光线所成的像的位置也就不同.把不同颜色光线理想像点位置之差称为近轴位置色差,通常用 C(656.3 nm,红色)和 F(486.1 nm,蓝色)两种波长光线的理想像平面间的距离来表示近轴位置色差,也称为近轴轴向色差.若 l'_F, l'_C 分别表示 F 和 C 两种波长近轴光线的近轴像距,则近轴位置色差

$$\Delta l'_{FC} = l'_F - l'_C \tag{3-8-3}$$

（2）倍率色差

由于光学材料对不同的色光的折射率不同,所以同一入射角、同一孔径高而不同波长的光线在某一基准像面上将有不同的像高,这就是倍率色差(垂轴色差),它代表不同颜色光线的主光线和同一基准像面交点高度(即实际像高)之差.通常这个基准像面选定为中心波长的理想像面,例如 D(589.3 nm,黄色)光线的理想像平面.若 y'_{ZF}, y'_{ZC} 分别表示 F 和 C 两种波长光线的主光线在 D 光理想像平面上的交点高度,则倍率色差

$$\Delta y'_{FC} = y'_{ZF} - y'_{ZC} \tag{3-8-4}$$

位置色差和倍率色差如图 3-8-6 所示.

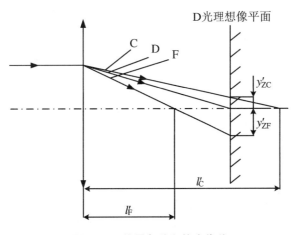

图 3-8-6　位置色差和倍率像差

上面我们简单地介绍了各种像差的成因,像差有一定的消除方法,但完全消除所有的像差是不可能的,也是不必要的.由于各种光学仪器都有特定的应用,各自遇到不同的问题,从而需要重点考虑的只是某几种类型的像差.

◎ 星点检验法的测量原理

光学系统对相干照明物体或自发光物体成像时,可将物光强分布看成是无数个具有不同强度的独立发光点的集合.每一发光点经过光学系统后,由于衍射和像差以及其他工艺瑕疵的影响,在像面处得到的星点像光强分布是一个弥散光斑,即点扩散函数.在等晕区内,每个光斑都具有完全相似的分布规律,像面光强分布是所有星点像光强的叠加结果.因此,星

点像光强分布规律决定了光学系统成像的清晰程度,也在一定程度上反映了光学系统对任意物分布的成像质量.上述的点基元观点是进行星点检验的基本依据.

星点检验法是通过考察一个点光源经光学系统后,在像面及像面前后不同截面上所成衍射像通常称为星点像.它的形状及光强分布是定性评价光学系统成像质量好坏的一种方法.由光的衍射理论可知,一个光学系统对一个无限远的点光源成像,其实质就是光波在其光瞳面上的衍射结果,焦面上的衍射像的振幅分布就是光瞳面上振幅分布函数亦称光瞳函数的傅里叶变换,光强分布则是其傅里叶变换的模的平方.对于一个理想的光学系统,光瞳函数是一个实函数,而且是一个常数,代表一个理想的平面波或球面波,因此星点像的光强分布仅仅取决于光瞳的形状.在圆形光瞳的情况下,理想光学系统焦面内星点像的光强分布就是圆函数的傅里叶变换的平方,即爱里(Airy)斑光强分布

$$\frac{I(r)}{I_0} = \left[\frac{2\mathrm{J}_1(\psi)}{\psi}\right]^2, \quad \psi = kr = \frac{\pi D}{\lambda' f}r = \frac{\pi}{\lambda F}r \tag{3-8-5}$$

式中 $I(r)/I_0$ 为相对强度(在星点衍射像的中间规定为 1.0), r 为在像平面上离开星点衍射

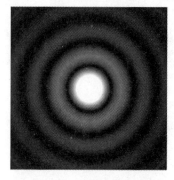

图 3-8-7　无像差星点衍射像

像中心的径向距离,$\mathrm{J}_1(\psi)$ 为一阶贝塞尔函数.通常,光学系统也可能在有限共轭距内是无像差的,在此情况下 $k = (2\pi/\lambda)\sin u'$,其中 u' 为成像光束的像方半孔径角.

无像差星点衍射像如图 3-8-7 所示,在焦点上,中心圆斑最亮,外面围绕着一系列亮度迅速减弱的同心圆环.衍射光斑的中央亮斑集中了全部能量的 80% 以上,其中第一亮环的最大强度不到中央亮斑最大强度的 2%.在焦点前后对称的截面上,衍射图形完全相同.光学系统的像差或缺陷会引起光瞳函数的变化,从而使对应的星点像产生变形或改变其光能分布.待检验系统的缺陷不同,星点像的变化情况

也不同.故通过将实际星点衍射像与理想星点衍射像进行比较,可反映出待检验系统的缺陷并由此评价像质.

【实验装置】

平行光管、白色 LED 光源、三色 LED 光源、色差镜头、球差镜头、彗差镜头、像散镜头、场曲镜头、CMOS 相机、电脑、机械调整架等.

【实验步骤与要求】

1. 测量待测镜头的位置色差值.

(1) 根据图 3-8-8 安装所有的器件.注意:连接平行光管的直流可调电源选用 9 V 输出,即配有单输出接口的可调电源.实验另配有 12 V 可调电源,为双输出接口.如果错接成 12 V 输出的可调电源则将直接烧毁平行光管里的 LED 灯.

(2) 由于像差实验使用的星点像只有 15 $\mu\mathrm{m}$,在较明亮的环境下无法通过肉眼观察到平

行光管发光.如需检查平行光管光源是否连接正确,可直接目视平行光管出光口检查.平行光管发出的光较弱,实验时请关闭室内照明,并使用遮光窗帘.

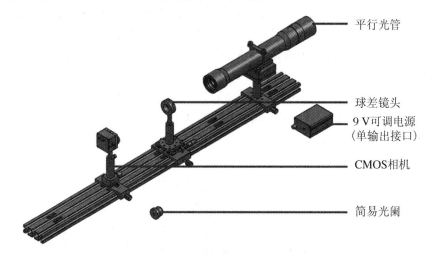

图 3-8-8　位置色差测量实验装配图

（3）打开相机的采集程序,使用连续采集模式.此时如果显示图像亮度过高可适当降低相机的增益值和快门速度.

（4）打开平行光管电源盒开关,将亮度可调旋钮调至最大.拨动平行光管后端 4 挡拨动开关（拨动开关控制顺序为：关－红－绿－蓝）,打开红色照明.

（5）调整相机沿导轨方向移动,将 CMOS 相机靶面调整到与待测镜头后焦点重合位置.此时可以在电脑屏幕上观察到待测镜头焦点亮斑.

（6）调整平行光管照明亮度,使得显示亮斑亮度在饱和值以下.此时微调待测透镜下方的平移台,使得焦点亮斑最小且锐利.此时认为待测镜头后焦点与 CMOS 靶面重合.记录此时的平移台千分丝杆读数值.

（7）变换平行光管照明光源颜色,使用千分丝杆调整待测镜头与 CMOS 相机之间的距离至焦点亮斑最小且锐利.分别记录此时的千分丝杆读数值,填入表 3-8-1.

（8）根据公式测量待测镜头的位置色差值.

位置色差：$\Delta l'_{FC} = l'_F - l'_C$; $\Delta l'_{FD} = l'_F - l'_D$; $\Delta l'_{DC} = l'_D - l'_C$.

表 3-8-1　位置色差测量结果

l'_F	l'_C	l'_D	$\Delta l'_{FC}$	$\Delta l'_{FD}$	$\Delta l'_{DC}$

2. 星点法观测光学系统单色像差

（1）根据图 3-8-9 安装所有的器件.

（2）将所有器件调整至同心等高.

（3）选取白色 LED 作为平行光管光源并打开.打开 CMOS 相机采集程序,使用连续采集模式.

（4）沿光轴方向调整 CMOS 相机位置,使得待测镜头焦斑像最小且锐利.

（5）松开转台锁紧旋钮，微微转动转台，依次观察球差、彗差、场曲、像散等像差现象. 由于实验配备四种像差镜头的焦距不同，因此在观察不同像差时需要更换镜头，在更换像差镜头后，需要重新调节镜头与 CMOS 相机之间的距离，使得 CMOS 相机处于像差镜头的后焦面上，然后再次转动转台观察轴外像差. 调节像差镜头时，可将相机向远离光源的方向移动，以留出足够大的空间用于调节像差镜头. 在调节像差镜头之前，需要固定好相机下的滑块、支杆和套筒.

（6）当观察球差现象时，沿光轴方向移动 CMOS 相机，观察焦斑前后的光束分布. 此时如需微调可将 Y 向一维滑块更换成 X 向平移台滑块或一维侧推平移台.

（7）存储并打印实验结果，对结果进行分析.

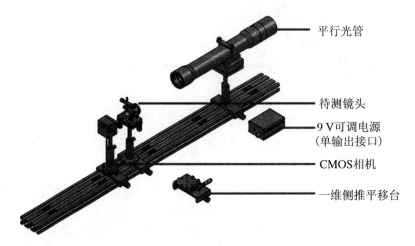

平行光管

待测镜头

9 V可调电源
（单输出接口）

CMOS相机

一维侧推平移台

图 3-8-9　轴上光线像差星点法观测装配图

【思考题】

（1）场曲有什么特点，它与像散有什么关系？

（2）引起位置色差的根本原因是什么？

（3）什么是星点检验法？

实验 3-9　剪切干涉测量光学系统像差

利用玻璃平行平板构成简单的横向剪切干涉仪可以观察到单薄透镜的剪切干涉条纹，并由干涉条纹分布求出透镜的几何像差和离焦量.

【实验目的】

（1）了解剪切干涉技术.

（2）利用大球差镜头的剪切干涉条纹分布测算出该镜头的初级球差比例系数和光路的轴向离焦量.

【实验原理】

剪切干涉是利用待测波面自身干涉的一种干涉方法,它具有一般光学干涉测量方法的优点即非接触性、灵敏度高和精度高,同时由于它无须参考光束,采用共光路系统,因此干涉条纹稳定,对环境要求低,仪器结构简单,造价低,在光学测量领域获得了广泛的应用. 横向剪切干涉是其中一种重要的形式. 由于剪切干涉在光路上的简单化,不用参考光束,但干涉波面的解比较复杂,在数学处理上较繁琐,因此发展利用计算机处理剪切干涉技术是当前光学测量技术发展的热点.

如图 3-9-1 所示,$\xi O \eta$ 为观察剪切干涉的平面,W 和 W' 分别为原始波面和剪切波面. 原始波面相对于平面波的波像差(光程差)为 $W(\xi, \eta)$,剪切波面相对于平面波的波像差为 $W'(\xi, \eta)$. P 为剪切平面 $\xi O \eta$ 上的任意点,当波面在 ξ 方向上有一位移 s(即剪切量为 s)时,在同一点 P 上剪切波面上的波像差为 $W'(\xi, \eta) = W(\xi - s, \eta)$,所以原始波面与剪切波面在 P 点的光程差(波像差)为

$$\Delta W(\xi, \eta) = W(\xi, \eta) - W(\xi - s, \eta)$$

$$(3-9-1)$$

图 3-9-1　横向剪切的两个波面

由于两波面有光程差 ΔW,所以会形成干涉条纹,设在 P 点的干涉条纹的级次为 N,光的波长为 λ,则有

$$\Delta W = N\lambda \qquad (3-9-2)$$

图 3-9-2 所示为光学系统的物平面和入射光瞳平面,其坐标分别为 (x_0, y_0) 和 (ξ, η) 的平面,AO 为光轴. 对于旋转轴对称的透镜系统,只需要考虑物点在 y 轴上的情形(物点的坐标为 $(0, y_0)$). 波面的光程 W 只是 ξ, η 和 y_0 的函数,即

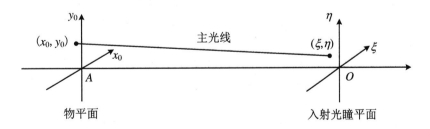

图 3-9-2　计算原理图

$$W(\xi, \eta, y_0) = E_1 + E_3 + \cdots \qquad (3-9-3)$$

其中 E_1 是近轴光线的光程:

$$E_1 = a_1(\xi^2 + \eta^2) + a_2 y_0 \eta \qquad (3-9-4)$$

式中 $a_1 = \Delta Z / 2f^2$,$a_2 = 1/f$,y_0 是物点的垂轴离焦距离,ΔZ 物点的轴向离焦距离. E_3 是赛得像差(初级波像差系数:b_1 场曲,b_2 畸变,b_3 球差,b_4 彗差,b_5 像散):

$$E_3 = b_1 y_0^2 (\xi^2 + \eta^2) + b_2 y_0^3 \eta + b_3 (\xi^2 + \eta^2)^2 + b_4 y_0 \eta (\xi^2 + \eta^2) + b_5 y_0^2 \eta^2 \qquad (3\text{-}9\text{-}5)$$

为了计算结果的表达方便起见,将式(3-9-1)写成对称的形式,光瞳面(ξ, η)上原始波面与剪切波面的剪切干涉的结果为

$$\Delta W(\xi, \eta, s) = W\left(\xi + \frac{s}{2}, \eta\right) - W\left(\xi - \frac{s}{2}, \eta\right) \qquad (3\text{-}9\text{-}6)$$

将式(3-9-4)、式(3-9-5)代入式(3-9-6)就可得具体的表达式,下面讨论透镜具有初级球差和轴向离焦的情况.

(1)扩束镜(短焦距透镜)焦点与被测准直透镜焦点F不重合(即物点与F不重合),但只有轴向离焦(ΔZ不为零,$y_0 = 0$),无球差,则有

$$W(\xi, \eta) = a_1(\xi^2 + \eta^2) \qquad (3\text{-}9\text{-}7)$$

由于剪切方向在ξ方向,所以

$$\Delta W(\xi, \eta, s) = 2a_1 \xi s \qquad (3\text{-}9\text{-}8)$$

所以干涉明纹方程为$\xi = m\lambda/2a_1 s$($m = 0, \pm 1, \pm 2, \cdots$),明纹为平行于$\eta$轴、间隔为$\lambda/2a_1 s$的直条纹,剪切条纹的零级条纹在$\xi = 0$处.

(2)扩束镜焦点与被测准直透镜焦点F不重合,只有轴向离焦(ΔZ不为零,$y_0 = 0$),透镜具有初级球差(b_3不为零),剪切方向在ξ方向,则

$$W(\xi, \eta) = a_1(\xi^2 + \eta^2) + b_3(\xi^2 + \eta^2)^2 \qquad (3\text{-}9\text{-}9)$$

所以波像差方程为

$$\Delta W(\xi, \eta, s) = 2\xi s[a_1 + 2b_3(\xi^2 + \eta^2)] + b_3 \xi s^3 \qquad (3\text{-}9\text{-}10)$$

此时明纹方程为

$$2\xi s[a_1 + 2b_3(\xi^2 + \eta^2)] + b_3 \xi s^3 = m\lambda, \quad m = 0, \pm 1, \pm 2, \cdots \qquad (3\text{-}9\text{-}11)$$

初级球差$\delta L'$与孔径的关系式为

$$\delta L' = A\left(\frac{h}{f'}\right)^2 \qquad (3\text{-}9\text{-}12)$$

其中$h^2 = \xi^2 + \eta^2$,ξ和η为孔径坐标,f'为透镜的焦距,A为初级几何球差比例系数.而对应的波像差为其积分,即

$$W = \frac{n'}{2} \int_0^h \delta L' \mathrm{d}\left(\frac{h}{f'}\right)^2 \qquad (3\text{-}9\text{-}13)$$

将式(3-9-12)代入式(3-9-13),积分结果为式(3-9-5)中的第三项,即

$$W(\delta L') = \frac{Ah^4}{4f'^4} = b_3(\xi^2 + \eta^2)^2 \qquad (3\text{-}9\text{-}14)$$

由于$h^2 = \xi^2 + \eta^2$,所以由式(3-9-14)可以求出b_3与$\delta L'$,A的关系式为

$$b_3 = \frac{\delta L'}{4f'^2 h^2} = \frac{A}{4f'^4} \qquad (3\text{-}9\text{-}15)$$

因此,在公式(3-9-11)中,令$\Delta W = (2k+1)\frac{\lambda}{2}$就得到实验中的暗纹方程,即

$$2\xi s[a_1 + 2b_3(\xi^2 + \eta^2)] + b_3 \xi s^3 = (2k+1)\frac{\lambda}{2}, \quad k = 0, \pm 1, \pm 2, \cdots \qquad (3\text{-}9\text{-}16)$$

由实验图上暗条纹的分布,利用最小二乘法拟合可解出a_1和b_3,由公式(3-9-4)和式(3-9-15)分别求出轴向离焦量ΔZ和初级球差$\delta L'$.

能产生横向剪切干涉的装置很多,最简单的是利用平行平板,如图 3-9-3 所示.由于平行平板有一定厚度和对入射光束的倾角,因此通过被检测透镜后的光波被玻璃平板前后表面

反射后形成的两个波面发生横向剪切干涉,剪切量为 $s(s=2dn\cos i')$,其中 d 为平行平板的厚度,n 为平行平板的折射率,i' 为光线在平行平板内的折射角. s 一般为 $1\sim3$ mm. 当使用光源为氦氖激光时,由于光源的良好的时间和空间相干性,就可以看到很清晰的干涉条纹.条纹的形状反映波面的像差.

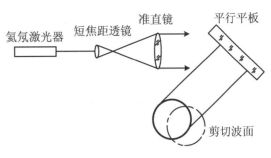

图 3-9-3　平行平板横向剪切实验装置图

【实验装置】

氦氖内腔激光器、LED 可调电源、CMOS 相机、白屏、空间滤波器、显微物镜、平行校准器、球差镜头、CCTV 镜头、机械调整架等.

【实验步骤与要求】

(1) 根据图 3-9-4 安装所有的器件.

(2) 调整氦氖激光器输出光与导轨面平行且居中,使用球差镜头上的小孔光阑作为高度标志物,再调整激光器与导轨面平行.保持此小孔光阑高度不变,作为后续调整标志物.

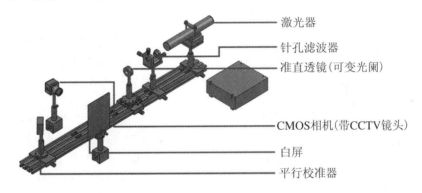

图 3-9-4　剪切干涉测量光学系统像差实验装配图

(3) 将各光学器件放置在激光器出光口处,调整各器件中心与激光束等高.

(4) 调整好空间滤波器,对激光进行滤波扩束.在调整空间滤波器之前,先去掉针孔,用球差镜头上的小孔光阑作为高度标志物,当物镜出射的光斑中心目视与小孔光阑对齐时,调节完毕.放入小孔光阑,推动物镜旋钮靠近小孔,推动过程中,不断调整小孔位置使得透射光斑最亮,当无衍射条纹且光斑变得均匀时,说明已经调好.

(5) 使用球差镜头进行准直,使用光学平晶前后表面的反射光干涉图样判断激光是否准直.当光学平晶前后面干涉图条纹最稀疏时(整个干涉区域只包含 1 条干涉条纹),认为激光光束已经被准直.

(6) 记录准直镜下方轴向的平移丝杆读数为 L_1. 使用白屏接收平行平晶反射像,打开 CMOS 相机软件,并选择采集图像,如图 3-9-5 所示.

拍摄此时在白屏上出现的图案,效果如图 3-9-6 所示.

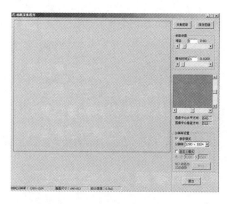

图 3-9-5　CMOS 相机软件主界面

图 3-9-6　焦点处的图像

(7) 把球差镜头上的光阑孔径调至最小,这样白屏上会出现两个亮点.再用 CMOS 相机采集并保存图像,保证 CCD 的成像面和白屏平行且白屏上的刻度尺要保证水平,否则会影响计算精度.用计算机软件进行标定并求出这两个亮点之间的距离,这个距离就是剪切量 s,如图 3-9-7 所示.

(8) 将光阑打开,调节待测镜头下方的平移台,让透镜产生轴向离焦,并记录此时千分丝杆读数 L_2,在调节千分丝杆时,注意要单方向旋转,否则会引入千分丝杆空回误差,轴向离焦 $\Delta Z = L_2 - L_1$.为了保证计算精度,这时白屏上出现的图案应保证图像中心条纹为明条纹,且图中明纹个数至少为 7 条,如图 3-9-8 所示,并保存此图像.

图 3-9-7　剪切量计算图

图 3-9-8　离焦时的图像

(9) 运行剪切干涉计算软件.

① 求解横向剪切量,在"文件"的下拉菜单中点击"求解剪切量"(图 3-9-9).点击"读图",读入剪切量计算图(如果不是灰度图格式要首先将图转化成灰度格式).点击"相机标定"(图 3-9-10),记录图中刻度尺上相距为 10 mm 的两个点的像素平面横坐标值: x_1 和 x_2;接着点击"二值化",此过程是对剪切量计算图二值化的过程(二值化的阈值一般为 0.55,可以自己改动,直到图像中出现两个完整的圆形白色光斑);下一步点击"求解横向剪切量",得到横向剪切量 s.

② 求解被测透镜的轴向离焦量和初级球差,点击"求解像差系数"到求像差系数界面(图 3-9-11).点击"读图"读入(如果不是灰度图格式要首先将图转化成灰度格式);然后点击"找出光斑中轴线",再点击离焦时的图像,中间明纹的像素平面的 x 坐标记为 $x(0)$,并记录其左右各三个的波谷像素平面的 x 坐标(暗条纹坐标),从左至右它们依次为 $x(-3)$,$x(-2)$,

$x(-1), x(1), x(2), x(3)$(图 3-9-12);最后点击"计算",按要求依次输入各参量的值,即求得轴向离焦量 ΔZ 和初级球差 $\delta L'$.

图 3-9-9 剪切干涉实验主界面

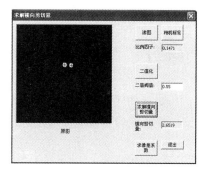

图 3-9-10 求解横向剪切量

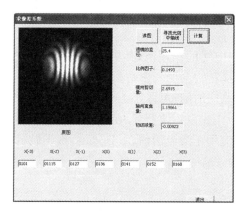

图 3-9-11 求解被测透镜的轴向离焦量和初级球差

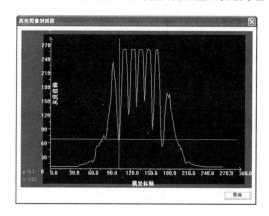

图 3-9-12 光斑像素与强度之间的关系图

(10) 存储并打印实验结果,将计算结果与测量的轴向离焦量及理论值初级球差比例系数比较.

【注意事项】

(1) 实验结束时要将调节短焦距透镜支架的微调旋钮旋转到零位,以避免内部的器件因长期受力而变形.

(2)激光器经过长时间工作,管壁会发热. 若需要收起激光器,请关掉电源后放置冷却一段时间再拆卸.

【思考题】

(1)要得到理想图形时,各光学元件必须严格同心,为什么?

(2)这个实验可以有哪些实际应用?

实验 3-10 晶体的电光效应

某些晶体或液体在外加电场的作用下,其折射率将发生变化,这种现象称为电光效应. 当光波通过此介质时,其传播特性会受到影响而改变. 电光效应在工程技术和科学研究中有许多重要应用,它有很短的响应时间(可以跟上频率为 10^{10} Hz 的电场变化),可以在高速摄影中作快门或在光速测量中作光束斩波器等. 在激光出现以后,电光效应的研究和应用得到迅速的发展,电光器件广泛应用于激光通信、激光测距、激光显示和光学数据处理等方面.

【实验目的】

(1)掌握晶体电光调制的原理和实验方法.

(2)了解一种激光通信的方法.

【实验原理】

1. 一次电光效应和晶体的折射率椭球

由电场所引起的晶体折射率的变化,称为电光效应. 通常可将电场引起的折射率的变化用下式表示

$$n = n_0 + aE_0 + bE_0^2 + \cdots \tag{3-10-1}$$

式中 a 和 b 为常数,n_0 为不加电场时晶体的折射率. 由一次项 aE_0 引起的折射率变化效应称为一次电光效应,也称线性电光效应或泡克耳斯(Pockels)效应;由二次项 bE_0^2 引起的折射率变化效应称为二次电光效应,也称平方电光效应或克尔(Kerr)效应. 一次电光效应只存在于不具有对称中心的晶体中,二次电光效应则可能存在于任何物质中,一次效应要比二次效应显著.

光在各向异性晶体中传播时,因光的传播方向不同或者是电矢量的振动方向不同,光的折射率也不同. 如图 3-10-1 所示,通常用折射率球来描述折射率与光的传播方向、振动方向的关系. 在主轴坐标系中,折射率椭球及其方程为

$$\frac{x^2}{n_1^2} + \frac{y^2}{n_2^2} + \frac{z^2}{n_3^2} = 1 \qquad (3\text{-}10\text{-}2)$$

式中 n_1, n_2, n_3 为椭球三个主轴方向上的折射率,称为主折射率. 当晶体加上电场后,折射率椭球的形状、大小、方位都发生变化,椭球方程变成

$$\frac{x^2}{n_{11}^2} + \frac{y^2}{n_{22}^2} + \frac{z^2}{n_{33}^2} + \frac{2yz}{n_{23}^2} + \frac{2xz}{n_{13}^2} + \frac{2xy}{n_{12}^2} = 1 \qquad (3\text{-}10\text{-}3)$$

晶体的一次电光效应分为纵向电光效应和横向电光效应. 纵向电光效应是加在晶体上的电场方向与光在晶体里的传播方向平行时产生的电光效应;横向电光效应是加在晶体上的电场方向与光在晶体里的传播方向垂直时产生的电光效应. 通常 KD * P(磷酸二氘钾)类型的晶体用其纵向电光效应,LiNbO₃(铌酸锂)类型的晶体用其横向电光效应. 常用电光晶体的特性参数见表 3-10-1.

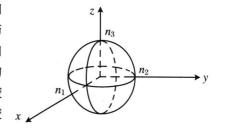

图 3-10-1 折射率球

表 3-10-1 一些电光晶体(electro-optic crystals)的特性参数

点群对称性	晶体材料	折射率		波长 (μm)	非零电光系数 (10^{-12} m/V)
		n_o	n_e		
$3m$	LiNbO₃	2.297	2.208	0.633	$\gamma_{13} = \gamma_{23} = 8.6, \gamma_{33} = 30.8$ $\gamma_{42} = \gamma_{51} = 28, \gamma_{22} = 3.4$ $\gamma_{12} = \gamma_{61} = -\gamma_{22}$
32	Quartz (SiO₂)	1.544	1.553	0.589	$\gamma_{41} = -\gamma_{52} = 0.2$ $\gamma_{62} = \gamma_{21} = -\gamma_{11} = 0.93$
$\bar{4}2m$	KH₂PO₄ (KDP)	1.5115	1.4698	0.546	$\gamma_{41} = \gamma_{52} = 8.77, \gamma_{63} = 10.3$
		1.5074	1.4669	0.633	$\gamma_{41} = \gamma_{52} = 8, \gamma_{63} = 11$
$\bar{4}2m$	NH₄H₂PO₄ (ADP)	1.5266	1.4808	0.546	$\gamma_{41} = \gamma_{52} = 23.76, \gamma_{63} = 8.56$
		1.5220	1.4773	0.633	$\gamma_{41} = \gamma_{52} = 23.41, \gamma_{63} = 7.828$
$\bar{4}3m$	KD₂PO₄ (KD * P)	1.5079	1.4683	0.546	$\gamma_{41} = \gamma_{52} = 8.8, \gamma_{63} = 26.8$
$\bar{4}3m$	GaAs	3.60		0.9	$\gamma_{41} = \gamma_{52} = \gamma_{63} = 1.1$
		3.34		1.0	$\gamma_{41} = \gamma_{52} = \gamma_{63} = 1.5$
		3.20		10.6	$\gamma_{41} = \gamma_{52} = \gamma_{63} = 1.6$
$\bar{4}3m$	InP	3.42		1.06	$\gamma_{41} = \gamma_{52} = \gamma_{63} = 1.45$
		3.29		1.35	$\gamma_{41} = \gamma_{52} = \gamma_{63} = 1.3$
$\bar{4}3m$	ZnSe	2.60		0.633	$\gamma_{41} = \gamma_{52} = \gamma_{63} = 2.0$
$\bar{4}3m$	β-ZnS	2.36		0.6	$\gamma_{41} = \gamma_{52} = \gamma_{63} = 2.1$

2. 电光调制原理

要用激光作为传递信息的工具,首先要解决如何将传输信号加到激光辐射上去的问题,

我们把信息加载于激光辐射的过程称为激光调制,把完成这一过程的装置称为激光调制器. 由已调制的激光辐射还原出所加载信息的过程则称为解调. 因为激光实际上只起到了携带低频信号的作用,所以称为载波,而起控制作用的低频信号是我们所需要的,称为调制信号,被调制的载波称为已调波或调制光. 按调制的性质而言,激光调制与无线电波调制相类似,可以采用连续的调幅、调频、调相以及脉冲调制等形式,但激光调制多采用强度调制. 强度调制是根据光载波电场振幅的平方比例于调制信号,使输出的激光辐射的强度按照调制信号的规律变化. 激光调制之所以常采用强度调制的形式,主要是因为光接收器一般都是直接地响应其所接受的光强度变化的缘故.

激光调制的方法很多,如机械调制、电光调制、声光调制、磁光调制和电源调制等. 其中电光调制器开关速度快、结构简单. 因此,在激光调制技术及混合型光学双稳器件等方面有广泛的应用. 电光调制根据所施加的电场方向的不同,可分为纵向电光调制和横向电光调制. 下面我们来具体介绍一下这两种调制原理和典型的调制器.

(1) KDP 晶体纵调制

设电光晶体是与 xy 平行的晶片,沿 z 方向的厚度为 L ,在 z 方向加电压(纵调制). 在输入端放一个与 x 方向平行的起偏振器,入射光波沿 z 方向传播,且沿 x 方向偏振,射入晶体后,它分解成 ξ,η 方向的偏振光(图 3-10-2),射出晶体后的偏振态表示为

$$\hat{J}_{\xi\eta} = \frac{1}{\sqrt{2}} \begin{bmatrix} \mathrm{e}^{\mathrm{i}\Gamma/2} \\ \mathrm{e}^{-\mathrm{i}\Gamma/2} \end{bmatrix} \tag{3-10-4}$$

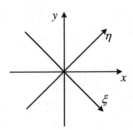

图 3-10-2 xy 坐标系和 $\xi\eta$ 坐标系(感生坐标系)

首先进行坐标变换,得到 xy 坐标系的琼斯矩阵的表达式

$$R(\pi/4)\hat{J}_{\xi\eta} = \frac{1}{2} \begin{pmatrix} 1 & 1 \\ -1 & 1 \end{pmatrix} \begin{pmatrix} \mathrm{e}^{\mathrm{i}\Gamma/2} \\ \mathrm{e}^{-\mathrm{i}\Gamma/2} \end{pmatrix} = \begin{pmatrix} \cos(\Gamma/2) \\ -\mathrm{i}\sin(\Gamma/2) \end{pmatrix} \tag{3-10-5}$$

如果在输出端放一个与 y 轴平行的检偏振器,就构成泡克耳斯盒. 由检偏器输出的光波琼斯矩阵为

$$\hat{J}'_{xy} = \begin{pmatrix} 0 & 0 \\ 0 & 1 \end{pmatrix} \begin{pmatrix} \cos(\Gamma/2) \\ -\mathrm{i}\sin(\Gamma/2) \end{pmatrix} = \begin{pmatrix} 0 \\ -\mathrm{i}\sin(\Gamma/2) \end{pmatrix} \tag{3-10-6}$$

其中 Γ 为两个本征态通过厚度为 L 的电光介质获得的相位差,由于 $\Gamma = \pi V/V_\pi$,V_π 为晶体的半波电压. 式(3-10-6)表示输出光波是沿 y 方向的线偏振光,其光强为

$$I' = \frac{I_0}{2}(1 - \cos\Gamma) = I_0 \sin^2\left(\frac{\pi V}{2V_\pi}\right) \tag{3-10-7}$$

上式说明光强受到外加电压的调制,称为振幅调制. 光强透过率为

$$T = \frac{I'}{I_0} = \sin^2\left(\frac{\pi V}{2V_\pi}\right) \tag{3-10-8}$$

　　调制器的输出特性与外加电压的关系是非线性的. 若调制器工作在非线性部分,则调制光将发生畸变. 为了获得线性调制,可以通过引入一个固定的 $\pi/2$ 相位延迟,使调制器的电压偏置在 $T=50\%$ 的工作点上. 常用的办法有两种:其一,在调制晶体上除了施加信号电压外,再附加一个 $V_{\pi/2}$ 的固定偏压,但此法会增加电路的复杂性,而且工作点的稳定性也差;其二,是在调制器的光路上插入一个 $\lambda/4$ 波片,其快、慢轴与晶体的主轴成 $\pi/4$ 的角度.

　　图 3-10-3 为泡克耳斯盒(振幅型纵调制系统)示意图,z 向切割的 KD∗P 晶体两端胶合上透明电极 ITO_1,ITO_2,电压通过透明电极加到晶体上去. KD∗P 调制器前后为一对互相正交的起偏振镜 P 与检偏振镜(分析镜)A,P 的透过率极大方向沿 KD∗P 感生主轴 ξ,η 的角平分线. 在 KD∗P 和 A 之间通常还加相位延迟片 Q(即 $\lambda/4$ 波片),其快、慢轴方向分别与 ξ,η 相同. 由于入射光波预先通过 $\lambda/4$ 波片移相,因而有

$$I' = \frac{I_0}{2}[1 - \cos(\Gamma + \Gamma_0)]\Big|_{\Gamma_0 = \pi/2} = I_0 \sin^2\left(\frac{\pi V}{2V_\pi} + \frac{\pi}{4}\right) \tag{3-10-9}$$

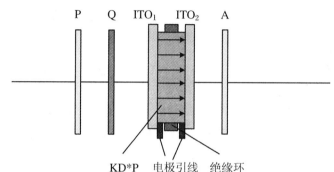

P—起偏器　Q—四分之一波片　A—检偏器　ITO—透明电极

图 3-10-3　泡克耳斯盒

加上预置的相位 Γ_0 后,工作点移到调制曲线的中点附近,使线性大大改善.

　　如果在如图 3-10-3 所示的泡克耳斯盒的电极间加交变电压

$$V = V_\text{m}\sin\omega t \tag{3-10-10}$$

则

$$T = \frac{1}{2} + \frac{1}{2}\sin(\Gamma_\text{m}\sin\omega t) = \frac{1}{2} + \sum_{k=0}^{\infty}\text{J}_{2k+1}\left(\frac{\Gamma_\text{m}}{2}\right)\sin(2k+1)\omega t \tag{3-10-11}$$

式中 $\text{J}_{2k+1}(z)$ 为 $2k+1$ 阶贝塞尔函数,且

$$\Gamma_\text{m} = \frac{\pi V_\text{m}}{V_\pi} \tag{3-10-12}$$

　　当 Γ_m 不大时(即调制电压幅度较低时),式(3-10-11)近似表示为

$$T = \frac{1}{2} + \frac{\Gamma_\text{m}}{2}\sin\omega t \tag{3-10-13}$$

可见系统的输出光波的幅度也是正弦变化,称正弦振幅调制.

　　图 3-10-4 表示电光调制特性曲线. 可以看出 $\lambda/4$ 波片的作用相当于将工作点偏置到特性曲线中部线性部分,在这一点进行调制效率最高,波形失真小. 如不用 $\lambda/4$ 波片($\Gamma_0 = 0$),输出信号中只存在二次谐波分量.

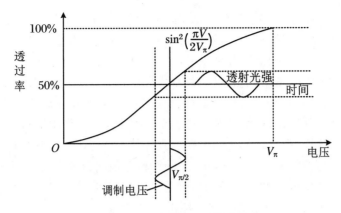

图 3-10-4　电光调制特性曲线

对于氦氖激光,KDP 的半波电压为

$$V_\pi = \frac{\lambda_0}{2n_o^3 \gamma_{63}} = 8.971 \times 10^3 (\text{V}) \tag{3-10-14}$$

如果用 KD * P(磷酸二氘钾),$V_\pi = 3.448 \times 10^3$ V,调制电压仍相当高,给电路的制造带来不便. 常常用环状金属电极代替透明电极,但电场方向在晶体中不一致,使透过调制器的光波的消光比下降.

(2) 铌酸锂晶体横调制

式(3-10-13)表明纵调制器件的调制度近似为 Γ_m,与外加电压振幅成正比,而与光波在晶体中传播的距离(即晶体沿光轴 z 的厚度 L,又称作用距离)无关. 这是纵调制的重要特性. 纵调制器也有一些缺点. 首先,大部分重要的电光晶体的半波电压 V_π 都很高. 由于 V_π 与 λ_0 成正比,当光源波长较长时(例如 10.6 μm),V_π 更高,使控制电路的成本大大增加,电路体积和重量都很大. 其次,为了沿光轴加电场,必须使用透明电极,或带中心孔的环形金属电极. 前者制作困难,插入损耗较大;后者引起晶体中电场不均匀. 解决上述问题的方案之一,是采用横调制. 图 3-10-5 为横调制器示意图. 电极 D_1,D_2 与光波传播方向平行,则外加电场与光波传播方向垂直.

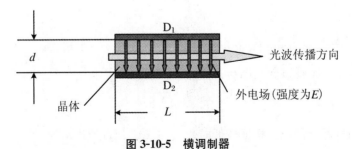

图 3-10-5　横调制器

电光效应引起的相位差 Γ 正比于电场强度 E 和作用距离 L(即晶体沿光轴 z 的厚度)的乘积 EL,E 正比于电压 V,反比于电极间距离 d,因此

$$\Gamma \propto \frac{LV}{d} \tag{3-10-15}$$

对一定的 Γ,外加电压 V 与晶体长宽比 L/d 成反比,加大 L/d 可使得 V 下降. 电压 V 下降不仅使控制电路成本下降而且有利于提高开关速度.

铌酸锂晶体具有优良的加工性能及很高的电光系数,$\gamma_{33} = 30.8 \times 10^{-12}$ m/V,常用来做成横调制器. 铌酸锂为单轴负晶体, $n_x = n_y = n_o = 2.297$, $n_z = n_e = 2.208$.

令电场强度为 $E = E_z$, 代入式(3-10-3)得到电场感生的法线椭球方程

$$\left(\frac{1}{n_o^2} + \gamma_{13}E_z\right)(x^2 + y^2) + \left(\frac{1}{n_e^2} + \gamma_{33}E_z\right)z^2 = 1 \tag{3-10-16}$$

或写作

$$\frac{x^2}{n_x^2} + \frac{y^2}{n_y^2} + \frac{z^2}{n_z^2} = 1 \tag{3-10-17}$$

其中

$$n_x = n_y \approx n_o - \frac{1}{2}n_o^3\gamma_{13}E_z \tag{3-10-18}$$

$$n_z \approx n_e - \frac{1}{2}n_e^3\gamma_{33}E_z \tag{3-10-19}$$

应注意在这一情况下电场感生坐标系和主轴坐标系一致,仍然为单轴晶体,但寻常光和非常光的折射率都受到外电场的调制. 设入射线偏振光沿 xz 的角平分线方向振动,两个本征态 x 和 z 分量的折射率之差为

$$n_x - n_z = (n_o - n_e) - \frac{1}{2}(n_o^3\gamma_{13} - n_e^3\gamma_{33})E \tag{3-10-20}$$

当晶体的厚度为 L, 则射出晶体后光波的两个本征态的相位差为

$$\Gamma = \frac{2\pi}{\lambda_0}(n_x - n_z)L = \frac{2\pi}{\lambda_0}(n_o - n_e)L - \frac{2\pi}{\lambda_0}\frac{n_o^3\gamma_{13} - n_e^3\gamma_{33}}{2}EL \tag{3-10-21}$$

上式说明在横调制情况下,相位差由两部分构成:晶体的自然双折射部分(式中第一项)及电光双折射部分(式中第二项). 通常使自然双折射项等于 $\pi/2$ 的整倍数. 横调制器件的半波电压为

$$V_\pi = \frac{d}{L}\frac{\lambda_0}{n_e^3\gamma_{33} - n_o^3\gamma_{13}} \tag{3-10-22}$$

我们用到关系式 $E = V/d$. 由上式可知,半波电压 V_π 与晶体长宽比 L/d 成反比. 因而可以通过加大器件的长宽比 L/d 来降低 V_π.

横调制器的电极不在光路中,工艺上比较容易解决. 横调制的主要缺点在于它对波长 λ_0 很敏感, λ_0 稍有变化,自然双折射引起的相位差即发生显著的变化. 当波长确定时(例如使用激光),这一项又强烈地依赖于作用距离 L. 加工误差、装调误差引起的光波方向的稍许变化都会引起相位差的明显改变,因此通常只用于准直的激光束中,或用一对晶体,第一块晶体的 x 轴与第二块晶体的 z 轴相对,使晶体的自然双折射部分(式(3-10-21)中第一项)相互补偿,以消除或降低器件对温度、入射方向的敏感性. 有时也用巴比涅-索勒尔(Babinet-Soleil)补偿器,将工作点偏置到特性曲线的线性部分.

迄今为止,我们所讨论的调制模式均为振幅调制,其物理实质在于:输入的线偏振光在调制晶体中分解为一对偏振方向正交的本征态,在晶体中传播过一段距离后获得相位差 Γ, Γ 为外加电压的函数. 在输出的偏振元件透光轴上这一对正交偏振分量重新叠加,输出光的振幅被外加电压所调制,这是典型的偏振光干涉效应.

(3) 改变直流偏压对输出特性的影响

在式(3-10-8)中,如果电极间加交变电压

$$V = V_0 + V_m\sin\omega t \tag{3-10-23}$$

则式(3-10-8)可写成

$$T = \sin^2\left(\frac{\pi V}{2V_\pi}\right) = \sin^2\frac{\pi}{2V_\pi}(V_0 + V_m \sin\omega t) \tag{3-10-24}$$

其中 V_0 是加在晶体上的直流电压，$V_m \sin\omega t$ 是同时加在晶体上的交流调制信号，V_m 是其振幅，ω 是调制频率. 从式(3-10-24)可以看出，改变 V_0 或 V_m，输出特性都将发生变化. 这里主要讨论改变直流偏压对输出特性的影响.

① 当 $V_0 = V_\pi/2$、$V_m \ll V_\pi$ 时，将工作点选定在线性工作区的中心处，如图3-10-6(a)所示，此时，可获得较高效率的线性调制，把 $V_0 = V_\pi/2$ 代入式(3-10-24)，得

$$\begin{aligned} T &= \sin^2\left(\frac{\pi}{4} + \frac{\pi}{2V_\pi}V_m \sin\omega t\right) \\ &= \frac{1}{2}\left[1 - \cos\left(\frac{\pi}{2} + \frac{\pi}{V_\pi}V_m \sin\omega t\right)\right] \\ &= \frac{1}{2}\left[1 + \sin\left(\frac{\pi}{V_\pi}V_m \sin\omega t\right)\right] \end{aligned} \tag{3-10-25}$$

由于 $V_m \ll V_\pi$ 时，$T \approx \frac{1}{2}\left[1 + \left(\frac{\pi V_m}{V_\pi}\right)\sin\omega t\right]$，即 $T \propto \sin\omega t$. 这时调制器输出的信号和调制信号虽然振幅不同，但是两者的频率却是相同的，输出信号不失真，称为线性调制.

② 当 $V_0 = 0$、$V_m \ll V_\pi$ 时，如图3-10-6(b)所示，把 $V_0 = 0$ 代入式(3-10-24)，得

$$\begin{aligned} T &= \sin^2\left(\frac{\pi}{2V_\pi}V_m \sin\omega t\right) = \frac{1}{2}\left[1 - \cos\left(\frac{\pi}{V_\pi}V_m \sin\omega t\right)\right] \\ &\approx \frac{1}{4}\left(\frac{\pi}{V_\pi}V_m\right)^2 \sin^2\omega t = \frac{1}{8}\left(\frac{\pi}{V_\pi}V_m\right)^2(1 - \cos 2\omega t) \end{aligned}$$

即 $T \propto \cos 2\omega t$. 从上式可以看出，输出信号的频率是调制信号频率的两倍，即产生"倍频"失真. 若把 $V_0 = V_\pi$ 代入式(3-10-24)，经类似的推导，可得

$$T \approx 1 - \frac{1}{8}\left(\frac{\pi V_m}{V_\pi}\right)^2(1 - \cos 2\omega t) \tag{3-10-26}$$

即 $T \propto \cos 2\omega t$，输出信号仍是"倍频"失真的信号.

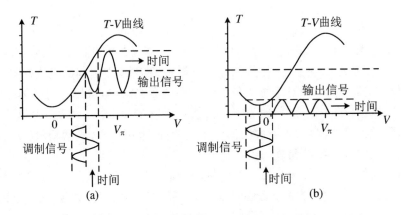

图 3-10-6　*T-V* 曲线

③ 直流偏压 V_0 在 0 伏附近或在 V_π 附近变化时，由于工作点不在线性工作区，输出波形将失真.

④ 当 $V_0 = V_\pi/2$，$V_m > V_\pi$ 时，调制器的工作点虽然选定在线性工作区的中心，但不满足小信号调制的要求. 因此，工作点虽然选定在了线性区，输出波形仍然是失真的.

（4）用 $\lambda/4$ 波片进行光学调制

上面分析说明电光调制器中直流偏压的作用主要是在使晶体中 x,y 两偏振方向的光之间产生固定的位相差，从而使正弦调制工作在光强调制曲线上产生不同点. 直流偏压的作用可以用 $\lambda/4$ 波片来实现. 在起偏器和检偏器之间加入 $\lambda/4$ 波片，调整 $\lambda/4$ 波片的快慢轴方向使之与晶体的 x,y 轴平行，即可保证电光调制器工作在线性调制状态下，转动波片可使电光晶体处于不同的工作点上.

【实验装置】

电光调制电源组件、光接收放大器组件、He-Ne 激光器组件、电光调制晶体组件、起偏器组件、检偏器组件、示波器等.

【实验步骤与要求】

本实验研究铌酸锂晶体的一次电光效应，用铌酸锂晶体的横向调制装置测量铌酸锂晶体的半波电压及电光系数，并用两种方法改变调制器的工作点，观察相应的输出特性的变化.

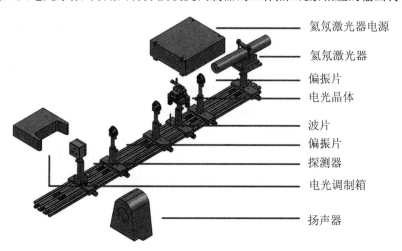

氦氖激光器电源
氦氖激光器
偏振片
电光晶体
波片
偏振片
探测器
电光调制箱
扬声器

图 3-10-7　晶体的电光效应实验装配图

（1）按照图 3-10-7 摆放实验器件，激光器开机预热 $5\sim10$ min.

（2）调整氦氖激光器水平，固定可变光阑的高度和孔径，使出射光在近处和远处都能通过可变光阑. 其他器件依次放入光路，并保持与激光束同轴等高.

（3）将晶体与电光调制箱连接（晶体没有正负极）. 打开开关，调制切换选择"内调".

（4）将示波器 CH1 与探测器接通，则可观测到解调出来的内置波形信号，适当调整"调制幅度"和"高压调节"旋钮，使波形不失真. 适当旋转光路中的偏振片和 $\lambda/4$ 波片，得到最清晰的稳定波形. 将示波器的 CH2 与电光调制箱的"信号监测"连接，则可直接得到内置波形信号，与解调出来的波形信号作对比.

（5）通过高压调节旋钮改变电光晶体工作电压观测波形变化，测定铌酸锂晶体的透过率曲线（T-V 曲线），求晶体的半波电压. 通过旋转 $\lambda/4$ 波片，观测波形失真情况，可以完成最佳工作点选取实验.

　　(6) 将 MP3 音源与电光调制实验箱的"外部输入"连接,调制切换选择"外调".

　　(7) 将探测器与扬声器连接,此时可通过扬声器听到 MP3 中播放的音乐.适当调整"调制幅度"和"高压调节"旋钮,旋转光路中的偏振片和 λ/4 波片,使音乐最清晰.

　　注:电源的旋钮顺时针方向为增益加大的方向,因此,电源开关打开前,所有旋钮应该逆时针方向旋转到头,关仪器前,所有旋钮逆时针方向旋转到头后再关闭电源.

【思考题】

　　(1) 什么叫电光效应?

　　(2) 电光效应分为哪两类?

　　(3) 工作点选定在线性区中心,信号幅度加大时怎样失真? 为什么失真?

实验 3-11　晶体的声光效应和磁光效应

　　当超声波在介质中传播时,将引起介质的弹性应变做时间上和空间上的周期性的变化,并且导致介质的折射率也发生相应的变化.当光束通过有超声波的介质后就会产生衍射现象,这就是声光效应.由于声光效应,衍射光的强度、频率、方向等都随着超声波场而变化.声光效应为控制激光束的频率、方向和强度提供了一个有效的手段.利用声光效应制成的声光器件,如声光调制器、声光偏转器和可调谐滤光器等,在激光技术、光信号处理和集成光通信技术等方面有着重要的应用.

　　磁光效应是指处于磁化状态的物质与光之间发生相互作用而引起的各种光学现象,主要包括法拉第(Faraday)效应、克尔(Kerr)效应、塞曼(Zeeman)效应和科顿-穆顿(Cotton-Mouton)效应等.

【实验目的】

　　(1) 了解声光效应原理及拉曼-奈斯(Raman-Nath)衍射和布拉格衍射的实验条件和特点.

　　(2) 测量声光偏转和声光调制曲线.

　　(3) 掌握磁光效应的原理和实验方法,计算磁光介质的 Verdet 常数.

【实验原理】

1. 声光效应原理

当超声波在介质中传播时,将引起介质的弹性应变作时间和空间上的周期性的变化,并且导致介质的折射率也发生相应变化.当光束通过有超声波的介质后就会产生衍射现象,这就是声光效应.有超声波传播的介质如同一个相位光栅.

声光效应有正常声光效应和反常声光效应之分.在各向同性介质中,声光相互作用不导致入射光偏振状态的变化,产生正常声光效应.在各向异性介质中,声光相互作用可能导致入射光偏振状态的变化,产生反常声光效应.反常声光效应是制造高性能声光偏转器和可调滤波器的基础.正常声光效应可用拉曼-奈斯的光栅假设做出解释,而反常声光效应不能用光栅假设做出说明.在非线性光学中,利用参量相互作用理论,可建立起声光相互作用的统一理论,并且运用动量匹配和失配等概念对正常和反常声光效应都可做出解释.本实验只涉及各向同性介质中的正常声光效应.

设声光介质中的超声行波是沿 y 方向传播的平面纵波,其角频率为 ω_s,波长为 λ_s,波矢为 $\boldsymbol{k}_s$.入射光为沿 x 方向传播的平面波,其角频率为 ω,在介质中的波长为 λ,波矢为 $\boldsymbol{k}$.如图 3-11-1 所示.介质内的弹性应变也以行波形式随声波一起传播.由于光速大约是声速的 10^5 倍,在光波通过的时间内介质在空间上的周期变化可看成是固定的.

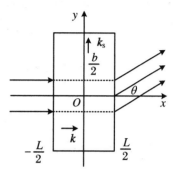

图 3-11-1 声光衍射

由于应变而引起的介质的折射率的变化由下式决定:

$$\Delta\left(\frac{1}{n^2}\right)PS \tag{3-11-1}$$

式中 n 为介质折射率,S 为应变,P 为光弹系数.通常,P 和 S 为二阶张量.当声波在各向同性介质中传播时,P 和 S 可作为标量处理,如前所述,应变也以行波形式传播,所以可写成

$$S = S_0\sin(\omega_s t - k_s y) \tag{3-11-2}$$

当应变较小时,折射率作为 y 和 t 的函数可写作

$$n(y,t) = n_0 + \Delta n\sin(\omega_s t - k_s y) \tag{3-11-3}$$

式中 n_0 为无超声波时的介质的折射率,Δn 为声波折射率变化的幅值,由式(3-11-1)可求出

$$\Delta n = -\frac{1}{2}n^3 P S_0$$

设光束垂直入射($\boldsymbol{k}\perp\boldsymbol{k}_s$)并通过厚度为 L 的介质,则前后两点的相位差为

$$\Delta\Phi = k_0 n(y,t)L = k_0 n_0 L + k_0\Delta nL\sin(\omega_s t - k_s y)$$
$$= \Delta\Phi_0 + \delta\Phi\sin(\omega_s t - k_s y) \tag{3-11-4}$$

式中 k_0 为入射光在真空中的波矢的大小,右边第一项 $\Delta\Phi_0$ 为不存在超声波时光波在介质前后两点的相位差,第二项为超声波引起的附加相位差(相位调制),$\delta\Phi = k_0\Delta nL$.可见,当平面光波入射在介质的前界面上时,超声波使出射光波的波振面变为周期变化的皱折波面,从而改变出射光的传播特性,使光产生衍射.

设入射面 $x = -L/2$ 上的光振动为 $E_i = Ae^{i\omega t}$(A 为常数),也可以是复数.考虑到在出射面 $x = L/2$ 上各点相位的改变和调制,在 xy 平面内离出射面很远一点的衍射光叠加结果为

$$E \propto A\int_{-\frac{b}{2}}^{\frac{b}{2}} e^{i\left[\omega t - k_0 n(y,t) - k_0 y\sin\theta\right]}\mathrm{d}y$$

写成等式为

$$E = C\mathrm{e}^{\mathrm{i}\omega t} \int_{-\frac{b}{2}}^{\frac{b}{2}} \mathrm{e}^{\mathrm{i}\delta\Phi\sin(k_s y - \omega_s t)} \, \mathrm{e}^{-\mathrm{i}k_0 y \sin\theta} \mathrm{d}y \tag{3-11-5}$$

式中 b 为光束宽度，θ 为衍射角，C 为与 A 有关的常数，为了简单可取为实数. 利用与贝塞耳函数有关的恒等式

$$\mathrm{e}^{\mathrm{i}a\sin\theta} = \sum_{m=-\infty}^{\infty} \mathrm{J}_m(a)\mathrm{e}^{\mathrm{i}m\theta}$$

式中 $\mathrm{J}_m(a)$ 为（第一类）m 阶贝塞耳函数，将式(3-11-5)展开并积分得

$$E = Cb \sum_{m=-\infty}^{\infty} \mathrm{J}_m(\delta\Phi) \frac{\sin[b(mk_s - k_0\sin\theta)/2]}{b(mk_s - k_0\sin\theta)/2} \mathrm{e}^{\mathrm{i}(\omega - m\omega_s)t} \tag{3-11-6}$$

上式中与第 m 级衍射有关的项为

$$E_m = E_0 \mathrm{e}^{\mathrm{i}(\omega - m\omega_s)t} \tag{3-11-7}$$

$$E_0 = Cb\mathrm{J}_m(\delta\Phi) \frac{\sin[b(mk_s - k_0\sin\theta)/2]}{b(mk_s - k_0\sin\theta)/2} \tag{3-11-8}$$

因为函数 $\sin x / x$ 在 $x = 0$ 取极大值，因此有衍射极大的方位角 θ_m 由下式决定：

$$\sin\theta_m = m\frac{k_s}{k_0} = m\frac{\lambda_0}{\lambda_s}, \quad m = 0, \pm1, \pm2, \cdots \tag{3-11-9}$$

式中 m 表示衍射极值的级次，λ_0 为真空中光的波长，λ_s 为介质中超声波的波长. 与一般的光栅方程相比可知，超声波引起的有应变的介质相当于光栅常数为超声波长的光栅. 由式(3-11-7)可知，第 m 级衍射光的频率 ω_m 为

$$\omega_m = \omega - m\omega_s \tag{3-11-10}$$

可见，衍射光仍然是单色光，但各级衍射光将产生频移. 由于 $\omega \gg \omega_s$，这种频移是很小的.

第 m 级衍射极大的强度 I_m 可用式(3-11-7)模平方表示

$$I_m = E_m E_m^* = C^2 b^2 \mathrm{J}_m^2(\delta\Phi) = I_0 \mathrm{J}_m^2(\delta\Phi) \tag{3-11-11}$$

式中 E_m^* 为 E_m 的共轭复数，$I_0 = C^2 b^2$.

第 m 级衍射极大的衍射效率 η_m 定义为第 m 级衍射光的强度与入射光的强度之比. 由式(3-11-11)可知，η_m 正比于 $\mathrm{J}_m^2(\delta\Phi)$. 当 m 为整数时，$\mathrm{J}_{-m}(a) = (-1)^m\mathrm{J}_m(a)$. 由式(3-11-9)和式(3-11-11)表明，各级衍射光相对于零级对称分布.

当光束斜入射时，如果声光作用的距离满足 $L < \lambda_s^2/2\lambda$，则各级衍射极大的方位角 θ_m 由下式决定：

$$\sin\theta_m = \sin i + m\frac{\lambda_0}{\lambda_s} \tag{3-11-12}$$

式中 i 为入射光波矢 $\boldsymbol{k}$ 与超声波波面的夹角. 上述的超声衍射称为拉曼-奈斯衍射，在这种情况下，声光相互作用可以产生多级衍射. 此时，有超声波存在的介质相当于一平面的相位光栅.

当声光作用的距离满足 $L > 2\lambda_s^2/\lambda$，而且光束相对于超声波波面以某一角度斜入射时，在理想情况下除了 0 级之外，只出现 1 级或 -1 级衍射. 如图 3-11-2 所示. 这种衍射与晶体对 X 光的布拉格(Bragg)衍射很类似，故称为布拉格衍射. 能产生这种衍射的光束入射角称为布拉格角. 此时有超声波存在的介质起体光栅的作用. 可以证明，布拉格角满足

$$\sin i_{\mathrm{B}} = \frac{\lambda}{2\lambda_s} \tag{3-11-13}$$

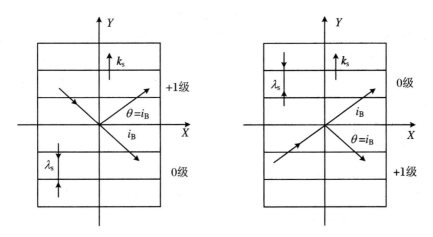

图 3-11-2 布拉格衍射

式(3-11-13)称为布拉格条件.因为布拉格角一般都很小,故衍射光相对于入射光的偏转角

$$\Phi = 2i_B \approx \frac{\lambda}{\lambda_s} = \frac{\lambda_0}{nv_s}f_s \qquad (3\text{-}11\text{-}14)$$

式中 v_s 为超声波的波速,f_s 为超声波的频率,其他量的意义同前.在布拉格衍射条件下,一级衍射光的效率为

$$\eta = \sin^2\left(\frac{\pi}{\lambda_0}\sqrt{\frac{M_2 L P_s}{2H}}\right) \qquad (3\text{-}11\text{-}15)$$

式中 P_s 为超声波功率,L 和 H 为超声换能器的长和宽,M_2 为反映声光介质本身性质的常数,$M_2 = n^6 p^2/\rho v_s^3$,ρ 为介质密度,p 为光弹系数.理论上布拉格衍射的衍射效率可达 100%,拉曼-奈斯衍射中一级衍射光的最大衍射效率仅为 34%,所以使用的声光器件一般都采用布拉格衍射.

由式(3-11-14)和式(3-11-15)可看出,通过改变超声波的频率和功率,可分别实现对激光束方向的控制和强度的调制,这是声光偏转器和声光调制器的基础.从式(3-11-10)可知,超声光栅衍射会产生频移,因此利用声光效应还可以制成频移器件.超声频移器在计量方面有重要应用,如用于激光多普勒测速仪.

以上讨论的是超声行波对光波的衍射.实际上,超声驻波对光波的衍射也产生拉曼-奈斯衍射和布拉格衍射,而且各衍射光的方位角和超声频率的关系与超声行波的相同.不过,各级衍射光不再是简单地产生频移的单色光,而是含有多个傅立叶分量的复合光.

2. 磁光效应原理

磁场可以使某些非旋光物质具有旋光性.该现象称为磁致旋光(法拉第)效应,是磁光效应的一种形式.当线偏振光在介质中沿磁场方向传播距离 L 时,振动方向旋转的角度

$$\psi = V_e B L \qquad (3\text{-}11\text{-}16)$$

式中 B 是磁感应强度,V_e 是物质常数,称为维尔德(Verdet)常数.

法拉第效应产生的旋光与自然旋光物质产生的旋光有一个重大区别.自然旋光效应是由晶体的微观螺旋状晶格结构引起的,与光波传播的正反向无关.设光波沿光轴传播一段距离 L,并沿原路反向时,偏振面的旋向也相反,因而光波传播到原始位置时偏振面也将回转

到原始方向. 在一个固定的坐标系内观察磁光效应,例如光波沿 z 轴正向传播时 ψ 为正,沿 z 轴反向传播时,由于磁场相反,偏振面相对于传播方向旋向相反,但在固定坐标系内看, ψ 仍为正,这显然是光波传播方向和偏振面旋转方向同时反向的结果. 当光波往返两次通过磁光介质时,在一个固定的坐标系内观察, ψ 将加倍,这一特殊的现象称为非互易性,又称不可逆性或单向性.

【实验装置】

TSGMG-1/Q 型高速正弦声光调制器及驱动电源、532 nm 半导体激光器、632.8 nm He-Ne 气体激光器、磁光玻璃棒等.

【实验步骤与要求】

1. 声光调制实验

(1) 按照图 3-11-3 正确连接声光调制器各个部分,激光器开机预热 5 min.

(2) 调整光路同轴等高,使激光束按照一定角度入射到声光调制器晶体,保证激光束穿过晶体后在白屏上出现清晰的衍射光斑. 通过改变超声波频率、入射光角度等来观察拉曼-奈斯衍射和布拉格衍射,比较两种衍射的实验条件和特点.

(3) 在布拉格衍射下测量衍射光相对于入射光的偏转角 Φ 与超声波频率 f_s 的曲线关系,并计算声速 v_s. 测出 8 组 (Φ, f_s),作偏转角 Φ 和超声波频率 f_s 曲线. 注意:式(3-11-14)中的布拉格角和偏转角都是指介质内的角度,直接测出的角度是空气中的角度,应进行换算.

(4) 进一步调整声光晶体的角度和位置,使零级斑两侧的衍射光斑明亮且对称,调整狭缝位置和探测器下方的一维平移台,使 1 级或 2 级衍射斑通过狭缝,并用探测器接收.

(5) 将 MP3 与声光调制器连接,扬声器与探测器连接,则可听到 MP3 播出的音乐声.

(6) 调整声光调制器下端的可调棱镜支架和可变光阑位置使扬声器接收到的音乐更清晰.

2. 磁光调制实验

(1) 按照图 3-11-4 搭建光路.

(2) 安装 He-Ne 激光器,使其水平.

(3) 把 $L=50$ mm 的导光柱插入含三块磁铁的磁性部件,三块磁铁平均场强 $B=102$ mT,调整该组件高度,使激光通过介质中心.

(4) 去掉磁光介质,调整出射位置偏振片角度,使得出射光强最弱,记录此时检偏器刻度 ψ_0.

(5) 放入 $L=50$ mm 导光柱,此时出射光光强变强,调整检偏器,使得出射光强最弱. 记录此时检偏器刻度 ψ_1,磁光旋转角度 $\psi=\psi_1-\psi_0$,由公式 $\psi=V_e BL$,计算 Verdet 常数,L 是导光柱的长度,B 是磁场强度.

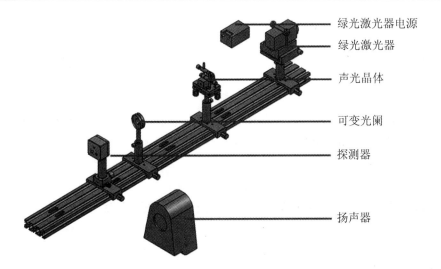

图 3-11-3　晶体的声光效应实验装配图

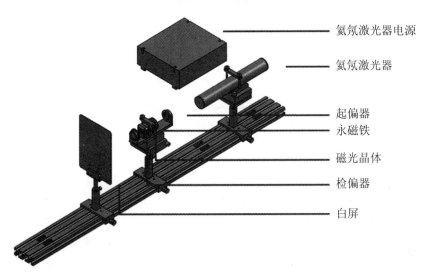

图 3-11-4　磁光效应实验光路图

(6) 去掉中间磁铁,使用 $L=50$ mm 磁光介质,再重复步骤(3)~(5),此时内部磁场强度 $B=82$ mT,测量计算磁光旋转角度.通过公式计算出磁光介质在632.8 nm 处的 Verdet 常数.

(7) 取下 He-Ne 激光器,安装 532 nm 半导体激光器,重复上述 6 个步骤.计算此磁光介质在 532 nm 处的 Verdet 常数.

(8) 将实验数据填入下表,计算 Verdet 常数.

	磁感应强度 B_n	角度变化(°) $\Delta\psi = \psi - \psi_n$	Verdet 常数
介质 50 mm 632.8 nm			
介质 50 mm 532 nm			

【思考题】

（1）简述声光效应．

（2）声光器件在什么实验条件下产生拉曼-奈斯衍射？两种衍射的现象各有什么特点？

（3）调节拉曼-奈斯衍射时，如何保证光束垂直入射？

（4）什么是磁光效应？

附录　TSGMG-1/Q 型高速正弦声光调制器及驱动电源

1. 主要技术指标

激光波长	632.8 nm
工作频率	150 MHz
衍射效率	$\geqslant 70\%$
正弦重复频率	$\geqslant 8$ MHz
静态透过率	$\geqslant 90\%$

2. 工作原理

本产品由声光调制器及驱动电源两部分组成．驱动电源产生频率为 150 MHz 的射频功率信号加入声光调制器，压电换能器将射频功率信号转变为超声信号，当激光束以布拉格角度通过时，由于声光相互作用效应，激光束发生衍射（图 3-11-5），这就是布拉格衍射效应．外加文字和图像信号以正弦（连续波）输入驱动电源的调制接口"调制"端，衍射光光强将随此信号变化，从而达到控制激光输出特性的目的，如图 3-11-6 所示．

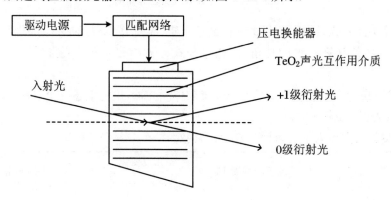

图 3-11-5　布拉格衍射原理图

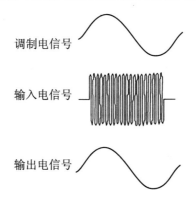

调制电信号

输入电信号

输出电信号

图 3-11-6　衍射光随调制信号的变化

声光调制器由声光介质(氧化碲晶体)和压电换能器(铌酸锂晶体)、阻抗匹配网络组成,声光介质两通光面镀有 632.8 nm 的光学增透膜. 整个器件由铝制外壳安装. 外形尺寸和安装尺寸如图 3-11-7 所示(单位:mm).

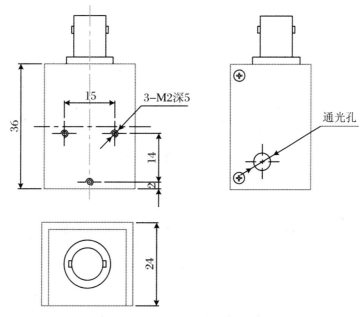

图 3-11-7　声光调制器外形尺寸

驱动电源由振荡器、转换电路、调制门电路、电压放大电路、功率放大电路组成. 外输入调制信号由"调制输入"端输入,工作电压为直流+24 V,"输出"端输出驱动功率,用高频电缆线与声光器件相连. 外形尺寸和安装尺寸如图 3-11-8 所示(单位:mm).

3. 使用方法

(1) 用高频电缆将声光器件和驱动电源"输出"端连接.

(2) 接上+24 V 的直流工作电压. 调制输入电信号幅度在 250~350 mV 之间.

(3) 调整声光器件在光路中的位置和光的入射角度,使一级衍射光达到最好状态.

(4) 驱动电源"调制输入"端接上外调制信号,并拨动调制开关到"调制"即可正常工作.

(5) +24 V 的直流工作电压不得接反,否则驱动电源会烧坏.

（6）驱动电源不得空载,即加上直流工作电压前,应先将驱动电源"输出"端与声光器件或其他 50 Ω 负载相连.

（7）产品应小心轻放,特别是声光器件更应注意,否则将会因损坏晶体而报废.

（8）声光器件的通光面不得接触,否则损坏光学增透膜.

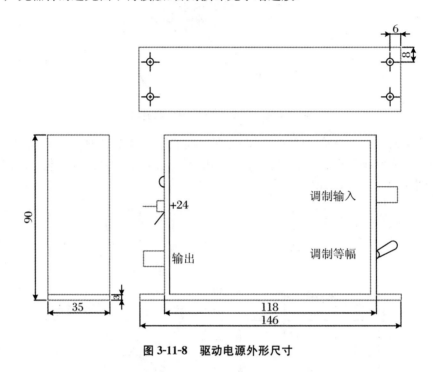

图 3-11-8　驱动电源外形尺寸

实验 3-12　光纤光谱仪应用综合实验

　　光谱仪是光谱检测最常用的设备. 将光纤与 CCD 技术应用于微型光谱仪,可以大大提高其稳定性和分辨率. 微型光纤光谱仪的便携性和高性价比,使得光谱检测从实验室走向检测现场,拓展了光谱仪的应用范围.

◎ 光纤光谱仪原理与结构

　　光谱仪器一般由入射狭缝、准直镜、色散元件（光栅或棱镜）、聚焦光学系统和探测器构成. 由单色仪和探测器搭建的光谱仪中通常还包括出射狭缝,仅使整个光谱中波长范围很窄的一部分光照射到单像元探测器上. 单色仪中的入射和出射狭缝位置固定、宽度可调. 对整个光谱的扫描是通过旋转光栅来完成的.

　　自 20 世纪 90 年代以来,微电子领域中的多像元光学探测器（例如 CCD,光电二极管阵列）制造技术迅猛发展,使得 CCD 器件广泛应用到各个领域. 本实验选用的光纤光谱仪使用了同样的 CCD（CCD 光谱仪）和光电二极管阵列探测器,可以对整个光谱进行快速扫描,不需要转动光栅.

低损耗石英光纤,可以用于传输光谱信号——把被测样品产生的信号光传导到光谱仪的光学平台中. 由于光纤的连接、耦合非常容易,所以可以很方便地搭建起由光源、采样附件和光纤光谱仪等模块组成的测量系统.

光纤光谱仪的优势在于测量系统的模块化和灵活性. 本实验使用的微小型光纤光谱仪的测量速度非常快,可以用于在线分析. 由于光纤光谱仪使用了光纤传导光信号,屏蔽了工作环境的杂散光,提高了光学系统的稳定性,可以用于较恶劣环境的现场测试. 光纤光谱仪结构图,如图 3-12-1 所示.

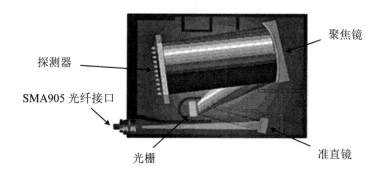

图 3-12-1　光纤光谱仪结构图

本实验光谱仪采用对称式 Czerny-Turner 光学平台设计,焦距有 50 mm,结构示意图如图 3-12-1 所示. 光由一个标准的 SMA905 光纤接口进入光学平台,在被一个球面镜准直后由一块平面光栅色散,然后经由第二块球面镜聚焦至线阵探测器上.

◎ 光学分辨率

把光谱仪的光学分辨率定义为光谱仪所能分辨开的最小波长差. 为了分辨两个相邻的谱线,这两根谱线在探测器上的像至少要间隔 2 个像素远,见图 3-12-2.

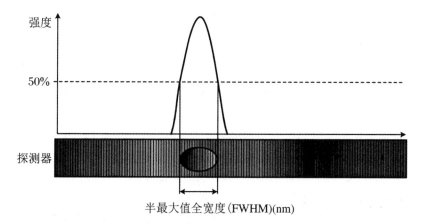

图 3-12-2　光谱仪分辨率示意图

因为光栅决定了不同波长在探测器上可分开(色散)的程度,所以它是决定光谱仪分辨率的一个非常重要的参数. 另一个重要参数是进入到光谱仪的光束宽度,它基本上取决于光谱仪上安装的固定宽度的入射狭缝或光纤芯径(当没有安装狭缝时).

在指定波长处,狭缝在探测器阵列上所成的像通常会覆盖几个像元.如果要分开两条光谱线,就必须把它们色散到这个像尺寸再加上一个像元.当使用大芯径的光纤时,可以通过选择比光纤芯径窄的狭缝来提高光谱仪的分辨率,因为这样会大大降低入射光束的宽度.

表 3-12-1 是光谱仪的典型分辨率表.光栅的线对数越高,色散效应随波长变化就会越显著,波长越长色散效应越大,因此在最长波长处会得到最高分辨率.表中的分辨率是 FWHM 值,即最大峰值光强 50%处所对应的谱线宽度(nm).

表 3-12-1　光谱仪的分辨率表(FWHM 值,单位 nm)

光栅 (线/mm)	狭　　　　缝（μm）					
	10	25	50	100	200	500
300	0.8	1.4	2.4	4.3	8.0	20.0
600	0.4	0.7	1.2	2.1	4.1	10.0
1 200	0.1~0.2*	0.2~0.3*	0.4~0.6*	0.7~1.0*	1.4~2.0*	3.3~4.8*
1 800	0.07~0.12*	0.12~0.21*	0.2~0.36*	0~0.7	0.7~1.4*	1.7~3.3*
2 400	0.05~0.09*	0.08~0.15*	0.14~0.25*	0.3~0.5*	0.5~0.9*	1.2~2.2*
3 600	0.04~0.06*	0.07~0.10*	0.11~0.16*	0.2~0.3*	0.4~0.6*	0.9~1.4*

* 取决于光栅的起始波长:起始波长越长,色散越大,分辨率越高.

实验内容 1　利用反射光谱测定印刷品质量

◎ 色系的描述方式

目前的色彩描述方法分为定性描述的显色系统表示法和定量描述的混色系统表示法两种.

1. 显色系统表示法

显色系统是根据色彩的心理属性即色相、明度和饱和度或彩度进行系统的分类排列的.显色系统以某种顺序对色彩要素进行分类,首先定义色相,这是颜色的基本特征,用以判断物体颜色是红、绿、蓝等不同颜色,物体的色相取决于光源的光谱组成和物体表面选择性吸收后所反射(透射)的各波长辐射的比例对人眼所产生的感觉.其次定义明度,对于某一色调按相对明亮感觉分类,就是人眼所感受到的色彩明暗程度.最后定义饱和度,它表示离开相同明度中性灰色的程度.常用的显色系统有孟塞尔表色系统、瑞典的自然色系统(NCS)、德国 DIN 表色系统等. 目前在世界各国的印刷业中采用最多的是色谱、油墨色样卡.

孟塞尔表色系统是最具有代表性的显色系统,它按目视色彩感觉等间隔的排列方式采用色卡表示色彩的色相、明度、彩度三种属性. 色卡用圆筒坐标进行配置,纵轴表示明度 V,圆周方向表示色相 H,半径方向表示彩度 C.

2. 混色系统

由于显色系统存在的不足,人们迫切需要一种精度更高、对人依赖性低的色彩定量描述系统,因此提出了混色系统. 它以采用光的混色实验求出的为了与某一颜色相匹配所必要的色光混合量作为基础并对色彩进行定量描述. 混色系统又称为三色表色系统,用三个值表示色刺激. 把色刺激的光谱分布称作色刺激函数. 三刺激值是由色刺激函数这种物理量和人眼的心理上的光谱响应之组合而求出的,因此是一种心理物理量. 我们把表示色刺激特性的三刺激值的三个数值称为色度值,把用色度值表示的色刺激称为心理物理色. 因此作为混色系统的表色值可用色度值.

常用的混色系统

(1) CIE1931RGB 表色系统

1931 年,国际照明委员会(CIE)规定三原色光的选取必须为:红原色波长为 700.0 nm,绿原色波长为 546.1 nm,蓝原色波长为 435.8 nm. 根据实验,当这三原色光的相对亮度比例为 1.000 0 : 4.590 7 : 0.060 1,或辐射量之比为 72.096 6 : 1.379 1 : 1.000 0,就能混合匹配产生等能量中性色的白光. 所以,CIE 选取该比率作为红、绿、蓝三原色光的单位量,即 (R) : (G) : (B)=1 : 1 : 1,将此时每一原色的亮度值归一化,因此确定了标准观察者匹配函数,得到的三刺激值 R,G,B 可以唯一确定具有任意光谱分布的光的颜色,即任意待配色光 $C=R(R)+G(G)+B(B)$.

(2) CIE1931XYZ 系统

由于 RGB 系统的负值带来的运算难度,在此基础上,用坐标变换方法,选用三个理想中的原色来代替实际的三原色,即选择(X),(Y),(Z)代表三个假想的红、绿、蓝原色. 从而将 CIE-RGB 系统中的光谱三刺激值和色度坐标均变换为正值.

(3) 均匀表色系统 CIE1976Lab

均匀表色系统是为了使色彩设计和复制更精确、更完美,使色彩的转换和校正尺度或比例更合理,减少由于空间的不均匀而带来的复制误差,因此寻找出的一种最均匀的色彩空间,即在不同位置,不同方向上相等的几何距离在视觉上有对应相等的色差,把易测的空间距离作为色彩感觉差别量. 均匀表色系统能使色彩复制技术优化,使颜色匹配和色彩复制的准确性加强. CIE1931 标准色度系统色品图见图 3-12-3.

◎ 色度测量基本原理

色度测量是将人眼对颜色的定性颜色感觉转变成定量的描述,这个描述是基于表色系统. 色度测量的依然是从印刷品表面反射或透射出来的光谱,基本原理是依据颜色的三刺激值 X,Y,Z 色度计算公式

$$X = k \int \Phi(\lambda) \cdot \bar{x}(\lambda) \mathrm{d}\lambda$$

$$Y = k \int \Phi(\lambda) \cdot \bar{y}(\lambda) \mathrm{d}\lambda$$

$$Z = k \int \Phi(\lambda) \cdot \bar{z}(\lambda) \mathrm{d}\lambda$$

其中 $\Phi(\lambda)$ 为印刷品的色刺激,对于反射物体为 $\Phi(\lambda) = \beta(\lambda) \cdot S(\lambda)$,透射物体为 $\Phi(\lambda) = \tau(\lambda) \cdot S(\lambda)$,$S(\lambda)$ 为照明的光谱分布;$\beta(\lambda)$ 为反射物体的光谱反射率;$\tau(\lambda)$ 为透射物体的光谱透过率;k 为系数,定义为

$$k = \frac{100}{\int S(\lambda) \cdot \bar{y}(\lambda) \mathrm{d}\lambda}$$

若令 $x = \dfrac{X}{X+Y+Z}$,$y = \dfrac{Y}{X+Y+Z}$,$z = \dfrac{Z}{X+Y+Z}$,则 $x+y+z=1$,可见只用 x 和 y 就能确定一个颜色了.那么,就可以用平面直角坐标上的一个点来确定一个颜色.

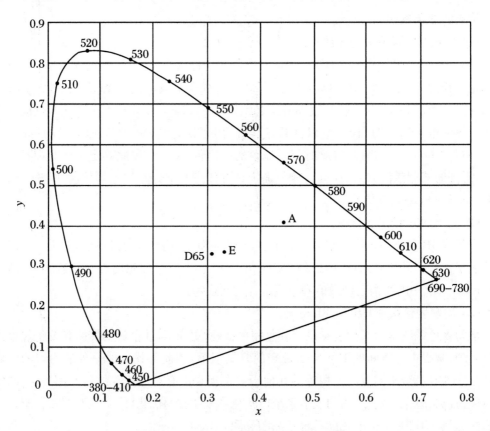

图 3-12-3　CIE1931 标准色度系统色品图

◎ 积分球原理与结构

积分球的主要功能是作为光收集器,积分球内均匀涂有漫反射涂层,可以高效反射 $200 \sim 2\,500$ nm 范围的光线.被收集的光可以用作漫反射光源或者被测光源.积分球的基本原理是

光通过采样口进入积分球,经过多次反射后非常均匀地散射在积分球内部.探测口与积分球侧面的接口相连,该接口内部有一个挡板,探测器只能测量到光挡板上的光,这样就不受从采样口进入光的角度影响,从而避免了第一次反射光直接反射到金属探测器上面.

本实验选用的是内径 50 mm 的光纤式积分球,结构见图 3-12-4,探测器是使用 SMA905 接口光纤将光导入到光纤光谱仪进行探测,照明光源是使用光纤式的白光源,用 SMA905 接口与积分球连接.

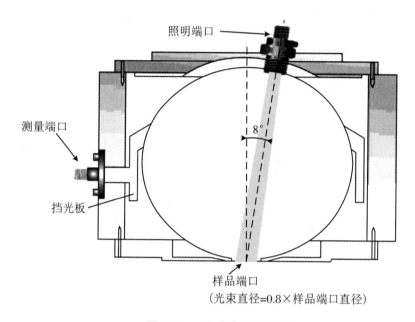

（光束直径=0.8×样品端口直径）

图 3-12-4　积分球结构示意图

◎ 照明及观察方式

照明和观察条件的不同,也会使同一色样呈现的颜色有所不同,为正确评价颜色,照明和观察条件应该统一,为此,CIE 标准对照明和观察条件也做了规定.CIE 规定不透明样品的色度测量推荐使用四种照明和观察条件之一.

方式 1　45°/垂直(缩写为 45°/0°)见图 3-12-5(a),照明光束的轴线与样品表面的法线成 45°±2°.观察方向与样品法线间夹角不应超过 10°.

方式 2　垂直/45°(缩写为 0/45°)见图 3-12-5(b),照明光束的轴线与样品表面法线之间的夹角不应超过 10°.在与法线成 45°±2°的方向观测样品.照明光束的任一照明光线与光轴的夹角不应超过 8°.观察光束也应遵守相同的限制.

方式 3　漫射/垂直(缩写 d/0)见图 3-12-5(c),样品用积分球漫射照明,样品的法线和观测光束的轴线间的夹角不应超过 10°.积分球可以是任意直径,只要开孔部分的总面积不超过球内反射面积的 10% 即可.观测光束中任一观测光线与观测光轴间的夹角不应超过 5°.

方式 4　垂直/漫射(缩写为 0/d)见图 3-12-5(d),照明光束的轴线与样品表面法线的夹角不应超过 10°.用积分球收集样品反射光通量.照明光束中任一光线与其光轴的夹角不应超过 5°.积分球可以是任意直径的,只要开孔部分的面积不超过球内反射面积的 10% 即可.

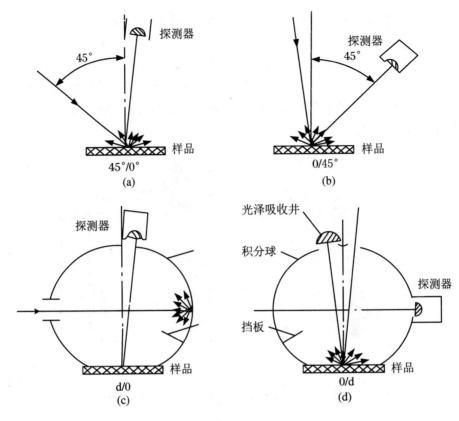

图 3-12-5　照明及观察方式

◎ 使用反射式探头探测颜色

在测试一些面积较小的被测物时,由于积分球口径一般都在 10 mm,无法使用积分球精确测试较小区域的颜色信息. 工程上普遍采用反射式的同轴光纤作为探测光纤.

本实验采用反射式光纤探头,其结构和参数示意图见图 3-12-6.

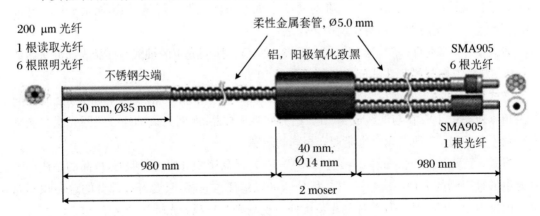

图 3-12-6　反射式光纤结构示意图

光纤呈 Y 字形,其中 6 根光纤与光纤光源连接,用作照明. 一根光纤用于连接光谱仪用作探测. 探测端光纤束由 7 根 200 μm 光纤组成,6 根光纤围绕一根光纤圆周排布. 光纤芯径均为 200 μm.

使用反射式光纤探测物体颜色的实验原理图见图 3-12-7. 此种方法是 CIE 推荐的 d/0 探测方法的一种变形. 现在被广泛应用在工程上.

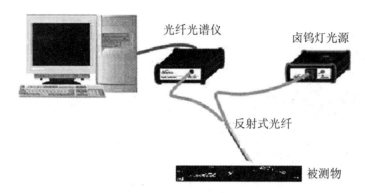

图 3-12-7　利用反射式光纤探测物体颜色原理示意图

◎ 使用积分球探测物体颜色

当物体面积较大时, 为了提高精度, 我们一般采用漫射/垂直(缩写 d/0)方法检测, 样品用积分球漫射照明, 其原理示意图见图 3-12-8.

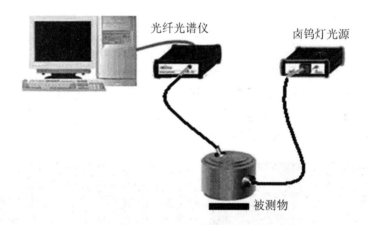

图 3-12-8　使用积分球探测物体颜色原理示意图

◎ 系统标定及白参考

按照国标《物体色的测量方法》(GB/T 3979—2008)的要求, 在物体颜色测试前需要使用标准白板进行标定. 标准白板的要求遵循《用于色度和光度测量的陶瓷标准白板》(GB/T 9086—2007)标准要求.

标准白板分有光泽和无光泽的两种, 这两种标准白板具有较高的光谱反射性能. 无光泽的陶瓷标准白板, 其表面的漫反射性能接近于氧化镁或硫酸钡漫反射标准白板. 既可用于色度和光度的直接测量, 又可用于工作标准的标定, 见图 3-12-9.

本实验选用的标准白板由白色漫反射材料 PTFE 制成, 可以满足对漫反射率要求很高的领域. 在色度学应用中,这类应用要求在反射测量时先测参考信号. 由于 PTFE 材料制作得非常精确,在 350～1 800 nm 光谱范围内达到大约 98% 的反射率,在 250～2 500 nm 光谱范围内达到 92% 的反射率. PTFE 材料具有非常好的长期稳定性,即使在紫外区也是这样. PTFE 材料不易被水沾湿,而且化学性质也不活跃.

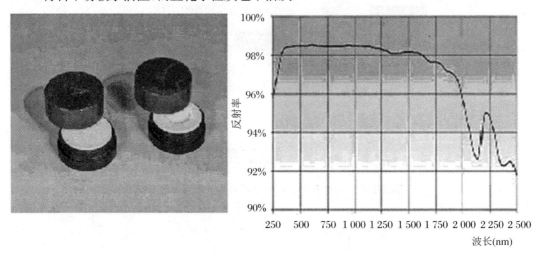

图 3-12-9 参考白板实物图和反射光谱曲线

◎ 使用反射探头测试物体颜色

（1）系统搭建

根据实验原理图连接各个器件. 反射式光纤中标有"light source"的一端连接光源 SMA905 接口,另一端连接光谱仪 SMA905 接口. 在使用中应保护光纤断面不接触到其他物体,以免磕碰污染光纤端面影响测量精度. 在连接光纤时应避免光纤弯曲角度过大导致光纤折断. 根据实物图搭建光纤探测平台见图 3-12-10.

图 3-12-10 光纤与光谱仪的连接实物图

反射式光纤检测平台搭建如图 3-12-11 所示.

搭建光路完成后,打开 AvaSoft 7.7 USB2 软件连接光谱仪. 将白参考片放置在测试样品位置,点击"开始",开启 Scope Mode 并调节 Integration times 参数值,使得光谱仪探测强度在 50 000 cd 以上,同时调节 Average Average:1 参数值,使得光谱谱线平稳. 系统搭建完成.

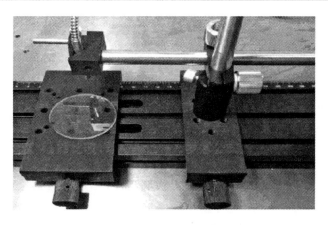

图 3-12-11　反射式光纤检测平台搭建

（2）系统标定

将反射式光纤探头对准黑色吸光背景（或者关闭照明光源），待曲线稳定后单击 Save Dark 保存背景数据.

打开照明光源，将白色参考片置于探头下方 20 mm 的距离，待曲线稳定后单击 Save Reference 保存白色参考数据.

（3）测试数据

打开 Application 菜单栏，选定 Color Measurement，在 LABChart 界面设定 Illuminant 参数为 D65，设定 CIE Standard Observer 参数为 10 degrees（前面两项也可根据需要选择其他标准选项），在 Reference Color 栏选定参考颜色（也就是待测颜色的理论设计值或者参考值），然后单击 OK.

将反射探头对准待测物体方向，距离约 20 mm，即可开始测量，若 dE 等参数的值过大（大于 0.1）或者数据变动量很大，可适当增大 Average 的参数再试.

数据测试：随机测试色标卡中 5 种色标. 记录数据如下：

测试仪器：光纤光谱仪 AvaSpec-2048.

测试波长范围：350～1 100 nm，$\Delta\lambda=2.4$ nm.

采用 0°照明，漫反射接收几何条件，标准照明体 D65.

环境条件：温度为_____℃；湿度为_____%RH.

色标卡序号	三刺激值 X,Y,Z	$L \quad a* \quad b*$	$x \quad y$

◎ 使用积分球测试物体颜色

(1) 系统搭建

根据实验原理图连接各个器件. 用 200 μm 粗的光纤连接光谱仪与积分球（采样口垂直面的 SMA905 接口）；用 400 μm 光纤连接 D65 标准光源和积分球（采样口对面的 SMA 接口）. 其中 200 μm 光纤型号为"FC-UV200-2"，400 μm 光纤的型号为 FC-UV400-2.

注意事项：

① 在使用中应保护光纤断面不接触到其他物体，以免磕碰污染光纤端面影响测量精度.

② 在连接光纤时应避免光纤弯曲角度过大导致光纤折断.

根据实物图搭建光纤探测平台如图 3-12-12 所示.

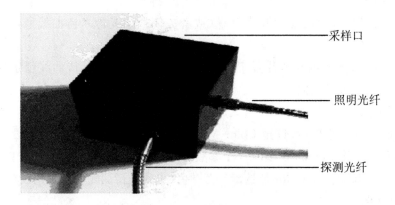

图 3-12-12　光纤探测平台

搭建光路完成后，打开 AvaSoft 7.7 软件连接光谱仪将白色参考白板紧贴在积分球采样口上，在 Scope Mode 下调节 Integration times 参数值，使得光谱仪探测强度在 5 000 cd 以上，调节 Average 参数值，使得光谱谱线平稳，系统搭建完成.

(2) 系统标定

打开 D65 标准光源，将积分球采样口对准黑色吸光背景，待曲线稳定后单击 Save Dark 保存背景数据.

将白色参考白板紧贴在积分球采样口上，让积分球采样口对准参考白板，待曲线稳定后单击 Save Reference 保存白色参考数据.

(3) 数据测试

打开 Application 菜单栏，选定 Color Measurement，在 LABChart 界面设定 Illuminant 参数为 D65，设定 CIE Standard Observer 参数为 10 degrees（前面两项也可根据需要选择其他标准选项），在 Reference Color 栏选定参考颜色（也就是待测颜色的理论设计值或者参考值），然后单击 OK.

将反射式探头对准待测物体方向，距离 20 mm 即可开始测量，若 dE 等参数的值过大（大于 0.1）或者浮动严重，可适当增大 Average 的参数再试.

数据测试：随机测试色标卡中 5 种色标. 记录数据如下：

测试仪器：光纤光谱仪 AvaSpec-2048.

测试波长范围：380～1 100 nm，$\Delta\lambda=2.4$ nm.

采用漫射照明，10°接收几何条件，标准照明体 D65.

环境条件：温度为_____℃；湿度为_____%RH.

色标卡序号	三刺激值 X,Y,Z	$L\ a*\ b*$	$x\ y$

注意事项：

① 将反射探头或者积分球对准待测物体即可开始测量，若 dE 等参数的值过大（大于 0.1）或者浮动厉害，可适当增大 Average 的参数再试.

② 应保持光源、光纤、光谱仪等各器件的稳定，尤其是光纤不要剧烈晃动. 被测物体表面应尽可能是平面. 测量过程中应该保持积分时间和平均次数等参数不变.

③ 使用反射式探头测量时，尤其应当注意保持反射式探头与被测物体的距离不变，并且与白参考片的距离相等.

④ 使用积分球测量时，由于光强较弱，积分时间和平均次数可能较大，因而测试时间稍长，这时要注意进入稳定的测量周期之后再进行存白/黑参考等操作.

⑤ 为了提高测试的稳定性，白光源和光谱仪应提前预热 30 分钟.

【实验配置】

实验配置如表 3-12-2 所示.

表 3-12-2　实验配置

序号	产品名称	主　要　指　标	数量
1	光纤光谱仪	AvaSpec-2048 光谱仪，UA 光栅（350～1 100 nm），DUV 镀膜，DCL-UV/VIS 灵敏度增强透镜，100 μm 狭缝，OSC-UA 消二阶衍射效应镀膜	1
2	Y 形反射式光纤	FCR-7UV200-2 反射探头（包括 6×200 μm 照明光纤，1 根读出光纤，UV/VIS 谱段，1.5 m 长，SMA 接头）	1
3	积分球	辐照式直径 50 mm SMA905 接口	1
4	卤钨灯	AvaLight-HAL 350～1 100 nm	1
5	照明光纤	SMA905 芯径 400 μm 长度 1 m	1

续表

序号	产品名称	主　要　指　标	数量
6	探测光纤	SMA905 芯径 200 μm 长度 1 m	1
7	探测光纤支架		1
8	标准白板	WS-2	1
9	标准色卡	83 色	1
10	AvaSoft 软件		1

实验内容 2　　利用透射光谱测定滤光片透过率

光学透过率是所有的透光器件的重要指标,掌握光学器件的透过率检验方法可以帮助我们研究各种光学器件及系统的性能.光学滤光片产品应用于医疗仪器、金融、冶金、照相器材、航空、航天、军事、生化仪器、光学仪器、科研等领域.滤光片的主要指标有光谱透过率、中心波长(窄带干涉滤光片)、半波宽、截止波长等.本实验主要目的是测试不同种类的滤光片的光学指标,并熟悉测试方法.

【实验原理】

本实验使用卤钨光纤白光源准直后作为照明光源,使用积分球作为匀光器,使用光纤光谱仪检测光谱.

实验原理如图 3-12-13 所示.

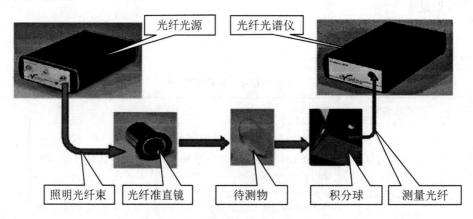

图 3-12-13　滤光片透过率测试原理图

【实验系统搭建与标定】

(1) 根据实验原理图连接光纤卤钨光源、准直镜、积分球和光谱仪.

（2）根据实验实物图 3-12-14,安装各夹持部件.并调整各器件同心等高.

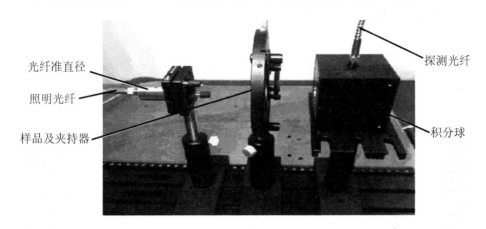

光纤准直径

照明光纤

样品及夹持器

探测光纤

积分球

图 3-12-14　透过率测试实验图

注:有些定制产品配置,光纤准直镜调节支架可能与实物图不符.

（3）打开光谱仪,在不开光纤光源的情况下记录黑背景.

（4）打开光纤光源,调整光纤准直镜与积分球采样口等高,并使得光束正入射进采样口,待光纤光源预热 30 分钟后,调整光谱仪和 Average 值使得光谱强度在 10 000 cd 以上,并稳定.

注:如果环境光影响较大,导致测试光谱曲线不稳定.可增大 Average 数值,增加计算参数的平均值范围,稳定光谱曲线.

（5）使用透过率测量模式测量样品透过率.选择 T 模式 S A T I .

【中性密度滤光片透过率测试】

将中性密度测量片装卡在样品位置.测量其在各光谱范围内的透过率曲线见图 3-12-15.

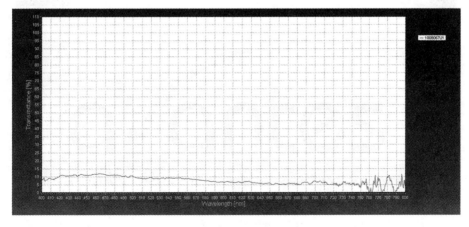

图 3-12-15　透过率测试效果图

【长波通滤光片样品测试】

不同的带通滤光片装卡在样品测试位置.测量其在各光谱范围内的透过率曲线.通过软件自带的测量功能 ,测量长波通滤光片的透过波段、透过率、截止波长、截止带宽等参数. 测试效果如图 3-12-16 所示.

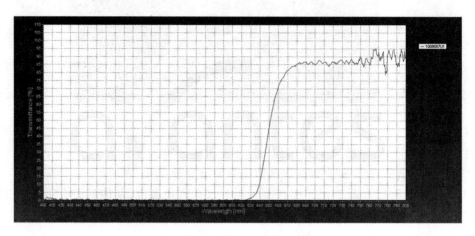

图 3-12-16　滤光片测试效果图

【窄带滤光片设计实验】

将窄带滤光片装卡在样品测试位置,测量其在各光谱范围内的透过率曲线.通过软件自带的测量功能,测量带通滤光片的峰值透过率、半波带宽参数.测试效果如图 3-12-17 所示.

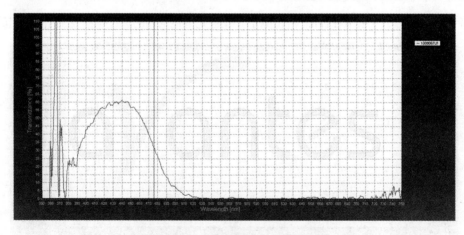

图 3-12-17　窄带滤色片测试效果图

【实验配置】

实验配置如表 3-12-3 所示.

表 3-12-3　实验配置

序号	产品名称	主　要　指　标	数量
1	光纤光谱仪	AvaSpec-2048 光谱仪,UA 光栅(200～1 100 nm),DUV 镀膜,DCL-UV/VIS 灵敏度增强透镜,100 μm 狭缝,OSC-UA 消二阶衍射效应镀膜	1
2	积分球	辐照式　直径 50 mm SMA905 接口	1
3	卤钨光源	AvaLight-HAL 芯径 1 000 μm	1
4	照明光纤	SMA905 芯径 400 μm 长度 1 m	1
5	光纤准直镜	SMA905 接口 5 mm	1
6	探测光纤	SMA905 芯径 200 μm 长度 1 m	1
7	二维可调棱镜台	用于夹持光纤准直镜	1
8	AvaSoft 软件		1
9	中性密度透过率测试样品	25.4 mm 3 片	1
10	长波通带滤色片	2 片	1
11	窄带滤色片	488 nm 半波带宽 10 nm	1

实验内容 3　利用等离子体光谱测定气体成分

随着温度的升高,一般物质依次表现为固体、液体和气体,它们统称物质的三态.当气体温度进一步升高时,其中许多,甚至全部分子或原子将由于激烈的相互碰撞而离解为电子和正离子.这时物质将进入一种新的状态,即主要由电子和正离子(或是带正电的核)组成的状态.这种状态的物质叫等离子体,它可以称为物质的第四态.

目前,直接测量等离子体的仪器分为两大类.一大类是测量等离子体的密度和温度,方法又分两种:一种是根据落到传感器上的带电粒子产生的电流来推算,如法拉第筒、减速势分析器和离子捕集器;另一种是探针,通过在探针上加不同电压引起的电源变化推算.另一大类是测量等离子体的特征谱线(光谱法),使用光纤探测等离子体信号,通过光谱仪进行数据采集和分析.

【实验原理】

等离子体实验原理图如图 3-12-18 所示.辉光球发光是低压气体(或叫稀疏气体)在高频

强电场中的放电现象. 玻璃球中央有一个黑色球状电极. 球的底部有一块振荡电路板, 通电后, 振荡电路产生高频电压电场, 由于球内稀薄气体受到高频电场的电离作用而光芒四射. 辉光球工作时, 在球中央的电极周围形成一个类似于点电荷的场. 当用手(人与大地相连)触及球时, 球周围的电场、电势分布不再均匀对称, 辉光在手指的周围处变得更为明亮.

图 3-12-18　等离子体实验原理图

【实验步骤】

等离子体检测系统实物图如图 3-12-19 所示.

图 3-12-19　等离子体检测系统实物图

(1) 开启光谱仪, 将光谱仪模式选择为 S 模式.

(2) 开启辉光球.

(3) 将光纤使用光纤卡具贴近积分球.

注: 不能让光纤端面与积分球接触, 否则容易导致光纤污损.

(4) 调整光谱仪积分时间 Integration time [ms] 10.00 , 使得最大光强在 3 000 cd 左右.

(5) 使用软件自带的测量功能测量各条特征谱线的波长值.

(6) 根据实验附录提供的各种惰性气体特征谱线, 查表判断其他成分. 等离子体检测实验效果图如图 3-12-20 所示.

附注:

(1) 原子特征谱线可以在 www.nist.gov 网页中查询.

(2) 实验附录提供了相对强度较高的惰性气体特征光谱值查询表.

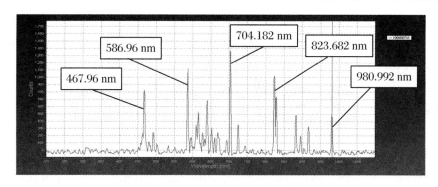

图 3-12-20　等离子体检测实验效果图

【实验配置】

实验配置如表 3-12-4 所示.

表 3-12-4　实验配置

序号	产品名称	主　要　指　标	数量
1	光纤光谱仪	AvaSpec-2048 光谱仪,UA 光栅(200~1 100 nm),DUV 镀膜,DCL-UV/VIS 灵敏度增强透镜,100 μm 狭缝,OSC-UA 消二阶衍射效应镀膜	1
2	光纤准直镜	SMA905 接口	1
3	探测光纤	SMA905 芯径 200 μm 长度 2 m	1
4	光纤支架		1
5	AvaSoft 软件		1
6	辉光放电球		1

实验内容 4　利用白光干涉测定薄膜厚度测量

随着信息产业的发展,光学薄膜的需求不断增大,对器件特性的要求也越来越高.物理厚度是薄膜非常基本的参数,它会影响整个器件的最终性能,因此快速而精确地测量薄膜厚度具有重要的意义.台阶仪是常用的厚度测试仪器,然而它需要在样品上制作台阶,同时测试中机械探针与样品接触,会对一些软膜的表面造成损伤,因而非破坏的光学手段是更为理想的方法.传统的测量薄膜物理厚度的光学方法主要有光度法和椭偏法两种.其中光度法是通过拟合分光光度计测得的透/反射率曲线来得到光学薄膜厚度的一种方法,但它要求膜层较厚以产生一定的干涉振荡并且只能测量弱吸收膜;椭偏仪测量具有灵敏度高的优点,但是受界面层等因素的影响,需要复杂的数学模型来求解厚度,上述这些方法已经成功而广泛地应用在各个领域,然而随着近年来微光机电系统等微加工技术的发展,经常需要在高低起伏的基板上(Patterned Substrate)沉积薄膜,因此用测量表面轮廓的白光干涉仪来进行薄膜厚度测试的方法引起了人们的关注.

【实验原理】

薄膜测量系统是基于白光干涉的原理来确定光学薄膜的厚度,如图 3-12-21 所示.白光干涉图样通过数学函数被计算出薄膜厚度.对于单层膜来说,如果已知薄膜介质的 n 和 k 值就可以计算出它的物理厚度.

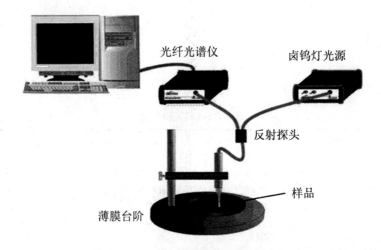

图 3-12-21　白光干涉测厚原理示意图

一束光从空气垂直入射到薄膜表面,由菲涅耳反射定律,其振幅反射系数为

$$r_{01} = \frac{\tilde{n} - n_0}{\tilde{n} + n_0}$$

其中 $\tilde{n} = n - \mathrm{i}k$,为复折射率,k 为消光系数.

振幅透射系数为

$$t_{01} = \frac{2n_0}{\tilde{n} + n_0}$$

透射光在薄膜/基底界面再次发生反射,其振幅反射率为

$$r_{12} = \frac{\tilde{s} - \tilde{n}}{\tilde{s} + \tilde{n}}$$

反射光在两界面间多次发生反射.则第一次的反射光和多次反射的透射光在空气中发生多光束干涉,其干涉的总振幅相对于入射光的反射比为

$$r = \frac{r_{01} + r_{12}\mathrm{e}^{-\mathrm{i}2\beta}}{1 + r_{01}r_{12}\mathrm{e}^{-\mathrm{i}2\beta}}$$

其中 $\beta = \frac{2\pi d(n - \mathrm{i}k)}{\lambda}$,则光强反射比 $R = |r|^2$.

1. air/film/substrate/air 系

如果其中 substrate 为吸收材料,且足够厚,而没有反射光从基底/空气界面反射回来,

则反射率

$$R = |r|^2$$

2. air/film/substrate/air 系

如果其中 substrate 为无吸收材料,则基底/空气界面有光反射上来,设空气折射率为 1,则

(1) 透射率曲线

$$T = \frac{Ax}{B - Cx + Dx^2}$$

其中

$$A = 16s(n^2 + k^2)$$
$$B = [(n+1)^2 + k^2][(n+1)(n+s^2) + k^2]$$
$$C = [(n^2 - 1 + k^2)(n^2 - s^2 + k^2) - 2k^2(s^2 + 1)]2\cos\varphi$$
$$\qquad - k[2(n^2 - s^2 + k^2) + (s+1)(n^2 - 1 + k^2)]2\sin\varphi$$
$$D = [(n-1)^2 + k^2][(n-1)(n-s^2) + k^2]$$
$$\varphi = 4\pi nd/\lambda \,, \quad x = \exp(-\alpha d) \,, \quad \alpha = 4\pi k/\lambda$$

其中 d 为薄膜物理厚度,n 是薄膜折射率,k 是薄膜消光系数,s 是基底折射率.

(2) 反射率曲线

$$R = \frac{E - Fx + Gx^2}{B - Cx + Dx^2}$$

其中

$$E = [k^2 + (n-1)^2][k^2 + (1+n)(n+s^2)]$$
$$F = H - 8(s-1)^2\left(\frac{p_0 - p_1 x + p_2 x^2}{q_0 - q_1 x + q_2 x}\right)$$
$$G = [k^2 + (1+n)^2][k^2 + (n-1)(n-s^2)]$$
$$H = -[(n^2 - 1)(n^2 - s^2) + k^2(1 + 2n^2 + k^2 + s^2)]2\cos\varphi$$
$$\qquad + k(1 + k^2 + n^2)(s^2 - 1)\sin\varphi$$

B, C, D 和上面相同.

3. 对于多层膜系

界面矩阵为

$$\boldsymbol{I}_{ab} = \begin{pmatrix} 1/t_{ab} & r_{ab}/t_{ab} \\ r_{ab}/t_{ab} & 1/t_{ab} \end{pmatrix}$$

膜层矩阵为

$$\boldsymbol{L} = \begin{pmatrix} e^{i\beta} & 0 \\ 0 & e^{i\beta} \end{pmatrix}$$

多层膜系的矩阵为

$$\boldsymbol{S} = I_{01}L_1 I_{12}L_2 \cdots I_{(m-1)m}L_m I_{ms} = \begin{pmatrix} S_{11} & S_{12} \\ S_{21} & S_{22} \end{pmatrix}$$

则

$$r = \frac{S_{21}}{S_{11}}, \quad t = \frac{1}{S_{11}}, \quad R = |r|^2$$

【优化拟合方法】

最优化方法的基本原理是,根据反射光干涉的基本理论,在一定范围内改变反射曲线的参量(d,$s(\lambda_i)$,$n(\lambda_i)$,$k(\lambda_i)$),使理论曲线和实验得到的曲线方差最小,即

$$\text{minimize} \sum_{i=1}^{m} \left[R^{\text{theor}}(\lambda_i) - R^{\text{meas}}(\lambda_i) \right]^2$$

由于变量数太多,为了确定解和加快收敛速度,要对这些参量加入一些限制或对参量进行转换再加入限制,比如建立折射率和消光系数的色散模型(即折射率和消光系数随波长改变而改变的规律).

注意事项:

(1) 此光源必须在较干燥的环境中使用和保存.

(2) 此设备应避免与其他热源接触.

(3) 此设备必须使用与仪器匹配的电源供电,否则会损坏设备.

(4) 避免设备跌落.

(5) 避免有水渗入机壳.

(6) 避免人眼直视出光口.

【实验步骤】

(1) 按照薄膜测厚实验原理图 3-12-22,将 Y 形光纤一端标有光源的光纤与光纤光源连接.将标有光谱仪的一端与光纤光谱仪连接.将探测端与薄膜测厚支架连接.并固定稳定.

图 3-12-22　薄膜测厚实物图

(2) 软件安装后,按 Start 可以开始测量.

(3) 保存参考光谱:取一块待测,未镀膜的光学基底,放置于光纤探测端下方,调整适当的探测高度约 10 mm,CCD 积分时间 Integration time [ms] 10.00 参数使得光强在 5 000 cd 以上.使用 File Save-Reference 选项,保存参考光谱 reference spectrum.也可以使用自动积分时间调

整功能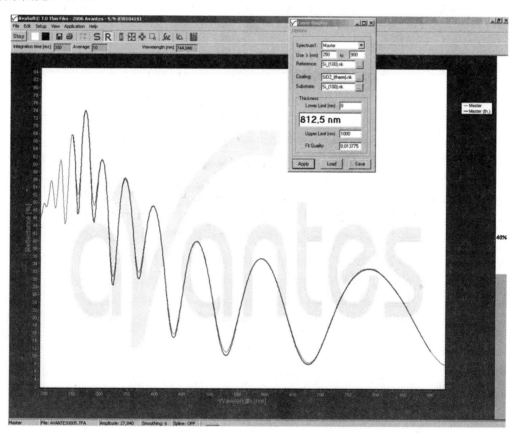.

（4）输入测量参数：在 Layer Display 窗口中输入：材料、波长限制，膜厚限制等参数．按 Apply 键保存设置．

（5）将反射式光纤探头对准黑色吸光背景（或者关闭光纤光源），点击"save dark data"保存黑背景参考．

注：当积分时间和探头位置更改后，需要重新进行参考光谱和黑背景的标定．

（6）重新打开光纤光源，更换上待测的薄膜．观察此时光谱强度是否饱和？ 如果饱和应重新按照步骤（3）～（5）操作，调整积分时间并重新保存参考光谱和黑背景数据．

（7）开始测量：按选择 R 模式，并点击绿色 Start 按钮，开始进行膜厚测量．薄膜测试的效果图见 3-12-23．

图 3-12-23　薄膜测厚测试效果图

附注：

（1）更详细的实验方法及步骤参看：AvaSoft 7.7 ThinFilm for USB2 manual．

（2）软件提供 2 种计算薄膜厚度算法 FFT 和光谱干涉算法，FFT 算法适用于薄膜厚度大于 20 μm 的薄膜．选择在 Layer Display 窗口的 Options 选项里更改此指标．

（3）膜层厚度较薄的薄膜，光谱干涉区偏紫外短波区，较厚的薄膜光谱干涉区在偏红的红外区．根据测试的波形选择合适的计算区域将提高测量精度．

（4）测试前可以通过对薄膜的性能参数对其物理厚度有一定的了解，选择适当的物理厚度计算区间将有助于提高测试精度．

（5）Fit Quality 参数是软件提供的一个计算结果与测试曲线符合程度的一个参数，此参数值越小表明计算曲线与测试曲线符合度高，意味着测试精度越高.

【实验配置】

实验配置如表 3-12-5 所示.

表 3-12-5　实验配置

序号	产品名称	主　要　指　标	数量
1	光纤光谱仪	AvaSpec-2048 光谱仪，UA 光栅（200～1 100 nm），DUV 镀膜，DCL-UV/VIS 灵敏度增强透镜，100 μm 狭缝，OSC-UA 消二阶衍射效应镀膜	1
2	Y 形反射式光纤	FCR-7UV200-2 反射探头（包括 6×200 μm 照明光纤，1 根读出光纤，UV/VIS 谱段，1 m，SMA 接头）	1
3	光纤卤钨光源	AvaLight-HAL 220～2 500 nm	1
4	探测光纤支架		1
5	AvaSoft-Thinfilm 应用软件	10 nm～50 μm，1 nm 分辨率	1
6	薄膜测试片	K9 基底 MgF2 增透塑料薄膜测试片	1 组

第4单元　真空与薄膜技术

引　言

真空是一门理论与实验紧密结合的学科.1643年,托里拆利(Torricelli)在一端封闭的管子里注满水银,然后把它倒立在水银槽内,管子顶端出现了一段空处,从此确立了真空的概念并首次测得大气压强的数值.随着科学技术的迅猛发展,经过气体基本定律的建立、真空泵和真空计的不断发展,真空技术在各个领域都得到广泛的应用和发展,使得真空技术成为一门不可缺少的基础技术科学,真空已发展成为一门独立的学科.目前,人工已经能够获得 10^{-13} Pa 以上的极高真空.随着生产和科学技术的进步,真空技术必将得到进一步发展和越来越广泛的应用.在建设现代化产业体系推进新型工业化进程中,真空技术在化学、生物、医学、电子学、表面科学、冶金工业、高能物理、农业、食品业、空间技术、材料科学、低温超导、建筑工业、环保工业等科学领域中发挥着重要的作用.

"真空"是指在指定空间内低于标准大气压力的气体状态,也就是该空间内气体分子数密度低于标准大气压的气体分子数密度.不同的真空状态,就意味着该空间具有不同的分子数密度.在标准状态(即 0 ℃,101 325 Pa)下,气体的分子数密度为 2.68×10^{25} m^{-3},而在真空度为 1×10^{-4} Pa 时,气体的分子数密度只有 2.65×10^{16} m^{-3}.

完全没有气体的空间状态称为绝对真空,绝对真空实际上是不存在的.

在真空技术中常用真空度来度量真空状态下空间气体的稀薄程度.通常真空度用气体的压强值来表示.压强值越高,真空度越低;压强值越低,真空度越高.

国际单位制的压强单位是帕斯卡(Pa).

标准大气压(atm):即在重力加速度为 980.665 cm/s² ,水银温度为 0 ℃,水银密度为13.595 1 g/cm³ 的条件下,760 mm 高的汞柱产生的压力称为 1 atm,即

$$1 \text{ atm}=760 \text{ mmHg}=1\ 013\ 250.144\ 354 \text{ dyn/cm}^2$$

表 4-0-1 说明不同的真空区域,对应着不同的物理环境,适用于不同的生产科学技术领域.通常按照气体空间的物理特性,常用真空泵和真空规的有效使用范围以及真空技术应用特点,这三方面都比较接近的真空定性地划为如下几个区段(这种划分并非唯一):

表 4-0-1 真空区域的划分及其特点和应用

真空区域	物理特点			主要应用
	分子数密度 （个/cm^3）	平均自由程 $\bar{\lambda}$ （cm）	单分子形成 时间(s)	
低真空 （$1.013 \times 10^5 \sim$ 1.333×10^3 Pa）	$10^{19} \sim 10^{16}$	$10^{-6} \sim 10^{-3}$，$\bar{\lambda} \ll d$（d 为容器的线性尺度，下同），黏滞流，气体分子间碰撞为主	$10^{-9} \sim 10^{-6}$	真空浓缩和褪色、真空成形、真空输送等
中真空 （$1.333 \times 10^3 \sim$ 1.333×10^{-1} Pa）	$10^{16} \sim 10^{13}$	$10^{-3} \sim 5$，$\bar{\lambda} \approx d$ 过渡流	$10^{-6} \sim 10^{-3}$	真空蒸馏、真空干燥和冷冻、真空浸渍、真空绝热、真空焊接等
高真空 （$1.333 \times 10^{-1} \sim$ 1.333×10^{-6} Pa）	$10^{13} \sim 10^9$	$5 \sim 10^4$，$\bar{\lambda} > d$ 分子流，气体分子与器壁碰撞为主	$10^{-3} \sim 20$	真空冶金、半导体材料区域熔炼、电真空器件、真空镀膜、加速器等
超高真空 （$1.333 \times 10^{-6} \sim$ 1.333×10^{-10} Pa）	$< 10^9$	$> 10^4$，$\bar{\lambda} \gg d$ 气体分子在固体表面上吸附停留为主	> 20	超高真空镀膜、薄膜和表面物理、表面化学、热核反应和等离子物理、超导技术、宇宙航行等
极高真空 （$< 1.333 \times 10^{-10}$ Pa）				

就物理现象来说，粗真空以分子相互碰撞为主；低真空中分子相互碰撞和分子与器壁碰撞不相上下；高真空时主要是分子与器壁碰撞；超高真空下分子碰撞器壁的次数减少而形成一个单分子层的时间已达到数分钟以上；极高真空时分子数目极为稀少以至统计涨落现象比较严重（大于 5%），经典统计规律产生了偏差.

实验 4-1　真空的获得与测量

【实验目的】

（1）通过实验了解真空系统最基本的组成，了解真空技术的基本知识.
（2）掌握高真空的获得和测量的基本原理及方法.

【实验仪器】

真空获得与测量实验仪主要由真空储气瓶、真空抽气系统、真空测量系统、流导调节管路四部分组成，如图 4-1-1 所示.

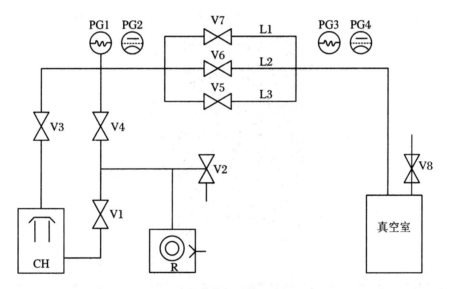

图 4-1-1　真空获得与测量实验仪系统图

R—机械泵	CH—油扩散泵	V1—电磁阀（前级阀）
V2—压差式充气阀	V3—电磁阀（主抽阀）	V4—电磁阀（旁抽阀）
V5,V6,V7—真空阀	PG1,PG3—电阻规管	PG2,PG4—电离规管
V8—充气阀	L1—细抽气管	L2—中抽气管　　L3—粗抽气管

◎ 真空的获得

1. 低真空的获得——机械泵

用来获得真空的设备称为真空泵.真空泵按工作条件的不同分为两类：能够在大气压下

工作的真空泵,称为初级泵(如机械泵),用来产生预备真空,需要在预备条件下才能工作的真空泵称为次级泵(如扩散泵、分子泵),次级泵用来进一步提高真空度,获得高真空.

旋片式机械泵的结构如图 4-1-2 所示.它由转子 3、定子 1、旋片 2 或称刮板活门和油槽等构成.泵的定子装在油槽中,定子的空腔是圆柱形.转子是圆柱形的轮子,它偏心地装成与定子空腔内切位置.转子可绕自己的旋转对称轴转动,转子转动是由马达带动的.转子中镶有两块刮板,刮板之间用弹簧相连,使刮板紧贴在定子空腔内壁上,当转子转动时,被抽容器中的气体经过进气口到定子与转子之间的空间,由活门及出气口排出.定子浸在油中,油是起密封、润滑以及冷却作用的,进油槽是为了让油进入空腔,进空腔的油除了上述作用外,还起着协助打开活门的作用.因为在压强很低时被压缩的气体不足以打开活门,而不可压缩的油将强迫活门被打开.一般油面在活门上一定距离,活门的作用是让气体从泵中排出,而不让大气进入泵中.活门由一金属片或金属球构成.

工作原理如图 4-1-2 所示,图中(a)表示两刮板转动,上刮板 B 与进气口之间的体积不断增大,这时被容器内的气体从进气口进入这部分空间,(b)、(c)表示不进入泵中的气体被刮板 A 与被抽容器隔开并被压缩到活门排出.这个过程反复不断,被抽容器内的气体就不断被抽出泵外.这里泵油起到了密封和润滑的作用.

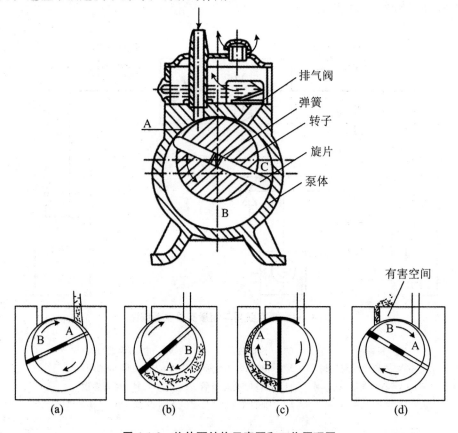

图 4-1-2　旋片泵结构示意图和工作原理图

泵的极限压强和抽速:机械泵的主要指标和参量是极限压强和抽气速率.常用机械泵进气口的最低压强可达 $1\sim10^{-1}$ Pa 真空度,即机械泵的极限真空度.目前常用的机械泵多为两个或两个以上的泵芯串联起来形成的二级泵和多级泵,极限真空度可达 10^{-2} Pa 或更高.

2. 高真空的获得

扩散泵是利用气体扩散现象来抽气的,最早用来获得高真空的泵就是扩散泵,目前依然广泛使用.根据结构材料不同可分为玻璃油扩散泵和金属油扩散泵,两类油扩散泵的工作原理不同于机械泵,其中没有转动和压缩部件.

图 4-1-3 是一个具有四级喷嘴的扩散泵结构示意图,这样的泵也称为多级扩散泵.扩散泵具有极高的抽气速率,高速定向喷射的油分子在喷嘴出口处的蒸气流中形成一低压,将扩散进入蒸气流的气体分子带至泵口被前级泵抽走,而油蒸气在到达泵壁后被冷却水套冷却后凝聚,返回泵底再被利用.由于射流具有工作过程高流速(200 m/s)、高密度、高分子量(300~500),故能有效地带走气体分子.扩散泵不能单独使用,一般采用机械泵为前级泵,以满足出口压强(最大 40 Pa),如果出口压强高于规定值,抽气作用就会停止.因为在这一压强下,可以保证绝大部分气体分子以定向扩散形式进入高速蒸气流.此外若扩散泵在较高空气压强下加热,会导致具有大分子结构的扩散泵油分子的氧化或裂解.油扩散泵的极限真空度主要取决于油蒸气压和反扩散两部分,根据扩散泵的工作原理,扩散泵有效工作一定要油冷水辅助,因此实验中一定要特别注意冷却水是否通畅和是否有足够的压力.另外,扩散泵油在较高的温度和压强下容易氧化而失效,所以不能在低真空范围内开启油扩散泵.油扩散泵一个不容忽视的问题是扩散泵泵油反流进入真空腔室造成污染,对于清洁度要求高的材料制备和分析过程,这样的污染是致命的,所以现在的高端材料制备、分析设备都采用无油真空系统,避免油污染.

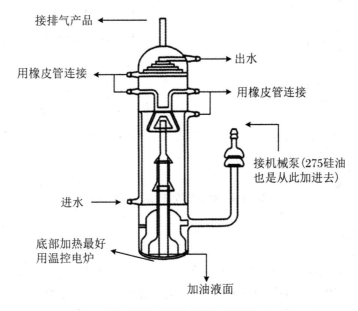

接排气产品

出水

用橡皮管连接

用橡皮管连接

接机械泵(275硅油也是从此加进去)

进水

底部加热最好用温控电炉

加油液面

图 4-1-3　四级喷嘴油扩散泵

通常的真空系统不是只有一种真空泵在工作,而是由至少两级真空泵组成的.本实验中真空系统由两级构成,前级泵由旋片式机械泵构成,二级泵由油扩散泵构成.

◎ 真空的测量

测量真空度的装置称为真空计或真空规.由于被测量的真空度范围很广,真空计的种类很多.根据气体产生的压强、气体的黏滞性、动量转换率、热导率、电离等原理制成了各种真空计.下面介绍实验中常用的两种:

1. 热偶真空计

它是通常用来测量低真空的真空计,可测范围为 13.33~0.1333 Pa.它是利用气体的热传导与压强成正比的特点制成的,其结构如图 4-1-4 所示.加热灯丝通以恒定电流,管压强越低,即管内气体分子密度越小,气体碰撞灯丝带走的热量就越少,则灯丝的温度就越高,热偶丝所产生的电动势也越大.用绝对真空计进行校准,热偶丝所产生的电动势就可以用来指示真空度了.

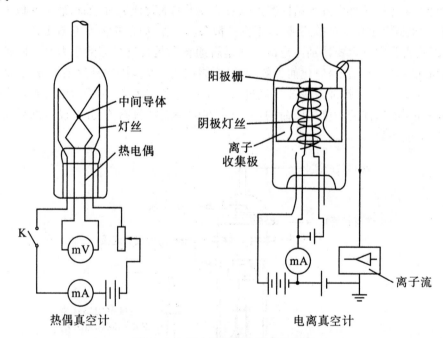

图 4-1-4 真空规管结构原理示意图

2. 电离真空计

电离真空计是根据电子与气体分子碰撞产生电离的原理制成的,测量范围为 0.1333~1.333×10⁻⁶ Pa,结构如图 4-1-4 所示.灯丝发出的电子与气体分子碰撞使气体分子电离产生的正离子被板极收集,形成离子电流 I_+,它与栅极电流 I_e 及气体压强 P 成正比,即

$$I_+ = KI_e P$$

式中 K 是比例常数,称为电离真空计的灵敏度.通常使 I_e 不变,经绝对真空计进行校准,由 I_+ 的值指示真空度.当压强高于 0.1333 Pa 或系统突然漏气时,I_+ 值很大,灯丝会被烧毁.因此,必须在真空度达到 0.1333 Pa 以上时,才能开始使用电离真空计.

【实验原理】

1. 真空室抽气口处泵的有效抽速

真空系统抽气示意图见图 4-1-5.

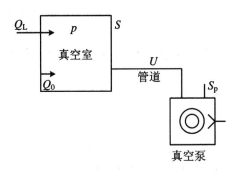

图 4-1-5　真空系统抽气示意图

设被抽容器的体积为 V, 经管道 L 与泵相连, 容器内壁出气率为 Q_0, 漏气率为 Q_L, 当泵对容器抽气时, 容器内压力不断变化, 由气体流量连接性原理, 可得真空抽气方程:

$$p \frac{\mathrm{d}V}{\mathrm{d}t} = Q_L + Q_0 - V \frac{\mathrm{d}p}{\mathrm{d}t} \tag{4-1-1}$$

式中 $\frac{\mathrm{d}V}{\mathrm{d}t} \approx S$, 为泵的有效抽速, 当容器不漏气时 ($Q_L = 0$) 有

$$pS = Q_L - V \frac{\mathrm{d}p}{\mathrm{d}t} \tag{4-1-2}$$

由此可得

$$S = 2.3 \frac{V}{t} \lg \frac{p_1 - p_0}{p_2 - p_0} \tag{4-1-3}$$

当流导为 U 时,

$$\frac{1}{S} = \frac{1}{S_p} + \frac{1}{U} \tag{4-1-4}$$

$$t = 2.3 V \left(\frac{1}{S_p} + \frac{1}{U} \right) \lg \frac{p_1 - p_0}{p_2 - p_0} \tag{4-1-5}$$

式中 t 为抽气时间 (s), V 为真空设备的容积 (L/s), S 为泵的有效抽速 (L/s), S_p 为泵的名义抽速 (L/s), p_1 为设备开始抽气时压力 (Pa), p_2 为设备经时间 t 抽气后的压力 (Pa), p_0 为真空室的极限压力 (系统不漏气时的平衡压力) (Pa), U 为管道的流导 (L/s), Q_0 为空载时, 长期抽气后真空室的气体负荷 (由漏气、材料表面出气形成).

若连接管道是很细的, 使得 $S \gg U$, 于是可近似地认为 $S = U$, 这样公式 (4-1-5) 可以写成

$$U = 2.3 \frac{V}{t} \lg \frac{p_1 - p_0}{p_2 - p_0} \tag{4-1-6}$$

如果容器存在漏气, 则有

$$U = 2.3 \frac{V}{t} \lg \frac{p_1 - p_{L0}}{p_2 - p_{L0}} \tag{4-1-7}$$

式中 $p_{L0} = \dfrac{Q_L + Q_0}{S}$，为系统存在漏气时的平衡压力.

对于抽气稳定的系统，管道的流导为

$$U = \frac{Q_L + Q_0}{p_1 - p_2} \tag{4-1-8}$$

式中 p_1，p_2 为抽气稳定时管道两端的压力. Q_L 和 Q_0 可用升压法求得，这时

$$Q_L + Q_0 = V \tag{4-1-9}$$

这样作出升压时的 $p\text{-}t$ 曲线，可求出 $Q_L + Q_0$ 值，且当 $Q_L \leqslant Q_0$ 时，有

$$Q_L = V \frac{\mathrm{d}p}{\mathrm{d}t} \tag{4-1-10}$$

当 $Q_L = 0$ 时，有

$$Q_0 = V \frac{\mathrm{d}p}{\mathrm{d}t} \tag{4-1-11}$$

将 $Q_L + Q_0$ 值代入式（4-1-8）中，可求出流导 U，然后再根据公式

$$S_1 = \frac{C(p_2 - p_1)}{p_1} \tag{4-1-12}$$

及

$$S_2 = \frac{C(p_2 - p_1)}{p_1} \tag{4-1-13}$$

分别测出细管两端的抽速，从而利用公式（4-1-3）求出扩散泵的抽速 S.

【实验内容】

1. 机械泵抽速测定

打开前级阀，将"工作选择"开关旋至"机械泵"，用机械泵抽气，由电阻真空计读取不同时间的压强值，做 $p\text{-}t$ 曲线，由下式计算出机械泵在某一时刻的抽速：

$$S_h = V \left[-\frac{\mathrm{d}(\ln p)}{\mathrm{d}t} \right] \tag{4-1-14}$$

式中的 V 值由实验室给出，或者，用下式直接计算机械泵的平均抽速：

$$S_p = 2.3 \frac{V}{t} \lg \frac{p_1}{p_2} \tag{4-1-15}$$

式中 p_1 为开始抽气时的压力，p_2 为经时间 t 抽气后的压力.

2. 系统本底出气率的测定

按仪器操作步骤，当真空抽到系统真空极限时（一般为 10^{-3} Pa 量级），首先关阀门 V5，V6，V7，观测电离真空计的真空度值，每隔 5 s 读取电离真空计的真空值，计算容器内的压力单位时间内的升高值，作 $p\text{-}t$ 曲线. 由公式：

$$Q_0 = V \frac{\mathrm{d}p}{\mathrm{d}t} \tag{4-1-16}$$

求出 Q_0.

3. 抽气管路 L₁ 流导的静态测定

当真空抽到系统真空极限时(一般为 10^{-3} Pa 量级),关闭 V5,V6 用电离真空计分别读出毛细管 L₁ 两端的平衡压力,利用已知 $Q_0(Q_L = 0$ 时)由公式:

$$U_1 = \frac{Q_0}{p_1 - p_2} \tag{4-1-17}$$

计算出 U_1(抽气管路 L₁ 的流导),同理可计算出 L₂,L₃ 的流导);并将测量结果与圆长管道流导公式:

$$U = 12.1\frac{d^3}{L}(\text{L/s}) \tag{4-1-18}$$

进行比较.式中 d 为抽气管直径(cm),L 为抽气管道长度(cm).

【实验操作步骤】

(1) 熟悉实验仪器与实验流程.

(2) 打开总电源,打开复合真空计开关,将"工作选择"开关旋至"机械泵"挡,启动机械泵对真空系统进行抽气;将真空阀 V5,V6,V7 全部打开.

(3) 观察电阻真空计单元真空度的变化,并在相同间隔时间内记录数据;可适当调整记录的间隔时间,以便得到更准确的数据;当电阻真空计单元示数小于1 Pa 时,得到低真空测量数据.

(4) 当电阻真空计单元示数小于 1 Pa 时;将"工作选择"开关旋至"扩散泵"挡.

(5) 观察电离真空计单元压强的变化,继续在相同间隔时间内记录数据.

(6) 当真空室真空度达到 10^{-3} Pa 时,即可停止测量;得到高真空测量数据.

(7) 实验结束后,应先关复合真空计电源,将"工作选择"开关旋至"机械泵";等待扩散泵泵体温度低于 50 ℃ 左右,将"工作选择"开关旋至"断",关闭总电源.

【数据处理】

(1) 低真空测量.

只用机械泵抽气时,获得低真空,压强随时间的变化如下表所示:

时间(s)	真空度(Pa)	时间(s)	真空度(Pa)	时间(s)	真空度(Pa)

根据上述实验数据作低真空状态下压强随时间的变化曲线.

（2）高真空测量.

当压强低于 1 Pa，即真空度超过 1 Pa 后，可以将油扩散泵打开进行下一步的高真空状态的实验.

高真空状态时压强随时间的变化如下表所示：

时间(s)	真空度(Pa)	时间(s)	真空度(Pa)	时间(s)	真空度(Pa)	时间(s)	真空度(Pa)

根据上述实验数据作高真空状态下压强随时间的变化曲线.

（3）计算出机械泵在某一时刻的抽速和机械泵的平均抽速.

（4）测定系统本地出气率和抽气管路的流导.

【思考题】

（1）什么是真空？

（2）极限真空、平衡压力的物理意义是什么？

（3）当实验室发生停水、停电时，应采取哪些措施来保护真空系统不受损坏？

（4）扩散泵为什么要有一定的前极真空才能正常工作？

（5）在什么条件下可以使用电离真空计测量真空度？为什么？

（6）为什么关油扩散泵后一段间再关机械泵？

实验 4-2　真空镀膜与膜厚测量

真空镀膜技术在国民经济各个领域有着广泛应用.特别是近几年来，随着我国国民经济的迅速发展、人民生活水平的不断提高和高科技薄膜产品的不断涌现，其在电子材料与元器件工业领域中占有极其重要的地位.

薄膜制备方法可以分为气相生成法、氧化法、离子注入法、扩散法、电镀法、涂布法、液相生长法等.气相生成法又可以分为物理气相沉积法化学气相沉积法和放电聚合法等.

本次实验是使用物理气相沉积法，这种方法都是处于真空环境下进行的，因此称它们为真空镀膜技术.真空蒸发、溅射镀膜和离子镀等通常称为物理气相沉积法，是基本的薄膜制备技术.真空蒸发镀膜法是在真空室中，加热蒸发容器中待形成薄膜的原材料，使其原子或分子从表面气化逸出，形成蒸气流，入射到基片表面，凝结形成固态薄膜的方法.

【实验目的】

(1) 通过本实验可以进一步熟悉真空获得和测量.
(2) 掌握蒸发镀膜技术.
(3) 了解蒸发镀膜的原理及方法.

【实验原理】

　　将膜材置于真空室中,通过蒸发源加热使其蒸发,蒸气的原子或分子从蒸发源表面逸出,由于空间气体分子的平均自由程大于真空室的线性尺寸,因此很少与其他分子或原子碰撞,可直接到达被镀的基片表面上,凝结后形成薄膜.
　　在真空蒸发过程中的薄膜沉积条件是:真空室中由膜材蒸发出来的原子(分子)平均自由程应大于蒸发源与基片之间的距离.真空蒸发镀膜原理图如图 4-2-1 所示.

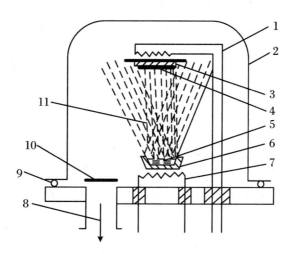

1—基片加热电源　2—真空室　3—基片架　4—基片 5—膜材　6—蒸发舟
7—加热电源　8—抽气口　9—真空密封　10—挡板　11—蒸气流

图 4-2-1　真空蒸发镀膜原理图

　　根据蒸发源不同,真空蒸发镀膜法又可以分为四种:电阻蒸发源蒸镀法、电子束蒸发源蒸镀法、高频感应蒸发源蒸镀法和激光束蒸发源蒸镀法.本实验采用电阻蒸发源蒸镀法制备金属薄膜材料.
　　电阻式加热蒸发源实际上就是一个电阻加热器.它是和利用发热体通电后,产生焦耳热而获得高温的,以此来熔融膜材使其达到蒸发的目的.由于这种源结构简单,操作方便,成本低廉,材料易于获得,因此,在镀膜技术中得到了广泛的应用.
　　用难熔金属制成的丝状或舟状电阻源是目前应用最广泛的一种蒸发源.其金属丝、锥形筐和线圈可以是单股线的或多股线的.
　　目前用于电阻加热式热源的材料有 W,Ta,Mo,Nb 等高熔点金属,有时也用 Fe,Ni,Ni,Cr 合金等,其中最常用的是钼舟和钨丝如图 4-2-2 所示.

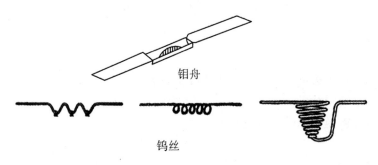

图 4-2-2   蒸发源类型

蒸发源选取应遵循以下几个原则：

（1）有良好的热稳定性，化学性质不活泼，达到蒸发温度时加热器本身的蒸气压要足够低.

（2）蒸发源的熔点要高于被蒸发物的蒸发温度.加热器要有足够大的热容量.

（3）蒸发物质和蒸发源材料的互熔性必须很低，不易形成合金.

（4）要求线圈状蒸发源所用材料能与蒸发材料有良好的浸润，有较大的表面张力.

（5）对于不易制成丝状、或蒸发材料与丝状蒸发源的表面张力较小时，可采用舟状蒸发源.常见的材料有钨、钼及它们的合金.

蒸发法薄膜制备要求从蒸发源出来的蒸气分子或原子，到达被镀膜基片的距离要小于镀膜室内残余气体分子的平均自由程，这样才能保证蒸发物的蒸气分子能无碰撞地到达基片表面.保证薄膜纯净和牢固，蒸发物也不至于氧化.气体分子运动平均自由程公式：

$$\lambda = \frac{kT}{\sqrt{2}\pi d^2 p} \approx \frac{3.76 \times 10^{-3}}{p} \text{（m）}$$

式中 d 为分子直径，T 为环境温度（K），p 为气体压强（Pa）.对于蒸发源到基片的距离为 $0.15\sim0.25$ m 的镀膜装置，镀膜室的真空度须在 $10^{-2}\sim10^{-5}$ Pa 之间才能满足要求.根据克拉贝龙方程：

$$\log P_{\text{v}} = A - \frac{B}{T}$$

式中 A 和 B 是与物质有关的常数，物质的蒸气压 P_{v} 是温度 T 的函数.对于质量为 M 的物质，其蒸发率可用下式表示：

$$G = P_{\text{v}} \left(\frac{M}{2\pi kT}\right)^{\frac{1}{2}} \approx 4.37 \times 10^{-4} P_{\text{v}} \left(\frac{M}{T}\right)^{\frac{1}{2}} \text{（g/（cm}^2 \cdot \text{s））}$$

式中 M 的单位是分子量，蒸气压 P_{v} 单位是 Pa.由上式可知，蒸发物的温度决定蒸发率的大小.蒸发物在加热蒸发过程中会释放气体，将使镀膜室内压强上升，影响镀膜质量，故镀膜机构抽速要配备适当，使镀膜室内维持所需真空度；相应地要把加热蒸发过程分成两步进行，先用挡板遮住被镀基片，进行预熔蒸发一段时间，然后再适当提高加热温度，移开挡板正式蒸镀.基片的表面状态对薄膜的结构也有影响，如果基片光洁度高，表面清洁，则所获得的膜层结构致密，容易结晶，附着力也强，否则相反.

根据用途不同，蒸镀的材料也不同，在半导体工艺中常见的蒸镀材料有铝、银、金、铜等，蒸镀后与基片形成欧姆接触，作为导线层使用.

基片温度对薄膜结构有较大影响，基片温度高，使吸附原子的动能增大，跨越表面势垒的几率增多,容易结晶化,并使薄膜缺陷减少,同时薄膜内应力也会减少,基片温度低,则易形成无定形结构膜.基片温度的选择要视具体情况而定,一般说来,如果蒸发的膜层较薄,当基片温度比较低时,蒸发室内的金属原子很快失去动能,并在基片表面凝结.这时的膜层比较均匀致密,当基片温度过高时反而会出现大颗晶粒,使膜层表面粗糙.如果蒸镀比较厚的膜层,一般要求基片温度适当高一些,可以减少薄膜内应力.注意的是基片的清洁度和完整性将影响到镀膜的形成速率和质量.

常见的基片有玻璃、聚甲基丙烯酸甲酯(有机玻璃)、硅、锗、砷化镓等.

制备薄膜,一般都要求膜厚均匀,组分纯净、性能稳定、附着牢固等.关于薄膜厚度一般可通过调节蒸发物的数量和时间以及基片和蒸发物的相对位置来控制.

【实验过程】

1. 实验前准备

(1) 动手操作前认真学习讲义及有关资料,熟悉仪器的结构及功能、操作程序与注意事项.

(2) 清洗基片.用碱水冲洗,超声波清洗,并用无水乙醇脱水,最后用棉纱或棉纸包好,放在玻璃皿内备用.

(3) 镀膜室样品准备.先向钟罩内充气一段时间,然后打开真空室上盖,在蒸发源上装好蒸发铝材料,清理镀膜室,关闭镀膜室,关闭放气阀.

2. 抽真空

(1) 首先检查仪器,关闭仪器所有的阀门开关.

(2) 打开总电源,启动机械泵,打开预抽阀和电磁阀;打开复合真空计开关.

(3) 几分钟后,当电阻真空计单元示数在几十帕时,开启分子泵运行按钮;打开主阀,关闭预抽阀,分子泵正常工作满转(27 000 r/min).

(4) 当高真空度达到 10^{-4} Pa 时,开始准备镀膜.

3. 镀膜

(1) 启动"蒸发电源"开关,调节"蒸发电源"旋钮,逐渐加大电流到 60 A 左右,蒸发源发红使铝材料预熔.

(2) 再加大蒸发电流(100 A 左右),此时从观察窗中可以看到铝丝逐渐熔化缩成液体小球,然后迅速蒸发,基片上便附着了一层铝膜.

(3) 镀膜完成后,调节蒸发电流为 0,关闭"蒸发电源"开关,关阀门,按下分子泵暂停按钮;等待分子泵转速达到"待机"状态,最后关闭机械泵.

(4) 旋开"充气"阀,充气完毕后打开镀膜室,取出镀膜基片,清理镀膜室.

4. 关机

关闭镀膜室,关放气阀,开机械泵和预抽阀,对镀膜室抽一定的预备真空.关闭预抽阀门,关闭机械泵,关闭总电源.

【思考题】

(1) 蒸发过程中所需的真空条件是什么?

(2) 蒸发源选取应遵循的原则是什么?

(3) 要进行真空镀膜为什么要达到高真空? 薄膜沉积的条件是什么?

(4) 镀膜前为什么要对基片进行认真清洗? 怎样对基片进行清洗处理?

(5) 蒸发速率对所形成膜的质量有什么影响? 蒸发速率受哪些因素的影响?

(6) 真空度与镀膜质量有何关系?

(7) 真空蒸发镀膜有些什么特点和要求?

(8) 基底温度对薄膜结构有何影响?

实验 4-3   电 子 衍 射

　　1924 年,法国物理学家德布罗意在爱因斯坦光子理论的启示下,提出了一切微观实物粒子都具有波粒二象性的假设.1927 年,戴维逊与革末用镍晶体反射电子,成功地完成了电子衍射实验,验证了电子的波动性,并测得了电子的波长.两个月后,英国的汤姆逊和雷德用高速电子穿透金属薄膜的办法直接获得了电子衍射花纹,进一步证明了德布罗意波的存在.1928 年以后的实验还证实,不仅电子具有波动性,一切实物粒子,如质子、中子、α 粒子、原子、分子等都具有波动性.奠定了现代量子物理学的实验基础.

　　电子衍射实验是曾荣获诺贝尔奖的重大近代物理实验,是现代分析测试技术中,分析物质结构,特别是分析表面结构最重要的方法,扩展了人们对电子本性的认识,提供了新的极其重要的检验物质结构的工具,是对 X 射线的早期方法的一个极其重要的补充和发展,为电子显微镜及其他电子能谱的发展开辟了道路.由于电子在物质中散射强、穿透浅,更适合于用来研究微晶、表面和薄膜的晶体结构.

【实验目的】

　　(1) 通过电子衍射实验,验证德布罗意公式,获得一定的微观粒子波粒二象性的感性认识,初步掌握表面分析技术.

　　(2) 了解电子衍射仪的结构,掌握其使用方法.

　　(3) 初步掌握电子衍射在表面结构分析技术中的应用.

【实验原理】

◎ 德布罗意假设和电子波的波长

　　1924 年,德布罗意提出物质波或称德布罗意波的假说,即一切微观粒子,也像光子一

样,具有波粒二象性,并把微观实物粒子的动量 P 与物质波波长 λ 之间的关系表示为

$$\lambda = \frac{h}{P} = \frac{h}{mv} \tag{4-3-1}$$

式中 h 为普朗克常数,m,v 分别为粒子的质量和速度.

若电子是用电压 V 加速,则电子获得能量为

$$\frac{1}{2} m_e v^2 = eV$$

于是

$$\lambda = \frac{h}{\sqrt{2 m_e V}} \quad \text{或} \quad \lambda = \sqrt{\frac{1.5}{V}} \quad \text{(nm)} \tag{4-3-2}$$

这就是德布罗意公式.

在电子能量较大时,需要考虑相对论修正.对于一个静止质量为 m_0 的电子,当加速电压在 50 kV 时,电子的运动速度很大,已接近光速,由于电子速度的加大而引起的电子质量的变化就不可忽略.根据狭义相对论的理论,电子的质量为

$$m = \frac{m_0}{\sqrt{1 - \frac{v^2}{c^2}}} \tag{4-3-3}$$

式中 c 是真空中的光速.将式(4-3-3)代入式(4-3-1),即可得到电子波的波长:

$$\lambda = \frac{h}{mv} = \frac{h}{m_0 v} \sqrt{1 - \frac{v^2}{c^2}} \tag{4-3-4}$$

在实验中,只要电子的能量由加速电压所决定,则电子能量的增加就等于电场对电子所做的功,并利用相对论的动能表达式

$$eU = mc^2 - m_0 c^2 = m_0 c^2 \left[\frac{1}{\sqrt{1 - \frac{v^2}{c^2}}} - 1 \right] \tag{4-3-5}$$

得到

$$v = \frac{c \sqrt{e^2 U^2 + 2 m_0 c^2 eU}}{eU + m_0 c^2} \tag{4-3-6}$$

及

$$\sqrt{1 - \frac{v^2}{c^2}} = \frac{m_0 c^2}{eU + m_0 c^2} \tag{4-3-7}$$

将式(4-3-6)和式(4-3-7)代入式(4-3-4)得

$$\lambda = \frac{h}{\sqrt{2 m_0 eU \left(1 + \frac{eU}{2 m_0 c^2} \right)}} \tag{4-3-8}$$

将

$$e = 1.602 \times 10^{-19} \,\text{(C)}, \quad h = 6.626 \times 10^{-34} \,\text{(J/s)},$$
$$m_0 = 9.110 \times 10^{-31} \,\text{(kg)}, \quad c = 2.998 \times 10^8 \,\text{(m/s)}$$

代入式(4-3-8)得

$$\lambda = \frac{1.226}{\sqrt{U(1 + 0.978 \times 10^{-6} U)}} \approx \frac{1.226}{\sqrt{U}} (1 - 0.489 \times 10^{-6} U) \,\text{(nm)} \tag{4-3-9}$$

◎ 电子波的晶体衍射

本实验采用汤姆逊方法,让一束电子穿过无规则取向的多晶薄膜.电子入射到晶体上时各个晶粒对入射电子都有散射作用,这些散射波是相干的.对于给定的一族晶面,当入射角和反射角相等,而且相邻晶面的电子波的波程差为波长的整数倍时,便出现相长干涉,即干涉加强.

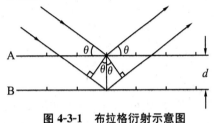

图 4-3-1　布拉格衍射示意图

从图 4-3-1 可以看出,满足相长干涉的条件由布拉格方程

$$2d\sin\theta = n\lambda \tag{4-3-10}$$

决定.式中 d 为相邻晶面之间的距离;θ 为掠射角;n 为整数,称为反射级.

多晶金属薄膜是由相当多的任意取向的单晶粒组成的多晶体,当电子束入射到多晶薄膜上时,在晶体薄膜内部各个方向上,均有与电子入射线夹角为 θ 的而且符合布拉格公式的反射晶面.因此,反射电子束是一个以入射线为轴线,其张角为 4θ 的衍射圆锥.衍射圆锥与入射轴线垂直的照相底片或荧光屏相遇时形成衍射圆环,这时衍射的电子方向与入射电子方向夹角为 2θ,如图 4-3-2所示.

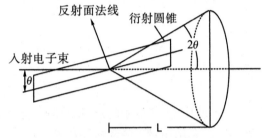

图 4-3-2　多晶体的衍射圆锥

在多晶薄膜中,有一些晶面(它们的面间距为 $d_1,d_2,d_3,\cdots$)都满足布拉格方程,它们的反射角分别为 $\theta_1,\theta_2,\theta_3,\cdots$,因而,在底片或荧光屏上形成许多同心衍射环.

可以证明,对于立方晶系,晶面间距为

$$d = \frac{a}{\sqrt{h^2+k^2+l^2}} \tag{4-3-11}$$

式中 a 为晶格常数,hkl 为晶面的密勒指数.每一组密勒指数唯一地确定一族晶面,其面间距由式(4-3-11)给出.

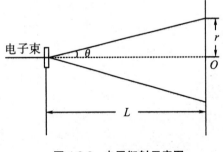

图 4-3-3　电子衍射示意图

图 4-3-3 为电子衍射的示意图.设样品到底片的距离为 L,某一衍射环的半径为 r,对应的掠射角为 θ.

电子的加速电压一般为 30 kV 左右,与此相应的电子波的波长比 X 射线的波长短得多.因此,由布拉格方程(4-3-10)看出,电子衍射的衍射角(2θ)也较小.由图 4-3-3 近似有

$$\sin\theta \approx r/(2L) \tag{4-3-12}$$

将式(4-3-11)和式(4-3-12)代入式(4-3-10),得

$$\lambda = \frac{r}{L} \times \frac{a}{\sqrt{h^2+k^2+l^2}} = \frac{r}{L} \times \frac{a}{\sqrt{M}}$$

式中 hkl 为与半径为 r 的衍射环对应的晶面族的晶面指数，$M=h^2+k^2+l^2$.

对于同一底片上的不同衍射环，上式又可写成

$$\lambda=\frac{r_n}{L}\times\frac{a}{\sqrt{M_n}}\qquad(4\text{-}3\text{-}13)$$

式中 r_n 为第 n 个衍射环半径，M_n 为与第 n 个衍射环对应的晶面的密勒指数平方和.在实验中只要测出 r_n，并确定 M_n 的值，就能测出电子波的波长.将测量计算值 $\lambda_{测}$ 和用式(4-3-2)或式(4-3-9)计算的理论值 $\lambda_{理}$ 相比较，即可验证德布罗意公式的正确性.

◎ 电子衍射图像的指数标定

实验获得电子衍射相片后，必须确认某衍射环是由哪一组晶面指数 (hkl) 的晶面族的布拉格反射形成的，才能利用式(4-3-13)计算波长 λ.

根据晶体学知识，立方晶体结构可分为三类，分别为简单立方、面心立方和体心立方晶体，依次如图 4-3-4 中(a)，(b)，(c)所示.

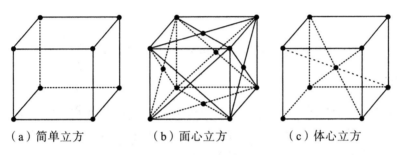

（a）简单立方　　　　（b）面心立方　　　　（c）体心立方

图 4-3-4　3 类立方晶体

由理论分析可知，在立方晶系中，对于简单立方晶体，任何晶面族都可以产生衍射；对于体心立方晶体，只有 $h+k+l$ 为偶数的晶面族才能产生衍射；而对于面心立方晶体，只有 $h+k+l$ 同为奇数或同为偶数的晶面族，才能产生衍射.这样可得到表 4-3-1.

现在我们以面心立方晶体为例说明标定指数的过程.因为在同一张电子衍射图像中，λ 和 a 均为定值，由式(4-3-13)可以得出

$$\left(\frac{r_n}{r_1}\right)^2=\frac{M_n}{M_1},\quad n=1,2,3,\cdots\qquad(4\text{-}3\text{-}14)$$

利用式(4-3-14)可将各衍射环对应的晶面指数 (hkl) 定出，或将 M_n 定出.

表 4-3-1　三类立方晶体可能产生衍射环的晶面族

衍射线序号	简单立方			体心立方			面心立方		
	hkl	M	M_n/M_1	hkl	M	M_n/M_1	hkl	M	M_n/M_1
1	100	1	1	110	2	1	111	3	1
2	110	2	2	200	4	2	200	4	1.33
3	111	3	3	211	6	3	220	8	2.67
4	200	4	4	220	8	4	311	11	3.67

续表

衍射线序号	简单立方			体心立方			面心立方		
	hkl	M	M_n/M_1	hkl	M	M_n/M_1	hkl	M	M_n/M_1
5	210	5	5	310	10	5	222	12	4
6	211	6	6	222	12	6	400	16	5.33
7	220	8	8	321	14	7	331	19	6.33
8	221	9	9	400	16	8	420	20	6.67
9	310	10	10	411	18	9	422	24	8
10	331	19	19	420	20	10	333	27	9

表中：$M_n = h_n^2 + k_n^2 + l_n^2$，$M_1 = h_1^2 + k_1^2 + l_1^2$.

【实验仪器】

电子衍射仪主要由衍射管、高真空系统和高压电源三部分组成.

1. 衍射管

衍射管部分的结构如图 4-3-5 所示，A 为发射电子束的电子枪（阴极），接地的 B 为阳极，中间有小孔可让电子束通过. 阴极 A 加有数万伏负高压，经阳极 B 加速的电子射向薄膜 E，衍射图样呈现在荧光屏 F 处，C 和 D 起聚焦作用.

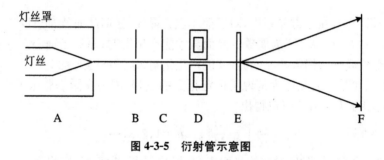

灯丝罩

灯丝

A   B C D   E   F

图 4-3-5 衍射管示意图

2. 真空抽气系统

真空抽气系统由机械泵、分子泵、分子泵前级阀、衍射室隔断阀 V1、蒸镀室隔断阀 V2、以及电阻规和电离规组成，通过机械泵获得低真空，分子泵和机械泵一起工作获得高真空见图 4-3-6.

3. 触摸屏控制面板

触摸屏控制面板见图 4-3-7.

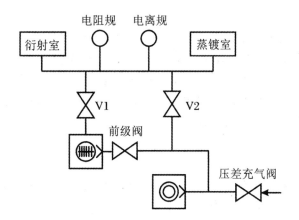

图 4-3-6　真空抽气系统示意图

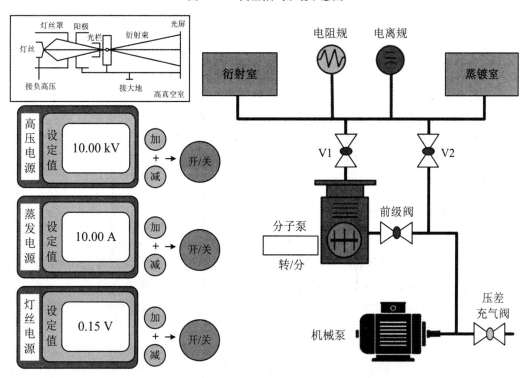

图 4-3-7　触摸屏示意图

【实验内容】

1. 样品架底膜制备

样品架用铜做成,上面有一排直径约 0.7 mm 的小孔,电子衍射样品就放置在小孔上.要通过蒸发镀膜在小孔上生成薄膜样品,必须先在小孔上制备一层承载生成薄膜的非晶底膜,本实验的底膜用火棉胶膜.制备步骤如下:

（1）清洗样品架:用细砂纸将样品架打磨光滑,清除小孔处的毛刺,然后依次用甲苯丙酮、乙醇超声清洗后备用.

（2）火棉胶膜制作：

① 把含火棉胶5%的火棉胶溶液用醋酸正戊醋稀释到含火棉胶为1%的溶液即可使用.

② 取一滴浓度为1%的火棉胶醋酸戊脂溶液,滴到盛有蒸馏水的中号蒸发皿中,火棉胶醋酸戊脂溶液将在水面上迅速挥发,在水面上形成整张的平展的火棉胶膜.

③ 将样品架从火棉胶膜的边缘斜插入水中,慢慢捞起火棉胶膜,然后将样品架放置红外烤灯下烘干或空气中晾干,基片就做好了.

2. 真空镀膜

（1）打开蒸发室,取出挡板,剪1 mm 宽,3 mm 长的银片,放入钼舟中,放好挡板,取一个样品架插入样品架夹中,盖上蒸发室.

（2）开启前级阀、电磁阀 V2,再启动机械泵,机械泵开始工作,对真空室进行粗抽.

（3）开启复合真空计电源,观察热偶计示数变化.当测量的真空室真空度≤10 Pa 时,可以开启分子泵.分子泵开始工作快速抽气后,当热偶测量真空室的真空度到 1 Pa 以下时,真空计会自动开启电离规管测量.

（4）待真空室内的真空度达到 10^{-3} Pa 时,可开始蒸镀银膜.

（5）打开蒸发电源开关,调节其蒸发电流设定值,使达到 70 A,钼舟将渐渐发红,注意钼舟中的银片,看到银片熔化后,增大电流,同时注意蒸发室罩盖,看到局部变为浅灰色,立即减小加热电流,关闭蒸发电源开关.

（6）镀膜完成后,关闭电磁阀 V2,慢慢打开蒸发室放气阀,待放气完成后,打开蒸发室,取出样品架,盖上蒸发室.

3. 观察并记录电子衍射现象

（1）待气压小于 5×10^{-3} Pa 后,打开灯丝电源,调节其设定值,点亮灯丝.

（2）打开高压开关,调节高压设定值,先使高压测量值为 15 kV,观察荧光屏上的光点是明亮的,无重影的.若有重影,则需要调整灯丝、灯丝罩、阳极、光栏共轴.

（3）一只手握着样品台头部的花鼓轮不让其转动,另一只手旋转样品台中间的套筒鼓轮,调节样品架的位置,使样品架前伸,让电子束打到样品架上的小孔,在荧光屏上可以看到光点.

（4）将高压加到 20 kV 以上,若样品制备得好,则可以在荧光屏上看到衍射花样.微微调动样品台头部的花鼓轮和中间的套筒鼓轮,使衍射花样清晰;适当增加灯丝电压,可提高衍射花样的亮度;继续增加高压,可以看到衍射环向中心收缩,衍射环数增多.

（5）拍摄衍射图像.

（6）依次关闭高压电源、灯丝、电磁阀 V1,再关闭分子泵.待分子泵停转后,关闭前级阀和机械泵.

4. 数据处理

（1）仔细观察衍射照片,区分出各衍射环,因有的环强度很弱,特别容易数漏.然后测量出各环直径,确定其半径 $r_1,r_2,r_3,\cdots,r_n$ 的值.

（2）计算出 r_n^2/r_1^2 的值,并与表1中 M_n/M_1 值对照,标出各衍射环相应的晶面指数 (hkl).并用式(4-3-15)计算出晶格常数 a.

(3) 根据衍射环半径用式(4-3-13)计算电子波的波长,并与用式(4-3-2)算出的德布罗意波长比较,以此验证德布罗意公式.

5. 注意事项

(1) 火棉胶溶液只须取一滴. 如果多了则会使基片变厚,从而使产生衍射所需的电压很高,而产生辉光放电,烧坏电子枪,而且非常危险.

(2) 捞取胶膜时样品架正面朝上且平放,否则会使胶膜面产生皱折,导致基片不均匀且变厚.

(3) 镀膜时眼睛应平视蒸发室罩盖,调节加热电流. 一旦觉察到罩盖有雾气,即刻关开关. 拿出镀膜片后,若样品架正面微发白或发紫,即可;若是银白色,则过厚.

(4) 当衍射图像效果最佳时拍照记录.

(5) 灯丝亮度不要设置过高,以免大量高速电子产生,使样品膜被击穿.

(6) 银片最好先预熔,以除去其中杂质,再放进样品架进行镀膜.

(7) 电子衍射仪为贵重仪器,必须熟悉仪器的性能和使用方法,严格按照操作规程使用. 特别是真空系统的操作不能出错,否则会损坏仪器.

(8) 阴极加有几万伏的负高压,操作时不要接触高压电源,注意安全. 调高压和样品架旋钮时要缓慢,如果出现放电现象,应立即降低电压,实验中应缩短加高压的时间.

(9) 调节样品架观察衍射环时,应先将电离规管关掉,以防调节样品架时出现漏气现象而烧坏电离规管.

(10) 衍射腔的阳极,样品架和观察窗处都有较强的 X 射线产生,必须注意防护.

【思考题】

(1) 计算加速电压为 15 keV 时的电子波长.

(2) 德布罗意假说的内容是什么?

(3) 在本实验中是怎样验证德布罗意公式的?

(4) 本实验证实了电子具有波动性,衍射环是单个电子还是大量电子所具有的行为表现?

(5) 简述衍射腔的结构及各部分作用.

(6) 根据衍射环半径计算电子波的波长时,为什么首先要指标化? 怎样指标化?

(7) 改变高压时,衍射环半径有什么变化? 为什么?

(8) 叙述样品银多晶薄膜的制备过程.

实验 4-4　气体放电等离子体的研究

等离子体是作为物质的第四态而存在的. 在地球上,人们看到火、闪电和极光,就是最早见到的等离子体. 在实验室中,人们获得等离子体是从气体放电开始的. 法拉第(M. Faraday)在 19 世纪 30 年代观察过气体辉光放电中的结构;1879 年,克鲁克斯(W. Crookes)指出在真空管中"物质可以以第四态的形式成立";1929 年,郎谬尔(L. langmuir)和汤克斯(L. Tonks)第一次引入"等离子体"这个名称,用来表示物质的第四态. 现在等离子体已被应用于金属加工、电子工业、医学技术及广播通信等部门. 而在作为未来能源的希望之一的受热核聚变工程中,等离子体的研究出现了崭新的局面.

【实验目的】

(1) 了解低气压气体辉光放电.
(2) 学习等离子体的有关知识.
(3) 观察直流低气压辉光放电等离子体的现象结构.
(4) 通过对辉光等离子体伏安特性曲线的测量,理解等离子体的电学特性.

【实验仪器】

直流辉光放电等离子体装置.

【实验原理】

等离子体可分为等温离子体和气体放电等离子体两种类型,它们都具有高度电离、良好导电、加热气体等特性.

本实验是研究气体放电等离子体的一般规律,测定等离子体的一些基本参量.

低气压放电可分为三个阶段:暗放电、辉光放电和电弧放电. 其中各个阶段的放电在不同的应用领域有广泛的应用. 这三个阶段的划分从现象上来看是放电强度的不同,从内在因素来看是其放电电压和放电电流之间存在着显著差异. 直流低气压放电在正常辉光放电区唯象见图 4-4-1.

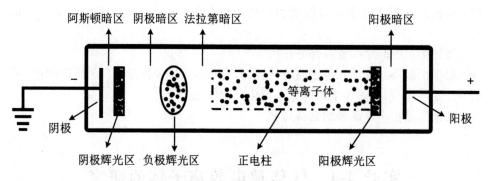

图 4-4-1　低气压放电现象

阴极:由导电材料制成,二次电子发射系数 γ 对放电管的工作有很大影响.

阿斯顿暗区:紧靠在阴极右边的阿斯顿暗区,是一个有强电场和负空间电荷的薄的区域. 它含有慢电子,这些慢电子正处于从阴极出来向前的加速过程中. 在这个区域里电子密度和能量太低不能激发气体,所以出现了暗区.

阴极辉光区：紧靠在阿斯顿暗区右边的是阴极辉光区. 这种辉光在空气放电时通常是微红色或橘黄色, 是由于离开阴极表面溅射原子的激发, 或外部进入的正离子向阴极移动形成的. 这种阴极辉光有一个相当高的离子密度. 阴极辉光的轴向长度取决于气体类型和气体压力. 阴极辉光有时紧贴在阴极上, 并掩盖阿斯顿暗区.

阴极暗区：这是在阴极辉光的右边比较暗的区域, 这个区域内有一个中等强度电场, 有正的空间电荷和相当高的离子密度.

阴极区：阴极和阴极暗区至负辉光之间的边界之间的区域叫作阴极区. 大部分功率消耗在辉光放电的极区, 在这个区域内, 被加速电子的能量高到足以产生电离, 使负辉光区和负辉光右面的区域产生雪崩.

负极辉光区：紧靠在阴极暗区右边的是负辉光区, 在整个放电中它的光强度最亮. 负辉光中电场相当低, 它通常比阴极辉光长, 并在阴极侧最强. 在负辉光区内, 几乎全部电流由电子运载, 电子在阴极区被加速产生电离, 在负辉光区产生强激发.

法拉第暗区：这个区紧靠在负辉光区的右边, 在这个区域里, 由于在负辉光区里的电离和激发作用, 电子能量很低, 在法拉第暗区中电子数密度由于复合和径向扩散而降低, 净空间电荷很低, 轴向电场也相当小.

正电柱：正电柱是准中性的, 在正电柱中电场很小, 一般是 1 V/cm, 这种电场的大小刚好足以在它的阴极端保持所需的电离度. 空气中正电柱等离子体是粉红色至蓝色, 在不变的压力下, 随着放电管长度的增加, 正电柱变长. 除非触发了自发不动的或运动的辉纹, 或产生了扰动引发的电离波, 正电柱是一个长的均匀的辉光.

阳极辉光区：阳极辉光区是在正电柱的阳极端的亮区, 比正电柱稍强一些, 在各种低气压辉光放电中并不总有, 它是阳极鞘层的边界.

阳极暗区：阳极暗区在阳极辉光和阳极本身之间, 它是阳极鞘层, 它有一个负的空间电荷, 是在电子从正电柱向阳极运动中引起的, 其电场高于正电柱的电场.

【实验内容】

(1) 直流辉光放电等离子体装置的低压放电原理见图 4-4-2, 观察直流辉光放电现象, 并进行分析.

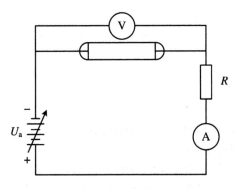

图 4-4-2　低压放电实验原理

(2) 取 3 个不同的工作气压, 测量辉光放电阶段的放电电压、电流, 绘制伏安曲线, 与理论相对照,自主分析其中的差异,并分析原因.分析工作气压对伏安曲线的影响机制.

(3) 具体实验步骤如下:

① 检查仪器的完整性,注意此时操作应确保电源在关闭状态,所有开关均处于关闭状态;

② 打开总电源开关;

③ 关闭质量流量计,打开挡板阀,开机械泵,开电阻真空计;抽本底真空约 5 min;

④ 打开质量流量计,调节气体流量到一定值,将气压稳定在所需工作气压,打开放电电源,调节放电高压到一定值(注:如气压高于 20 Pa 不能直接起辉,可调低气压,先起辉后,再缓慢升高放电管内的气压,在升高气压的同时,慢慢调节高压电源,维持住辉光放电);

⑤ 缓慢调节高压调节旋钮,调节高压大小,记录下辉光放电时等离子体电压和电流的测量结果,每隔 20 V 记录一组数据.

【实验数据处理】

(1) 将所测的电压、电流值记录在表 4-4-1 中.
(2) 根据表 4-4-1 的数据绘制出辉光放电伏安曲线.
(3) 根据实验数据总结实验结论.

表 4-4-1　电压、电流测量值

电极距离(mm):

工作气压(Pa):		工作气压(Pa):		工作气压(Pa):	
电压(V)	电流(mA)	电压(V)	电流(mA)	电压(V)	电流(mA)

【思考题】

(1) 什么是等离子体? 有几种类型? 气体放电等离子有些什么特征?

(2) 暗放电区电流的测量应注意什么问题?

(3) 阴极与阳极显著的热效应差别的原因?

(4) 放电高压和工作气压对辉光放电中的伏安曲线有何影响? 其影响机制是什么?

实验 4-5　表面磁光克尔效应实验

　　1845 年，Michael Faraday 首先发现了磁光效应，他发现当外加磁场加在玻璃样品上时，透射光的偏振面将发生旋转，随后他加磁场于金属表面上做光反射的实验，但由于金属表面并不够平整，因而实验结果不能使人信服.1877 年，John Kerr 在观察偏振光从抛光过的电磁铁磁极反射出来时，发现了磁光克尔效应（magneto-optic Kerr effect）.1985 年，Moog 和 Bader 两位学者进行铁磁超薄膜的磁光克尔效应测量，成功地得到一原子层厚度磁性物质的磁滞回线，并且提出了以 SMOKE 来作为表面磁光克尔效应（surface magneto-optic Kerr effect）的缩写，用以表示应用磁光克尔效应在表面磁学上的研究.由于此方法的磁性测量灵敏度可以达到一个原子层厚度，并且仪器可以配置于超高真空系统上面工作，所以成为表面磁学的重要研究方法.

　　表面磁性以及由数个原子层所构成的超薄膜和多层膜磁性，是当今凝聚态物理领域中的一个极其重要的研究热点.而表面磁光克尔效应（SMOKE）谱作为一种非常重要的超薄膜磁性原位测量的实验手段，正受到越来越多的重视.并且已经被广泛用于磁有序、磁各向异性以及层间耦合等问题的研究.和其他的磁性测量手段相比较，SMOKE 具有以下四个优点：

　　（1）SMOKE 的测量灵敏度极高.国际上现在通用的 SMOKE 测量装置其探测灵敏度可以达到亚单原子层的磁性.这一点使得 SMOKE 在磁性超薄膜的研究中有着重要的地位.

　　（2）SMOKE 测量是一种无损伤测量.由于探测用的"探针"是激光束，因此不会对样品造成任何破坏，对于需要做多种测量的实验样品来说，这一点非常有利.

　　（3）SMOKE 测量到的信息来源于介质上的光斑照射的区域.由于激光光束的束斑可用聚焦到 1 mm 以下，这意味着 SMOKE 可以进行局域磁性的测量.这一点是其他磁性测量手段诸如振动样品磁强计和铁磁共振所无法比拟的.在磁性超薄膜的研究中，样品的制备是一个周期较长而代价昂贵的过程.有人已经实现在同一块样品上按生长时间不同而制备出厚度不等的楔形磁性薄膜.这样从一块样品上就能够得到磁学性质随薄膜厚度变化的信息，可以大大提高实验效率.无疑，SMOKE 的这种局域测量的特点使它成为研究这类不均匀样品的最好工具.

　　（4）相对于其他的磁性测量手段，SMOKE 系统的结构比较简单，易于和别的实验设备（特别是超高真空系统）相互兼容.这一点有助于提高它的功能并扩展其研究领域.

　　由于 SMOKE 能够达到单原子层磁性检测的灵敏度，即相当于能够测量到小于千分之一度的克尔旋转角.因此，对于光源和检测手段提出了很高的要求.目前国际上比较常见的是用功率输出很稳定的偏振激光器.Bader 等采用的高稳定度偏振激光器，其稳定度小于 0.1%.也有用 Wollaston 棱镜分光的方法，降低对激光功率稳定度的要求.Chappert 等的方案是将从样品出射的光经过 Wollaston 棱镜分为 s 和 p 偏振光，再通过测量它们的比值来消除光强不稳定所造成的影响.但是这种方法的背景信号非常大，对探测器以及后级放大器的要求很高.

【实验目的】

(1) 了解表面磁光克尔效应的原理及方法.
(2) 掌握磁性薄膜特性检测、磁学特性研究的原理和方法.
(3) 学会使用磁光克尔效应仪器使用方法.

【实验仪器】

表面磁光克尔效应实验系统.

【实验原理】

磁光效应有两种:法拉第效应和克尔效应.1845 年,Michael Faraday 首先发现介质的磁化状态会影响透射光的偏振状态,这就是法拉第效应.1877 年,John Kerr 发现铁磁体对反射光的偏振状态也会产生影响,这就是克尔效应.克尔效应在表面磁学中的应用,即为表面磁光克尔效应.它是指铁磁性样品(如铁、钴、镍及其合金)的磁化状态对于从其表面反射的光的偏振状态的影响.当入射光为线偏振光时,样品的磁性会引起反射光偏振面的旋转和椭偏率的变化.表面磁光克尔效应作为一种探测薄膜磁性的技术始于 1985 年.

如图 4-5-1 所示,当一束线偏振光入射到样品表面上时,如果样品是各向异性的,那么反射光的偏振方向会发生偏转.如果此时样品还处于铁磁状态,那么由于铁磁性,还会导致反射光的偏振面相对于入射光的偏振面额外再转过了一个小的角度,这个小角度称为克尔旋转角 θ_k.同时,一般而言,由于样品对 p 光和 s 光的吸收率是不一样的,即使样品处于非磁状态,反射光的椭偏率也发生变化,而铁磁性会导致椭偏率有一个附加的变化,这个变化称为克尔椭偏率 ε_k.由于克尔旋转角 θ_k 和克尔椭偏率 ε_k 都是磁化强度 M 的函数,故通过探测 θ_k 或 ε_k 的变化可以推测出磁化强度 M 的变化.

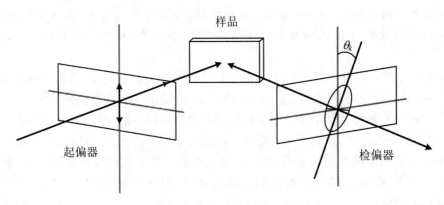

图 4-5-1 表面磁光克尔效应原理

按照磁场相对于入射面的配置状态不同,磁光克尔效应可以分为三种:极向克尔效应、纵向克尔效应和横向克尔效应.

（1）极向克尔效应：如图 4-5-2 所示，磁化方向垂至于样品表面并且平行于入射面．通常情况下，极向克尔信号的强度随光的入射角的缩小而增大，在 0°入射角时（垂直入射）达到最大．

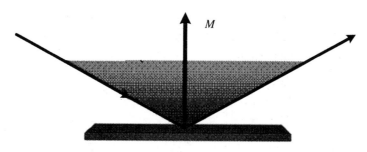

图 4-5-2　极向克尔效应

（2）纵向克尔效应：如图 4-5-3 所示，磁化方向在样品膜面内，并且平行于入射面．纵向克尔信号的强度一般随光的入射角的缩小而变小，在 0°入射角时为零．通常情况下，纵向克尔信号中无论是克尔旋转角还是克尔椭偏率都要比极向克尔信号小一个数量级．正是这个原因纵向克尔效应的探测远比极向克尔效应来得困难．但对于很多薄膜样品来说，易磁轴往往平行于样品表面，因而只有在纵向克尔效应配置下样品的磁化强度才容易达到饱和．因此，纵向克尔效应对于薄膜样品的磁性研究来说是十分重要的．

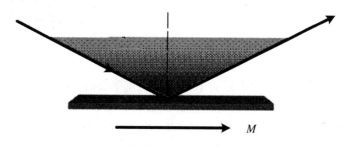

图 4-5-3　纵向克尔效应

（3）横向克尔效应：如图 4-5-4 所示，磁化方向在样品膜面内，并且垂至于入射面．横向克尔效应中反射光的偏振状态没有变化．这是因为在这种配置下光电场与磁化强度矢积的方向永远没有与光传播方向相垂直的分量．横向克尔效应中，只有在 p 偏振光（偏振方向平行于入射面）入射条件下，才有一个很小的反射率的变化．

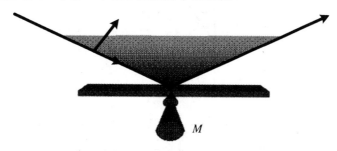

图 4-5-4　横向克尔效应

以下以极向克尔效应为例详细讨论 SMOKE 系统，原则上完全适用于纵向克尔效应和横向克尔效应.图 4-5-5 为常见的 SMOKE 系统光路图,氦-氖激光器发射一激光束通过偏振棱镜 1 后变成线偏振光,然后从样品表面反射,经过偏振棱镜 2 进入探测器.偏振棱镜 2 的偏振方向与偏振棱镜 1 设置成偏离消光位置一个很小的角度 δ,如图 4-5-6 所示.样品放置在磁场中,当外加磁场改变样品磁化强度时,反射光的偏振状态发生改变.通过偏振棱镜 2 的光强也发生变化.在一阶近似下光强的变化和磁化强度呈线性关系,探测器探测到这个光强的变化就可以推测出样品的磁化状态.

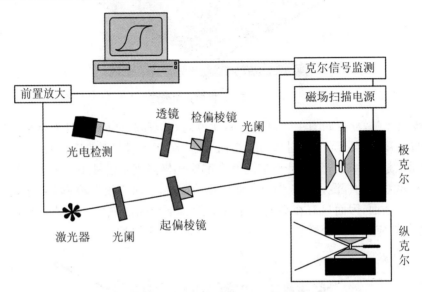

图 4-5-5 常见的 SMOKE 系统光路图

两个偏振棱镜的设置状态主要是为了区分正负克尔旋转角.若两个偏振方向设置在消光位置,无论反射光偏振面是顺时针还是逆时针旋转,反映在光强的变化上都是强度增大.这样无法区分偏振面的正负旋转方向,也就无法判断样品的磁化方向.当两个偏振方向之间有一个小角度 δ 时,通过偏振棱镜 2 的光线有一个本底光强 I_0.反射光偏振面旋转方向和 δ 同向时光强增大,反向时光强变小,这样样品的磁化方向可以通过光强的变化来区分.

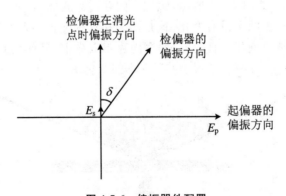

图 4-5-6 偏振器件配置

在图 4-5-5 的光路中,假设取入射光为 p 偏振(电场矢量平行于入射面),当光线从磁化了的样品表面反射时由于克尔效应,反射光中含有一个很小的垂直于 E_p 的电场分量 E_s,通常 $E_s \ll E_p$.在一阶近似下有

$$\frac{E_s}{E_p} = \theta_k + i\varepsilon_k \tag{4-5-1}$$

通过棱镜 2 的光强为

$$I = |E_p\sin\delta + E_s\cos\delta|^2 \tag{4-5-2}$$

将(4-5-1)式代入(4-5-2)式得到

$$I = |E_p|^2 |\sin\delta + (\theta_k + i\varepsilon_k)\cos\delta|^2 \tag{4-5-3}$$

因为 δ 很小,所以可以取 $\sin\delta = \delta$, $\cos\delta = 1$,得到

$$I = |E_p|^2 |\delta + (\theta_k + i\varepsilon_k)|^2 \tag{4-5-4}$$

整理得到

$$I = |E_p|^2 (\delta^2 + 2\delta\theta_k) \tag{4-5-5}$$

无外加磁场下:

$$I_0 = |E_p|^2 \delta^2 \tag{4-5-6}$$

所以有

$$I = I_0(1 + 2\theta_k/\delta) \tag{4-5-7}$$

于是在饱和状态下的克尔旋转角 θ_k 为

$$\Delta\theta_k = \frac{\delta}{4}\frac{I(+M_s) - I(-M_s)}{I_0} = \frac{\delta}{4}\frac{\Delta I}{I_0} \tag{4-5-8}$$

$I(+M_s)$ 和 $I(-M_s)$ 分别是正负饱和状态下的光强.从式(4-5-8)可以看出,光强的变化只与克尔旋转角 θ_k 有关,而与 ε_k 无关.说明在图 4-5-5 这种光路中探测到的克尔信号只是克尔旋转角.

在超高真空原位测量中,激光在入射到样品之前,和经样品反射之后都需要经过一个视窗.但是视窗的存在产生了双折射,这样就增加了测量系统的本底,降低了测量灵敏度.为了消除视窗的影响,降低本底和提高探测灵敏度,需要在检偏器之前加一个 1/4 波片.仍然假设入射光为 p 偏振,1/4 波片的主轴平行于入射面,如图 4-5-7 所示.

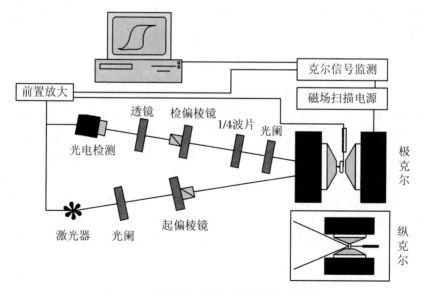

图 4-5-7　SMOKE 系统测量椭偏率的光路图

此时在一阶近似下有:$E_s/E_p = -\varepsilon_k + i\theta_k$.通过棱镜 2 的光强为

$$I = |E_p \sin\delta + E_s \cos\delta|^2 = |E_p|^2 |\sin\delta - \varepsilon_k \cos\delta + i\theta_k \cos\delta|^2$$

因为 δ 很小,所以可以取 $\sin\delta = \delta$,$\cos\delta = 1$,得到

$$I = |E_p|^2 |\delta - \varepsilon_k + i\theta_k|^2 = |E_p|^2 (\delta^2 - 2\delta\varepsilon_k + \varepsilon_k^2\theta_k^2)$$

因为角度 δ 取值较小,并且 $I_0 = |E_p|^2 \delta^2$,所以

$$I \approx |E_p|^2 (\delta^2 - 2\delta\varepsilon_k) = I_0(1 - 2\varepsilon_k/\delta) \tag{4-5-9}$$

在饱和情况下 $\Delta\varepsilon_k$ 为

$$\Delta\varepsilon_k = \frac{\delta}{4} \frac{I(-M_s) - I(+M_s)}{I_0} = -\frac{\delta}{4} \frac{\Delta I}{I_0} \tag{4-5-10}$$

此时光强变化对克尔椭偏率敏感而对克尔旋转角不敏感.因此,如果要想在大气中探测磁性薄膜的克尔椭偏率,则也需要在图 4-5-5 的光路中检偏棱镜前插入一个 1/4 波片.如图 4-5-7 所示.

如图 4-5-5 所示,整个系统由一台计算机实现自动控制.根据设置的参数,计算机经 D/A 卡控制磁场电源和继电器进行磁场扫描.光强变化的数据由 A/D 卡采集,经运算后作图显示,从屏幕上直接看到磁滞回线的扫描过程,如图 4-5-8 所示.

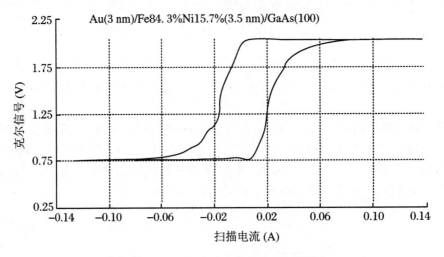

图 4-5-8　表面磁光克尔效应实验扫描图样

表面磁光克尔效应具有极高的探测灵敏度.目前表面磁光克尔效应的探测灵敏度可以达到 10^{-4} 度的量级.这是一般常规的磁光克尔效应的测量所不能达到的.因此表面磁光克尔效应具有测量单原子层、甚至于亚原子层磁性薄膜的灵敏度,所以表面磁光克尔效应已经被广泛地应用在磁性薄膜的研究中.虽然表面磁光克尔效应的测量结果是克尔旋转角或者克尔椭偏率,并非直接测量磁性样品的磁化强度.但是在一阶近似的情况下,克尔旋转角或者克尔椭偏率均和磁性样品的磁化强度成正比.所以,只需要用振动样品磁强计(VSM)等直接测量磁性样品的磁化强度的仪器对样品进行一次定标,即能获得磁性样品的磁化强度.另外,表面磁光克尔效应实际上测量的是磁性样品的磁滞回线,因此可以获得矫顽力、磁各向异性等方面的信息.

【实验装置】

如图 4-5-9 所示,表面磁光克尔效应实验系统主要由电磁铁系统、光路系统、主机控制系统、光学实验平台以及电脑组成.

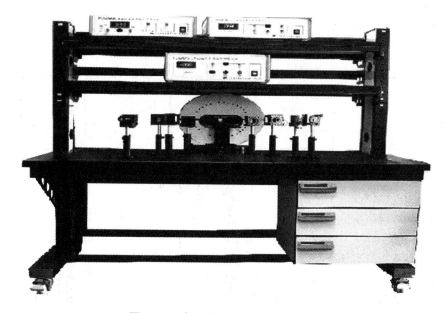

图 4-5-9　表面磁光克尔效应实验系统

1. 电磁铁系统

电磁铁系统主要由 CD 型电磁铁、转台、支架、样品固定座组成.其中 CD 型电磁铁由支架支撑竖直放置在转台上,转台可以每隔 90° 转动定位,同时支架中间的样品固定座也可以 90° 定位转动,这样可以在极向克尔效应和纵向克尔效应之间转换测量.

2. 光路系统

光路系统主要由半导体激光器、可调光阑(两个)、格兰–汤普逊棱镜(两个)、会聚透镜、光电接收器、1/4 波片组成,所有光学元件均通过底座固定于光学试验平台之上.

半导体激光器输出波长为 650 nm,其头部装有调焦透镜,实验时应该调节透镜,使激光光斑打在实验样品上的光点直径最小.

可调光阑采用转盘形式,上面有直径不同 10 个孔.在光电接收器前同样装有可调光阑,这样可以减少杂散光对实验的影响.

格兰–汤普逊棱镜转盘刻度分辨率 1°,配螺旋测微头,测微头量程为 10 mm,测微分辨率为 0.01 mm,转盘将角位移转换为线位移,实验前须对其定标.

会聚透镜为组合透镜.光电接收器为硅光电池,前面装有可调光阑,后面通过连接线与主机相连.1/4 波片光轴方向在外壳上标注,外转盘可以 360° 转动,角度测量分辨率为 1°.

3. 主机控制系统

表面磁光克尔效应实验系统控制主机主要由前置放大器部分、克尔信号部分和扫描电源部分组成.

前置放大器部分由光功率计、特斯拉计、光信号和磁信号前置放大器、激光器电源组成.仪器前面板如图 4-5-10 所示.

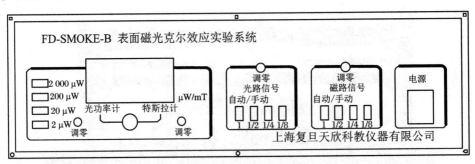

图 4-5-10　SMOKE 光功率计前面板示意图

面板中左边方框为光功率计和特斯拉计,切换使用,光功率计分为 $2\ \mu W$, $20\ \mu W$, $200\ \mu W$, $2\ 000\ \mu W$ 四挡切换,表头采用三位半数字电压表.光功率计用来测量激光器输出光功率大小,以及通过布儒斯特定律来确定格兰-汤普逊棱镜的起偏方向.特斯拉计单位为毫特.中间两个增益调节方框通过四挡切换分别调节光路信号和磁路信号的放大倍数,当左边标"1"倍放大的琴键开关按下去时为自动挡,即通过电脑自动扫描,磁路信号中也相同.

如图 4-5-11 所示,为 SMOKE 前置放大器后面板示意图,最左边方框为电源插座,上部"磁路输入"将放置在磁场中的霍尔传感器输出的信号按照对应颜色接入 SMOKE 光功率计控制主机中,同样地,"光路输入"将光电接收器中的输出的光信号接入 SMOKE 光功率计控制主机进行前置放大.下部"磁路输出"和"光路输出"分别用五芯航空线接入 SMOKE 克尔信号控制主机后面板中的"磁信号"和"光信号".探测器输入通过另外一根音频线可以将探测器检测的光信号送入光功率计中显示(注意,这时主要用来检测光信号,属于手动调节,如果需要电脑采集时,必须将探测器信号送入"光路输入")."DC3V 输出"用作激光器电源.

克尔信号控制主机主要将经过前置放大的光信号和磁路信号进行放大处理并显示出来,另外内有采集卡通过串行口将扫描信号与计算机进行通信.

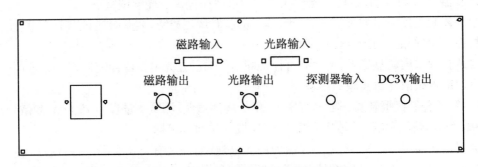

图 4-5-11　SMOKE 光功率计后面板示意图

SMOKE 克尔信号控制主机前面板如图 4-5-12 所示,左边方框内三位半表显示克尔信号(切换时可以显示磁路信号),单位为"伏特"(V),实验中应该调节放大增益使初始信号显示 1.25 V 左右(具体原因见调节步骤).中间方框上面一排,通过中间"光路-磁路"两波段开关可以在左边表中切换显示光路信号和磁路信号,同时对应左右两边"光路电平"和"磁路电平"电位器可以调节初始光路信号和磁路信号的电平大小(实验时要求光路信号和磁路信号都显示在 1.25 V 左右).下排中"光路幅度"电位器为光信号后级放大增益调节.右边"光路输入"和"磁路输入"五芯航空插座与 SMOKE 克尔信号控制主机后面板"光信号"和"磁信号"五芯航空插座具有同样作用,平时只需接入后面板即可.

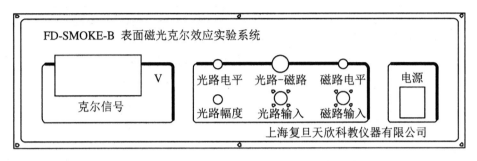

图 4-5-12 SMOKE 克尔信号控制主机前面板示意图

SMOKE 克尔信号控制主机后面板如图 4-5-13 所示,左边为 220 V 电源插座,"光信号"和"磁信号"五芯航空插座与 SMOKE 光功率计控制主机后面板"光路输出"和"磁路输出"分别用五芯航空线相连."控制输出"和"换向输出"分别用五芯航空线与 SMOKE 磁铁电源主机后面板"控制输入"和"换向输出"相连."串口输出"通过九芯串口线与电脑相连.

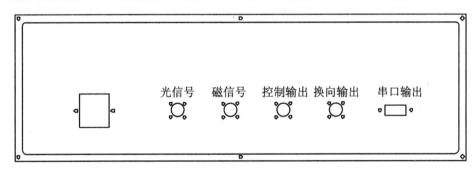

图 4-5-13 SMOKE 克尔信号控制主机后面板

磁铁电源控制主机主要提供电磁铁的扫描电源.前面板如图 4-5-14 所示,左边方框中表头显示磁场扫描电流,单位为"安培"(A),右边方框内上排"电流调节"电位器可以调节磁铁扫描最大电流,"手动-自动"两波段开关可以左右切换选择手动扫描和电脑自动扫描."磁场换向"开关选择初始扫描时磁场的方向."输出+"和"输出-"接线柱与后面板"电流输出"两个红黑接线柱具有同等作用,实验中只接后面板的即可.

如图 4-5-15 所示,为 SMOKE 磁铁电源控制主机后面板示意图,最左边为 220 V 交流电源插座,"电流输出"接线柱与电磁铁相连."控制输入"和"换向输入"通过五芯航空线与 SMOKE 克尔信号控制主机后面板"控制输出"和换向输出"分别相连."20 V 40 V"两波段开关为扫描电压上限,拨至"20 V"磁铁电源最大扫描电压为"20 V",此时最大扫描电流为"8 A",拨至"40 V"磁铁电源最大扫描电压为"40 V",此时最大扫描电流为"12 A".

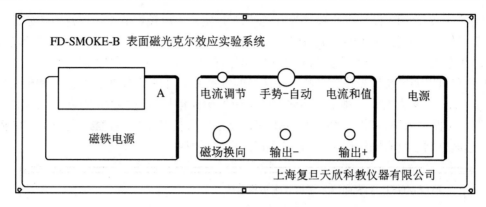

图 4-5-14　SMOKE 克尔信号控制主机后面板

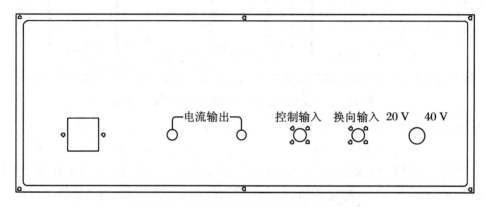

图 4-5-15　SMOKE 克尔信号控制主机后面板

4. 光学实验平台部分

FD-SMOKE-B 型表面磁光克尔效应实验系统实验平台采用标准实验操作台,台面采用铝合金氧化的光学平板,中间装有减震橡胶.光学元件通过底座与台面可以自由固定.

【实验内容与操作步骤】

1. 仪器连接

(1) 将 SMOKE 光功率计控制主机前面板上激光器"DC3V"输出通过音频线与半导体激光器相连,将光电接收器与 SMOKE 光功率计控制主机后面板的"光路输入"相连,注意连接线一端为三通道音频插头接光电接收器,另外一端为绿、黄、黑三色标志插头与对应颜色的插座相连.将霍尔传感器探头一端固定在电磁铁支撑架上(注意霍尔传感器的方向),另外一端与 SMOKE 光功率计控制主机后面板"磁路输入"相连,注意"磁路输入"也有四种颜色区分不同接线柱,对应接入即可.将"磁路输出"和"光路输出"分别用五芯航空线与 SMOKE 克尔信号控制主机后面板的"磁信号"和"光信号"输入端相连.

(2) 将 SMOKE 克尔信号控制主机后面板上"控制输出"和"换向输出"分别与 SMOKE 磁铁电源控制主机后面板上"控制输入"和"换向输入"用五芯航空线相连.用九芯串口线将

"串口输出"与电脑上串口输入插座相连.

（3）将 SMOKE 磁铁电源控制主机后面板上的电流输出与电磁铁相连,"20 V　40 V"波段开关拨至"20 V"（只有在需要大电流情况下才拨至"40 V"）.

（4）接通三个控制主机的 220 V 电源,开机预热 20 min.

2．样品放置

本仪器可以测量磁性样品,如铁、钴、镍及其合金.实验时将样品做成长条状,即易磁轴与长边方向一致.将实验样品用双面胶固定在样品架上,并把样品架安放在磁铁固定架中心的孔内.这样可以实现样品水平方向的转动,以及实现极克尔效应和纵向克尔效应的转换.在磁铁固定架的一端有一个手柄,当放置好样品时,可以旋紧螺丝.这样可以固定样品架,防止加磁场时,样品位置有轻微的变化,影响克尔信号的检测.

3．光路调整

（1）在入射光光路中,可以依次放置激光器、可调光阑、起偏棱镜（格兰-汤普逊棱镜）,调节激光器前端的小镜头,使打在样品上的激光斑越小越好,并调节起偏棱镜使其起偏方向与水平方向一致（仪器起偏棱镜方向出厂前已经校准,参考上面标注角度）,这样能使入射线偏振光为 p 光.另外通过旋转可调光阑的转盘,使入射激光斑直径最小.

（2）在反射接收光路中,可以依次放置可调光阑、检偏棱镜、双凸透镜和光电检测装置.因为样品表面平整度的影响,所以反射光光束发散角已经远远大于入射光束,调节小孔光阑,使反射光能够顺利进入检偏棱镜.在检偏棱镜后,放置一个长焦距双凸透镜,该透镜作用是使检偏棱镜出来的光汇聚,以利于后面光电转换装置测量到较强的信号.光电转换装置前部是一个可调光阑,光阑后装有一个波长为 650 nm 的干涉滤色片.这样可以减少外界杂散光的影响,从而提高检测灵敏度.滤色片后有硅光电池,将光信号转换成电信号并通过屏蔽线送入控制主机中.

（3）起偏棱镜和检偏棱镜同为格兰-汤普逊棱镜,机械调节结构也相同.它由角度粗调结构和螺旋测角结构组成,并且两种结构合理结合,通过转动外转盘,可以粗调棱镜偏振方向,分辨率为 1°,并且外转盘可以 360° 转动.当需要微调时,可以转动转盘侧面的螺旋测微头,这时整个转盘带动棱镜转动,实现由测微头的线位移转变为棱镜转动的角位移.因为测微头精度为 0.01 mm,这样通过外转盘的定标,就可以实现角度的精密测量.通过检测,这种角度测量精度可以达到 1.9 分左右,因为每个转盘有加工误差,所以具体转动测量精度须通过定标测量得到.

（4）实验时,通过调节起偏棱镜使入射光为 p 光,即偏振面平行于入射面.接着设置检偏棱镜,首先粗调转盘,使反射光与入射光正交,这时光电检测信号最小（在信号检测主机上电压表可以读出）,然后转动螺旋测微头,设置检偏棱镜偏离消光位置 1°~2°（具体解释见原理部分）.然后调节信号 SMOKE 光功率计控制主机上的光路增益调节电位器和 SMOKE 克尔信号控制主机上"光路电平"以及"光路幅度"电位器,使输出信号幅度在 1.25 V 左右.

（5）调节信号 SMOKE 光功率计控制主机上的磁路增益调节电位器和 SMOKE 克尔信号控制主机上"磁路电平"电位器,使磁路信号大小为 1.25 V 左右.这样做是因为采集卡的采集信号范围是 0~2.5 V,光路信号和磁路信号都调节在 1.25 V 左右,软件显示正好处于界面中间.

4．实验操作

（1）将 SMOKE 励磁电源控制主机上的"手动-自动"转换开关指向手动挡，调节"电流调节"电位器，选择合适的最大扫描电流．因为每种样品的矫顽力不同，所以最大扫描电流也不同，实验时可以首先大致选择，观察扫描波形，然后再细调．通过观察励磁电源主机上的电流指示，选择好合适的最大扫描电流，然后将转换开关调至"自动"挡．

（2）打开"表面磁光克尔效应实验软件"，在保证通信正常的情况下，设置好"扫描周期"和"扫描次数"，进行磁滞回线的自动扫描．也可以将励磁电源主机上的"手动-自动"转换开关指向手动挡，进行手动测量，然后描点作图．

（3）如果需要检测克尔椭偏率时，按照图 4-5-7 的光路图，在检偏棱镜前放置 1/4 波片，并调节 1/4 波片的主轴平行于入射面，调整好光路后进行自动扫描或者手动测量，这样就可以检测克尔椭偏率随磁场变化的曲线．

第 5 单元　磁共振技术

引　言

　　磁共振定义为具有磁矩的物质,在恒定的磁场作用下对电磁辐射能的共振吸收现象.磁共振吸收谱在射频和微波波段范围内,是物质的整个电磁波谱中的长波部分,它构成了波谱学中的最重要部分.物体内的磁矩可以来自电子自旋,也可以是核自旋,因此有不同的磁共振,但共振现象是一样的,可以用共同的理论去处理,因此将各种磁共振技术合为一个实验大类.

　　物质在恒定磁场和高频交变电磁场的共同作用下,在某一频率附近产生对高频电磁场的共振吸收现象,在恒定外磁场作用下物质发生磁化,物质中的磁矩要绕外磁场进动.若产生磁共振的是顺磁体中的外层电子的能级跃迁,则称为电子顺磁共振;若磁矩是原子核的自旋磁矩,则称为核磁共振.若铁磁体中的磁场在外磁场中周期性进动,则称为铁磁共振.电子顺磁共振波谱技术是现代高新技术材料的性能测试手段之一,是一项检测具有未成对电子样品的波谱方法,最初是物理学家用来研究某些复杂原子的电子结构、晶体结构、原子偶极矩及分子结构等问题,后来化学家和生物学家把 ESR 技术引入化学和生物学领域,用来阐明复杂的有机化合物中的化学键和电子密度分布以及动植物中存在自由基等问题.

　　我国近十几年在电子顺磁共振技术领域取得了显著的发展,中国科学技术大学杜江峰教授和他的学生在安徽合肥创办了以电子顺磁共振技术精密测量为核心技术的创新企业,将电子顺磁共振波谱技术应用各种量子精密测量和量子计算,深化了国产高端仪器创新能力,为我国电子顺磁共振波谱技术领域积累了雄厚的先进技术储备,解决了国产精密仪器的"卡脖子"技术环节,他们研发的各种不同功能的顺磁共振波普仪均为国内首台,填补了国内多项空白.

实验 5-1　微波顺磁共振

　　顺磁共振又称电子自旋共振.电子顺磁共振是指处于恒定磁场中的电子自旋磁矩在射频电磁场作用下发生的一种磁能级间的共振跃迁现象.这种共振跃迁现象只能发生在原子的固有磁矩不为零的顺磁材料中,称为电子顺磁共振.1944 年由苏联的柴伏依斯基首先发现.它与核磁共振(NMR)现象十分相似,所以 1945 年 Purcell、Paund、Bloch 和 Hanson 等提出的 NMR 实验技术后来也被用来观测 ESR 现象. 由于电子的磁矩比核磁矩大得多,在同样的磁场下,顺磁共振的灵敏度也比核磁共振高得多. 在微波和射频范围内都能观察到电子自旋共振现象,本实验使用微波进行电子顺磁共振实验.

ESR 已被成功地应用于顺磁物质的研究,目前它在化学、物理、生物和医学等各方面都获得了极其广泛的应用. 例如发现过渡族元素的离子,研究半导体中的杂质和缺陷、离子晶体的结构、金属和半导体中电子交换的速度以及导电电子的性质等. 所以,ESR 也是一种重要的近代物理实验技术.

【实验目的】

(1) 研究、了解微波波段电子顺磁共振现象.
(2) 了解、掌握微波仪器和器件的应用.
(3) 测量 DPPH 中的 g 因子.
(4) 从矩形谐振腔长度的变化,进一步理解谐振腔中 TE_{10} 波形成驻波的情况.
(5) 利用样品有机自由基 DPPH 在谐振腔中的位置变化,探测微波磁场的情况.

【实验原理】

本实验有关物理理论方面的原理请参考有关"电子自旋(顺磁)共振"实验"微波参数测量"实验等有关章节.

在外磁场 B_0 中,电子自旋磁矩与 B_0 相互作用,产生能级分裂,其能量差为

$$\Delta E = g\mu_B B_0 \tag{5-1-1}$$

其中 g 为自由电子的朗德因子,$g = 2.0023$.

在与 B_0 垂直的平面内加一频率为 ν 的微波磁场 B_1,当 ν 满足

$$h\nu = g\mu_B B_1 \tag{5-1-2}$$

时,处于低能级的电子就要吸收微波磁场的能量,在相邻能级间发生共振跃迁,这就是微波顺磁共振.

在热平衡时,上下能级的粒子数遵从玻尔兹曼分布

$$\frac{N_1}{N_2} = e^{-\frac{\Delta E}{KT}} \tag{5-1-3}$$

由于磁能级间距很小,$\Delta E \ll KT$,上式可以写成

$$\frac{N_1}{N_2} = 1 - \frac{\Delta E}{KT} \tag{5-1-4}$$

由于 $\Delta E/KT > 0$,因此 $N_2 < N_1$,即上能级上的粒子数应稍低于下能级的粒子数. 由此可知,外磁场越强,射频或微波场频率 f 越高,温度越低,则粒子差数越大. 因为微波波段的频率比射频波波段高得多,所以微波顺磁共振的信号强度比较高. 此外,微波谐振腔具有较高的 Q 值,因此微波顺磁共振有较高的分辨率.

微波顺磁共振有通过法和反射法. 反射法是利用样品所在谐振腔对于入射波的反射状况随着共振的发生而变化,因此,观察反射波的强度变化就可以得到共振信号. 反射法利用微波器件魔 T 来平衡微波源的噪声,所以有较高的灵敏度.

为了观察共振信号,通常采用调场法,即在直流磁场 B_D 上叠加一个交变调场 $B_A\cos(\omega t)$,这样样品上的外磁场为 $B=B_D+B_A\cos(\omega t)$.当磁场扫过共振点,满足

$$B=\frac{hf}{g\mu_B} \tag{5-1-5}$$

时,发生共振,改变谐振腔的输出功率或反射状况,通过示波器显示共振信号.

【实验装置】

实验装置由磁共振实验仪和电磁铁系统、微波系统、特斯拉计和示波器等组成,如图 5-1-1 所示.

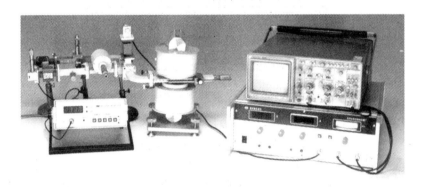

图 5-1-1　微波顺磁共振实验系统

1. 电磁铁系统

由电磁铁和磁共振实验仪组成,用于产生外磁场 $B=B_D+B_A\cos(\omega t)$,并且有检波装置.励磁电源接到电磁铁直流绕组产生 B_D,通过调整励磁电流改变 B_D.调场电源接到电磁铁交流绕组产生 $B_A\cos(\omega t)$,并经过相移电路接到示波器 x 轴输入端.

2. 微波系统

(1) 3 cm 固态信号源:产生 8.6~9.6 GHz 的微波信号.

(2) 隔离器:使微波信号从输入端进时衰减量很小,而反方向传输时衰减量很大.起隔离微波源与负载的作用.可变衰减器:用于调整输入功率.

(3) 波长计:用来测量微波波长.使用时调整螺旋测微计,在示波器上会出现吸收峰,或微安表指示大幅度下降,根据螺旋测微计的读数查表,即可得到吸收峰处的微波频率.

(4) 调配器:使两种不同阻抗的微波器件达到匹配的可调器件.匹配就是将输入的波完全吸收,没有反射.

(5) 检波器:用来测量微波信号在被测点的强度.

(6) 谐振腔:本实验使用 TE 型谐振腔,如图 5-1-2 所示,腔内形成驻波,将样品置于驻波磁场最强的地方,才能出现磁共振.微波从腔的一端进入,另一端是一个活塞,用来调节腔长,以产生驻波.腔内装有样品,样品位置可沿腔长方向调整.

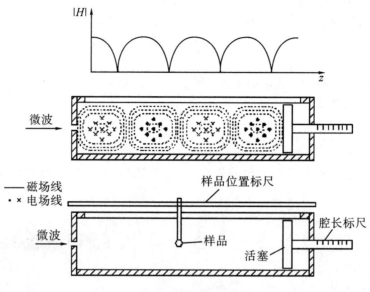

图 5-1-2　谐振腔示意图

（7）DPPH 样品：密封在细尼龙管中，置于谐振腔内.

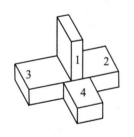

图 5-1-3　魔 T 示意图

（8）魔 T：它有 4 个臂，相对臂之间是互相隔离的，如图 5-1-3 所示.当 4 个臂都匹配时，微波从臂 4 进入，则等分进入相邻两臂（2,3），而不进入相对的臂 1；但当相邻两臂（2,3）有微波反射时，则能进入相对的臂 1.这样将臂 3 接谐振腔，臂 2 接匹配器，臂 1 接检波器，当样品产生磁共振吸收，微波能量改变魔 T 匹配状态时，就有微波从谐振腔反射回来进入检波器.

（9）示波器：观测共振信号.

（10）特斯拉计：测量静磁场强度.

【实验步骤】

1. 实验准备

（1）按图 5-1-1 将实验装置连接好.打开 3 cm 固态波信号源的电源，"工作状态"置"连续"挡.预热 10 min.

（2）用特斯拉计测量电磁铁的磁感应强度与工作电流的关系曲线，调节电磁铁电流从 0.5 A 开始逐步增加，每隔 0.1 A 测一次，测到电流增加至 2.2 A，再逐步降低电流重测一次，记录所测数据.

（3）把微波顺磁共振仪上检波/扫频按钮按下，使共振仪处在检波位置.调节信号源的频率，同时用波长计测频率，直到将频率调到 9.37 GHz 为止.

（4）将谐振腔活塞调到适当位置，使腔体的吸收峰与波长计的吸收峰重合，调好后谐振腔活塞的位置固定，不再旋动.样品位置调到 88～90 mm 范围.

（5）微调样品位置，使检波电流最小.此时样品位于谐振腔中微波磁场最强位置.

2. ESR 信号的观测

（1）将顺磁共振仪上检波/扫频按钮按起，调节电磁铁的电流大小，顺时针旋转扫场旋钮到最大.调整示波器为 XY 工作方式，两通道都置"AC"挡，X 灵敏度置 1 V/DIV，Y 灵敏度置 0.5 V/DIV，打开示波器.

（2）将在 1.5～2.1 A 范围内仔细调整励磁电流，使示波器显示共振峰，调整调配器，使共振峰重合.在此过程中，需要调整示波器和衰减器，使示波器能够清晰显示共振峰.衰减器不要调得过小，一般不低于 3，以保护检波器.

（3）调整扫场电源的相位，使两共振峰重合.调整励磁电流使共振峰居中.记录励磁电流值.在步骤（1）所测的 H-I 曲线上查找该电流对应的磁场.

（4）（选做）移动样品位置，测出各共振信号出现的位置 $z_1, z_2, z_3, \cdots$.

3. 测量 g 因子

首先找到共振信号，然后测出共振时的磁场 H_0 和共振频率 f，由公式 $g = 7.145 \times 10^{-7}$ $\cdot \dfrac{f(\mathrm{Hz})}{H(\mathrm{Gs})}$，计算 g 因子.

4. 测量共振线宽

测量共振线宽，采用磁场定标法：因共振吸收曲线在 x 轴上是以时间为标度的，而共振线宽是用 ΔH 来表示的，故须把时间标度换成磁场标度，具体做法是：先将共振峰调至示波器的中心.此后示波器的放大倍数衰减都应不变，记下共振曲线的半高度的宽度 l（在示波器屏上的格数），改变稳恒磁场使共振峰平移 x（在屏上的格数）并记下峰值所对应的电流 i_1 和 i_2，再由 H-I 曲线上找出对应的 H_1 和 H_2，则 $\dfrac{|H_1 - H_2|}{x}$，即 x 轴向上每格代表的毫特值，这就是磁场定标.因此共振线宽为

$$\Delta H = \frac{|H_1 - H_2|}{x} l \tag{5-1-6}$$

【数据处理】

（1）用步骤（2）中测量的磁感强度与工作电流关系曲线的数据作 H-I 曲线.

（2）由公式 $g = 7.145 \times 10^{-7} \dfrac{f}{H}$，计算 g 因子.

（3）用式（5-1-6）测共振线宽 ΔH.

（4）（选做）求波导波长 λ_g.

$$\lambda_g = 2(z_{n+1} - z_n) \tag{5-1-7}$$

将上式中 λ_g 代入下式

$$\lambda = \frac{\lambda_g}{\sqrt{1 + \left(\dfrac{\lambda_g}{2a}\right)}} \tag{5-1-8}$$

计算自由空间波长 λ，并与由波长表测量所得到的 λ 相比较，计算误差，其中波导宽度

$a = 22.8$ mm.

【思考题】

(1) 本实验中谐振腔的作用是什么？谐振腔的中心频率的是什么？

(2) 样品应位于什么位置？为什么？

(3) 在微波段 ESR 实验中,应怎样调节微波系统才能搜索到共振信号？为什么？

实验 5-2   核 磁 共 振

核磁共振(NMR)就是指处于某个静磁场中物质的原子核系统受到相应频率的电磁辐射时,在它们的磁能级之间发生的共振跃迁现象.它自问世以来已在物理、化学、生物、医学等方面获得广泛应用,是测定原子的核磁矩和研究核结构的直接而准确的方法,也是精确测量磁场的重要方法之一.

【实验目的】

(1) 了解核磁共振的基本原理和实验方法.

(2) 测量氢核^{1}H 的旋磁比和 g 因子.

(3) 测量氟核^{19}F 的旋磁比和 g 因子.

【实验原理】

其原理可从两个角度阐明.

◎ 量子力学观点

1. 单个核的磁共振

实验中以氢核为研究对象.

若将原子核的总磁矩 $\boldsymbol{\mu}$ 与角动量 $\boldsymbol{P}$ 之比用一个称之为旋磁比的系数 γ 来表示的话,它们之间关系可写成

$$\boldsymbol{\mu} = \gamma \boldsymbol{P} \tag{5-2-1}$$

对于质子,式中 $\gamma = \dfrac{g_N e}{2m_p}$,其中 e 为质子电荷,m_p 为质子质量,g_N 为核的朗德因子.按照量子力学,原子核角动量的大小由下式决定:

$$P = \sqrt{I(I+1)}\hbar \tag{5-2-2}$$

式中 $\hbar$ 为约化普朗克常数，I 为核自旋量子数，对于氢核 $I=\frac{1}{2}$.

把氢核放在外磁场 $\boldsymbol{B}$ 中，取坐标轴 z 方向为 $\boldsymbol{B}$ 的方向，核角动量在 $\boldsymbol{B}$ 方向的投影值由下式决定：

$$P_z = m\hbar \tag{5-2-3}$$

式中 m 为核的磁量子数，可取 $m=I, I-1, \cdots, -I$. 对于氢核，$m=-\frac{1}{2}, \frac{1}{2}$，核磁矩在 $\boldsymbol{B}$ 方向的投影值

$$\mu_z = \gamma P_z = g_N \frac{e}{2m_p} m\hbar = g_N\left(\frac{e\hbar}{2m_p}\right)m \tag{5-2-4}$$

将之写为

$$\mu_z = g_N \mu_N m \tag{5-2-5}$$

式中 $\mu_N = \frac{e\hbar}{2m_p} = 5.050\,787 \times 10^{-27}$ J/T，称为核磁子，用作核磁矩的单位. 磁矩为 $\boldsymbol{\mu}$ 的原子核在恒定磁场中具有势能

$$E = -\boldsymbol{\mu} \cdot \boldsymbol{B} = -\mu_z B = -g_N \mu_N m B \tag{5-2-6}$$

任何两个能级间能量差为

$$\Delta E = E_{m_1} - E_{m_2} = -g_N \mu_N B(m_1 - m_2) \tag{5-2-7}$$

根据量子力学选择定则，只有 $\Delta m = \pm 1$ 的两个能级之间才能发生跃迁，其能量差为

$$\Delta E = g_N \mu_N B \tag{5-2-8}$$

若实验时外磁场为 $\boldsymbol{B}_0$，用频率为 ν_0 的电磁波照射原子核，如果电磁波的能量 $h\nu_0$ 恰好等于氢原子核两能级能量差，即

$$h\nu_0 = g_N \mu_N B_0 \tag{5-2-9}$$

则氢原子核就会吸收电磁波的能量，由 $m=\frac{1}{2}$ 的能级跃迁到 $m=-\frac{1}{2}$ 的能级，这就是核磁共振吸收现象. 式(5-2-9)为核磁共振条件. 为使用上的方便，常把它写为

$$\nu_0 = \left(\frac{g_N \mu_N}{h}\right)B_0 \quad \text{或} \quad \omega_0 = \gamma B_0 \tag{5-2-10}$$

上式为本实验的理论公式. 对于氢核，$\gamma_H = 2.675\,22 \times 10^2$ MHz/T.

2. 核磁共振信号强度

实验所用样品为大量同类核的集合. 由于低能级上的核数目比高能级上的核数目略微多些，但低能级上参与核磁共振吸收未被共振辐射抵消的核数目很少，所以核磁共振信号非常微弱.

推导可知，T 越低，B_0 越高，则共振信号越强，因而核磁共振实验要求磁场强些. 另外，还需磁场在样品范围内高度均匀，若磁场不均匀，则信号被噪声所淹没，难以观察到核磁共振信号.

◎ 经典理论观点

1. 单个核的拉摩尔进动

具有磁矩 $\boldsymbol{\mu}$ 的原子核放在恒定磁场 $\boldsymbol{B}_0$ 中，设核角动量为 $\boldsymbol{P}$，则由经典理论可知

$$\frac{\mathrm{d}\boldsymbol{P}}{\mathrm{d}t} = \boldsymbol{\mu} \times \boldsymbol{B}_0 \tag{5-2-11}$$

将式(5-2-1)代入式(5-2-11)得

$$\frac{\mathrm{d}\boldsymbol{\mu}}{\mathrm{d}t} = \gamma(\boldsymbol{\mu} \times \boldsymbol{B}_0) \tag{5-2-12}$$

由推导可知核磁矩 $\boldsymbol{\mu}$ 在静磁场 $\boldsymbol{B}_0$ 中的运动特点如下:

(1) 围绕外磁场 $\boldsymbol{B}_0$ 做进动,进动角频率 $\omega_0 = \gamma B_0$,跟 $\boldsymbol{\mu}$ 和 $\boldsymbol{B}_0$ 间夹角 θ 无关;

(2) 它在 xy 平面上的投影 $\mu_\perp$ 是一常数;

(3) 它在外磁场 $\boldsymbol{B}_0$ 方向上的投影 μ_z 为常数.

如果在与 $\boldsymbol{B}_0$ 垂直的方向上加一个旋转磁场 $\boldsymbol{B}_1$,且 $B_1 \ll B_0$,设 $\boldsymbol{B}_1$ 的角频率为 ω_1,当 $\omega_1 = \omega_0$ 时,则旋转磁场 $\boldsymbol{B}_1$ 与进动着的核磁矩 $\boldsymbol{\mu}$ 在运动中总是同步的. 可设想建立一个旋转坐标系 $x'y'z'$,z' 与固定坐标系 xyz 的 z 轴重合,x' 与 y' 以角速度 ω_1 绕 z 轴旋转,则从旋转坐标系来看,$\boldsymbol{B}_1$ 对 $\boldsymbol{\mu}$ 的作用恰似恒定磁场,它必然要产生一个附加转矩. 因此 $\boldsymbol{\mu}$ 也要绕 $\boldsymbol{B}_1$ 做进动,使 $\boldsymbol{\mu}$ 与 $\boldsymbol{B}_0$ 间夹角 θ 发生变化. 由核磁矩的势能公式

$$E = -\boldsymbol{\mu} \cdot \boldsymbol{B} = -\mu B \cos\theta \tag{5-2-13}$$

可知,θ 的变化意味着磁势能 E 的变化. 这个改变是以所加旋转磁场的能量变化为代价的. 即当 θ 增加时,核要从外磁场 $\boldsymbol{B}_1$ 中吸收能量,这就是核磁共振现象. 共振条件是

$$\omega_1 = \omega_0 = \gamma B_0 \tag{5-2-14}$$

这一结论与量子力学得出的结论一致.

如果外磁场 $\boldsymbol{B}_1$ 的旋转速度 $\omega_1 \neq \omega_0$,则 θ 角变化不显著,平均起来变化为零,观察不到核磁共振信号.

2. 布洛赫方程

上面讨论的是单个核的核磁共振,但实验中观察到的现象是样品中磁化强度矢量 $\boldsymbol{M}$ 变化的反映,所以必须研究 $\boldsymbol{M}$ 在外磁场 $\boldsymbol{B}$ 中的运动方程.

在核磁共振时,有两个过程同时起作用:一是受激跃迁,核磁矩系统吸收电磁波能量,其效果是使上下能级的粒子数趋于相等;一是弛豫过程,核磁矩系统把能量传与晶格,其效果是使粒子数趋向于热平衡分布. 这两个过程达到一个动态平衡,于是粒子差数稳定在某一新的数值上,我们可以连续地观察到稳态的吸收.

现在首先研究磁场对 $\boldsymbol{M}$ 的作用. 在外磁场 $\boldsymbol{B}$ 作用下,可得

$$\frac{\mathrm{d}\boldsymbol{M}}{\mathrm{d}t} = \gamma(\boldsymbol{M} \times \boldsymbol{B}) \tag{5-2-15}$$

可导出 $\boldsymbol{M}$ 围绕 $\boldsymbol{B}$ 做进动,进动角频率 $\omega = \gamma B$. 假定外磁场 $\boldsymbol{B}$ 沿 z 轴方向,再沿 x 轴方向加一线偏振磁场

$$\boldsymbol{B}_1 = 2B_1 \cos(\omega t)\boldsymbol{e}_x \tag{5-2-16}$$

$\boldsymbol{e}_x$ 为沿 x 轴的单位矢量,$2B_1$ 为振幅. 根据振动理论,该线偏振场可看作左旋圆偏振场和右旋圆偏振场的叠加,只有当圆偏振场的旋转方向与进动方向相同时才起作用. 对于 γ 为正的系统,只有顺时针方向的圆偏振场起作用. 以此为例,$B_1 = B_{1顺}$. 则 $\boldsymbol{B}_1$ 在坐标轴的投影为

$$B_{1x} = B_1 \cos(\omega t) \tag{5-2-17}$$

$$B_{1y} = B_1 \sin(\omega t) \tag{5-2-18}$$

当旋转磁场 $\boldsymbol{B}_1$ 不存在且自旋系统与晶格处于热平衡时,$\boldsymbol{M}$ 只有沿外磁场 z 方向的分量

M_z,而 $M_x = M_y = 0$,则

$$M_z = M_0 = \chi_0 H = \chi_0 B/\mu_0 \tag{5-2-19}$$

式中 χ_0 为静磁化率,μ_0 为真空磁导率,M_0 为自旋系统与晶格达到热平衡时的磁化强度.

其次考虑弛豫对 M 的影响.核磁矩系统吸收了旋转磁场的能量后,处于高能态的核数目增大($M_z < M_0$),偏离了热平衡态.由于自旋与晶格的相互作用,晶格将吸收核的能量,使核跃迁到低能态而向热平衡过渡,表示这个过渡的特征时间称为纵向弛豫时间,以 T_1 表示.假设 M_z 向平衡值 M_0 过渡的速度与 M_z 偏离 M_0 的程度($M_z - M_0$)成正比,则 M_z 的运动方程可写成

$$\frac{\mathrm{d}M_z}{\mathrm{d}t} = \frac{-(M_z - M_0)}{T_1} \tag{5-2-20}$$

此外,自旋和自旋间也存在相互作用,对每个核而言,都受邻近其他核磁矩所产生局部磁场的作用,而这个局部磁场对不同的核稍有不同,因而使每个核的进动角频率也不尽相同.假若某时刻所有的核磁矩在 xy 平面上的投影方向相同,由于各个核的进动角频率不同,经过一段时间 T_2 后,各个核磁矩在 xy 平面上的投影方向将变为无规则分布,从而使 M_x 和 M_y 最后变为零.T_2 称为横向弛豫时间.与 M_z 类似,假设 M_x 和 M_y 向零过渡的速度分别与 M_x 和 M_y 成正比,则运动方程可写成

$$\begin{cases} \dfrac{\mathrm{d}M_x}{\mathrm{d}t} = -\dfrac{M_x}{T_2} \\ \dfrac{\mathrm{d}M_y}{\mathrm{d}t} = \dfrac{M_y}{T_2} \end{cases} \tag{5-2-21}$$

同时考虑磁场 $B = B_0 + B_1$ 和弛豫过程对磁化强度 M 的作用,如果假设各自的规律性不受另一因素影响,由式(5-2-15)、式(5-2-17)~式(5-2-19)、式(5-2-21),就可简单地得到描述核磁共振现象的基本运动方程

$$\frac{\mathrm{d}M}{\mathrm{d}t} = \gamma M \times B - \frac{1}{T_2}(M_x i + M_y j) - \frac{1}{T_1}(M_z - M_0)k \tag{5-2-22}$$

该方程称为布洛赫方程,其中 $B = i B_1 \cos(\omega t) - j B_1 \sin(\omega t) + k B_0$.方程(5-2-22)的分量式为

$$\begin{cases} \dfrac{\mathrm{d}M_x}{\mathrm{d}t} = \gamma[M_y B_0 + M_z B_1 \sin(\omega t)] - \dfrac{M_x}{T_2} \\ \dfrac{\mathrm{d}M_y}{\mathrm{d}t} = \gamma[M_z B_1 \cos(\omega t) - M_x B_0] - \dfrac{M_y}{T_2} \\ \dfrac{\mathrm{d}M_z}{\mathrm{d}t} = -\gamma[M_x B_1 \sin(\omega t) + M_y B_1 \cos(\omega t)] - \dfrac{1}{T}(M_z - M_0) \end{cases} \tag{5-2-23}$$

在各种条件下解上述方程,可以解释各种核磁共振现象.一般来说,对液体样品是相当正确的,而对固体样品不很理想.本实验中,氢样品的实验结果就比氟样品精确.

建立旋转坐标系 $x'y'z'$,B_1 与 x' 重合,$M_\perp$ 为 M 在 xy 平面内的分量,u 和 $-v$ 分别为 $M_\perp$ 在 x' 和 y' 方向上的分量.推导可知 M_z 的变化是 v 的函数而非 u 的函数,而 M_z 的变化表示核磁化强度矢量的能量变化,所以 v 的变化反映了系统能量的变化.如果磁场或频率的变化十分缓慢,可得稳态解

$$\begin{cases} u = \dfrac{\gamma B_1 T_2^2 (\omega_0 - \omega) M_0}{1 + T_2^2 (\omega_0 - \omega)^2 + \gamma^2 B_1^2 T_1 T_2} \\[3mm] v = \dfrac{\gamma B_1 M_0 T_2}{1 + T_2^2 (\omega_0 - \omega)^2 + \gamma^2 B_1^2 T_1 T_2} \\[3mm] M_z = \dfrac{[1 + T_2^2 (\omega_0 - \omega)] M_0}{1 + T_2^2 (\omega_0 - \omega)^2 + \gamma^2 B_1^2 T_1 T_2} \end{cases} \tag{5-2-24}$$

则可得 u, v 随 ω 变化的函数关系曲线,如图 5-2-1 所示,(a)称为色散信号,(b)称为吸收信号. 可知当外加旋转磁场 $\boldsymbol{B}_1$ 的角频率 ω 等于 $\boldsymbol{M}$ 在磁场 $\boldsymbol{B}_0$ 中进动的角频率 ω_0 时,吸收信号最强,即出现共振吸收.

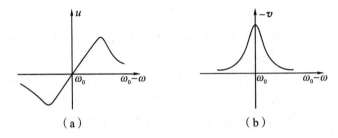

图 5-2-1　核磁共振时的色散信号和吸收信号

此外,在做核磁共振实验时,观察到的共振信号出现"尾波". 这是由于频率调制速度太快,通过共振点的时间比弛豫时间小得多,这时共振吸收信号的形状会发生很大的变化,在通过共振点之后,会出现衰减振荡,这个衰减的振荡称为"尾波". 这种尾波非常有用,因为磁场越均匀,尾波越大. 所以应调节匀场线圈使尾波达到最大.

【实验装置】

核磁共振实验装置由探头、电磁铁及磁场调制系统、磁共振实验仪、外接示波器、频率计数器组成.

1. 磁场

磁场由稳流电源激励电磁铁产生,保证了磁场强度从 0 到几千高斯范围内连续可调. 数字电压表和电流表使得磁场强度的调节得到直观的显示,稳流电源保证了磁场强度的高度稳定.

2. 扫场

观察核磁共振信号有两种方法:扫场法,即旋转磁场 $\boldsymbol{B}_1$ 的频率 ω_1 固定,而让磁场 $\boldsymbol{B}$ 连续变化通过共振区域;扫频法,即磁场 $\boldsymbol{B}$ 固定,让旋转磁场 $\boldsymbol{B}_1$ 的频率 ω_1 连续变化通过共振区域. 两者完全等效,但后者更简单易行. 本实验采用扫频法,在稳恒磁场 B_0 上叠加一个低频调制磁场 $B' = B'_m \sin(\omega' t)$,则样品所在区域的磁场为 $B_0 + B'_m \sin(\omega' t)$. 由于 B'_m 很小,总磁场方向保持不变,只是磁场幅值按调制频率在 $B_0 - B'_m \sim B_0 + B'_m$ 范围内发生周期性变化. 可得相应的拉摩尔进动频率 ω_0 为

$$\omega_0 = \gamma [B_0 + B'_m \sin(\omega' t)] \tag{5-2-25}$$

只要旋转场频率 ω_1 调在 ω_0 附近,同时 $B_0-B'_m\leqslant B\leqslant B_0+B'_m$,则共振条件在调制场的一个周期内被满足两次. 在示波器上将观察到共振吸收信号.

3. 边限振荡器

边限振荡器是指振荡器调节至振荡与不振荡的边缘,当样品吸收能量不同亦即线圈 Q 值改变时,振荡器的振幅将有较大变化. 边限振荡器既可避免产生饱和效应,也使样品中少量的能量吸收引起振荡器振幅较大的相对变化,提高检测共振信号的灵敏度. 当共振时样品吸收增强,振荡变弱,在示波器上就可显示出反映振荡器振幅变化的共振吸收信号.

4. 示波器触发信号的形式——内扫描和外扫描

示波器用内扫描,当射频场角频率 ω_1 调节到 ω_0 附近,且 $B_0-B'_m\leqslant B\leqslant B_0+B'_m$ 时,磁场变化曲线在一周内能观察到两个共振吸收信号. 当对应射频磁场频率发生共振的磁场 B 的值不等于稳恒磁场 B_0 时,出现间隔不等的共振吸收信号. 如图5-2-2(a)所示. 若间隔相等,则 $B=B_0$. 信号相对位置与 B'_m 的幅值无关,如图5-2-2(b)所示. 改变 B 的大小或 B_1 的频率 ω_1,均可使共振吸收信号的相对位置发生变化,出现"相对走动"的现象. 这也是区分共振信号和干扰信号的依据.

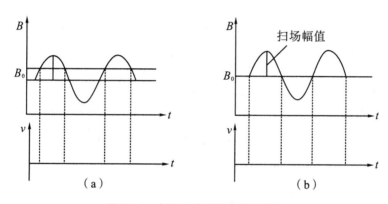

图 5-2-2　扫场法检测共振吸收信号

示波器用外扫描时,即从扫场分出一路,通过移相器接到示波器的水平输入轴,作为外触发信号. 当磁场扫描到共振点时,可在示波器上观察到如图 5-2-3 所示的两个形状对称的信号波形,它对应于磁场 B 一周内发生两次核磁共振. 再细心地把波形调节到示波器荧光屏的中心位置并使两峰重合,此时共振频率和磁场满足 $\omega_0=\gamma B_0$.

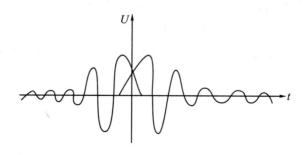

图 5-2-3　对称的共振吸收信号波形

【实验步骤与要求】

(1) 打开系统各仪器(磁共振实验仪、频率计数器、示波器)电源开关,示波器置于外扫描状态,把含质子的样品($CuSO_4$溶液)插入电磁铁均匀磁场中间,预热 20 min.

(2) 缓慢调节磁场电源或频率调节旋钮,直至示波器上出现共振信号.调节样品在磁场中的位置使共振信号最强.

(3) 调节"调相"旋钮,使两波的第一峰重合,并通过调节磁场电流或频率调节旋钮使之位于示波器的中央.此时的 f_H 即为样品在该磁场电流下的共振频率,记录相应数据 I 和 f_H.

(4) 保持磁场电流不变,将示波器改为内扫描状态,微调频率调节旋钮,使共振信号间距相等,此时的 f_H 即为内扫描时样品在该磁场电流下的共振频率,记录相应数据 I 和 f_H.

(5) 改变频率,重复步骤(3),(4),测定样品在其工作范围内不同频率下的共振磁场.

(6) 把原来的含质子样品更换为含氟样品,重复上述步骤(2)~(5).

【数据处理】

(1) 观察氢离子 H^+ 的共振信号,测出 H^+ 的旋磁比 γ_H,并由公式(5-2-10)计算 H^+ 的 g 因子.

(2) 已知 $\gamma_H = 2.675\ 22 \times 10^2$ MHz/T,与前面 γ_H 的结果比较,计算误差.

(3) 观察氢离子 F^+ 的共振信号,从而求出 γ_F 和 g 因子.

(4) 由于已知 $\gamma_H = 2.675\ 22 \times 10^2$ MHz/T,所以只要测出与待测磁场相对应的共振频率 f_H,即可由公式 $B_0 = \dfrac{\omega}{\gamma_H}$ 算出待测磁场强度,式中频率单位为 MHz.可用此方法校准特斯拉计.

【思考题】

(1) 什么叫核磁共振?

(2) 核磁共振中有哪两个过程同时起作用?

(3) 观察核磁共振信号有哪两种方法?并解释之.

(4) 内扫描时,核磁共振信号达到何种形式时,其共振磁场为 B_0?

(5) 如何判断共振信号和干扰信号,为什么?

(6) 当 $\gamma_F = \dfrac{f_F \gamma_H}{f_H}$ 时,为什么含质子样品的共振频率 f_H 和含氟样品的共振频率 f_F 必须在同一磁场电流下测出?

实验 5-3　铁 磁 共 振

铁磁共振(FMR)是指铁磁介质处在频率为 f 的微波电磁场中,当改变外加磁场 H 的大小时,磁畴吸收能量维持进动的共振吸收现象.铁磁共振不仅是磁性材料在微波技术应用上的物理基础,也是研究其他宏观性能与微观结构的有效手段. 它在磁学乃至固体物理学中都占有重要地位,它是微波铁氧体物理学的基础.微波铁氧体在雷达技术和微波通信方面都已经获得重要应用.

在现代,铁磁共振也和电子自旋共振、核磁共振等一样是研究物质宏观性能和微观结构的有效手段.早在 1935 年栗弗席兹等就提出铁磁性物质具有铁磁共振特性,十年后由于超高频技术发展起来,1947 年又观察到多晶铁氧体的铁磁共振现象,以后的工作多采用单晶样品,这是因为多晶样品的共振吸收曲线较宽,又非洛伦兹分布,也不对称,并在许多样品中出现细结构,单晶样品的共振数据易于分析,不仅普遍用来测量 g 因子、共振线宽 ΔH 以及弛豫时间 τ,而且还可以用来测量磁晶各向异性参量.

【实验目的】

(1) 了解铁磁共振的基本原理和实验方法.

(2) 了解、掌握微波仪器和器件的应用.

(3) 通过测定多晶铁氧体 YIG 小球的磁共振谱线,确定共振磁场,根据微波频率计算单晶样品的 g 因子和旋磁比 γ、朗德因子和弛豫时间.

(4) 观察单晶铁氧体 YIG 小球的磁共振谱线,求出共振线宽.

(5) 通过示波器观察 YIG 单晶小球的铁磁共振信号,通过移相器观察单个共振信号,学会用示波器观测确定共振磁场的方法.

(6) 测量已经定向的 YIG 单晶样品共振磁场与 θ 的关系,确定易磁化轴共振磁场 $H_{0[111]}$ 与难磁化轴共振磁场 $H_{0[001]}$ 的大小,计算各向异性常数 K_1 与 g 因子.

【实验原理】

1. 铁磁共振原理与共振线宽的测量

由磁学理论可知,物质的铁磁性主要来源于原子或离子在未满壳层中存在的非成对电子自旋磁矩.一块宏观的铁磁体包括许多磁畴,在每一个磁畴中,自旋磁矩平行排列产生自发磁化,但各个磁畴之间的取向并不完全一致,只有在外加饱和磁场的作用下,铁磁体内部的所有自旋磁矩才趋向同一方向,并围绕着外磁场方向做进动,这时的总磁矩或磁化强度可用 M 表示.其进动方程和进动频率可分别写为

$$\frac{\mathrm{d}\boldsymbol{M}}{\mathrm{d}t} = \gamma \boldsymbol{H} \tag{5-3-1}$$

式中 $\gamma = \dfrac{ge}{2mc}$ 为旋磁比,由于铁磁性反映了电子自旋磁矩的集体行为,取电子的朗德因子 $g = 2$.

上述情况未考虑阻尼作用. 在外加恒磁场作用下,磁矩 $\boldsymbol{M}$ 绕 $\boldsymbol{H}$ 进动不会很久,因为磁介质内部有损耗存在. 实际上铁磁物质的自旋磁矩与周围环境之间必定存在着能量的交换,与晶格或邻近的磁矩存在着某种耦合,使磁化强度矢量 $\boldsymbol{M}$ 的进动受到阻力. 绕着外磁场进动的幅角 θ 会逐渐变小,则 $\boldsymbol{M}$ 最终趋近磁场方向,这个过程就是磁化过程. 磁性介质能被磁化,就说明其内部有损耗,如果要维持其进动,必须另外提供能量. 因此一般来说外加磁场由两部分组成:一是外加恒磁场 $\boldsymbol{H}$,二是交变磁场 $\boldsymbol{h}$(即微波磁场). 显然,此时系统从微波磁场吸收的全部能量恰好补充铁磁样品通过某种机制所损耗的能量. 这正是铁磁共振可以用来研究铁磁材料的宏观性能和微观机制之间关系的物理基础. 阻尼的大小还意味着进动角度 θ 变小的快慢,θ 变小得快,趋于平衡态的时间就短,反之亦然. 因此,这种阻尼也可用弛豫时间 τ 来表示. τ 的定义是进动振幅缩小到原来最大振幅的 $1/e$ 的时间. 磁化强度 $\boldsymbol{M}$ 进动时所受到的阻尼作用是一个极其复杂的过程,不仅其微观机理还在探讨中,其宏观表达式也并不统一,这里我们采用朗德阻尼力矩的形式:

$$\boldsymbol{T}_{\mathrm{D}} = -\frac{1}{\tau}(\boldsymbol{M} - \chi_0 \boldsymbol{H}) \tag{5-3-2}$$

于是

$$\frac{\mathrm{d}\boldsymbol{M}}{\mathrm{d}t} = -\gamma(\boldsymbol{M} \times \boldsymbol{H}) + \boldsymbol{T}_{\mathrm{D}} = -\gamma(\boldsymbol{M} \times \boldsymbol{H}) - \frac{1}{\tau}(\boldsymbol{M} - \chi_0 \boldsymbol{H}) \tag{5-3-3}$$

式中 $\chi_0 = \dfrac{M_0}{H_0}$ 为静磁化率.

磁学中通常用磁导率 μ 来表示磁性材料被磁化的难易程度. 磁导率与磁化率的定义分别为

$$\mu = \frac{B}{\mu_0 H} \tag{5-3-4}$$

它们之间的关系可写为

$$\chi = \frac{M}{H} \tag{5-3-5}$$

$$\mu = 1 + \chi \tag{5-3-6}$$

在恒定磁场下,μ 可用实数表示;在交变磁场下,μ 要用复数表示:$\mu = \mu' - \mathrm{i}\mu''$,其中实部 μ' 为铁磁介质在恒定磁场中的磁导率,它决定磁性材料中储存的磁能,虚部 μ'' 反映交变磁场能在磁性材料中的损耗. 如果铁磁介质处在直流磁场和交变磁场的共同作用下,该铁磁样品就会出现两个新的特征——旋磁性和共振吸收.

我们关心的是铁磁介质的铁磁共振特性. 当改变直流磁场或微波频率时,我们总能发现在某一条件下,铁磁体会出现一个最大的磁损耗,也就是进动的磁矩会对微波能量产生一个强烈的吸收,这时 μ'' 最大,这就是共振吸收现象. 在研究铁磁共振现象时,通常保持微波频率稳定,而改变直流磁场的强度. 图 5-3-1 给出了 μ'' 随磁场 H 变化的规律.

在前面我们已经指出,磁矩 $\boldsymbol{M}$ 在进动时总要受到由磁损耗所表现出来的阻尼作用. 实际上铁磁共振损耗并不用 μ'' 来说明,而是采用铁磁共振线宽 ΔH 来表示. ΔH 的定义可根据 μ''-H 曲线(图5-3-1)来说明. 在发生共振时 μ'' 有最大值 μ''_m,令 $\mu'' = \frac{1}{2}\mu''_\mathrm{m}$ 处的磁场分别为 H_1 和 H_2,则 $\Delta H = H_2 - H_1$ 就是共振吸收线宽. 一般,ΔH 越窄,磁损耗越低. ΔH 的大小也同样反映磁性材料对电磁波的吸收性能,并在实验中可以直接测定.

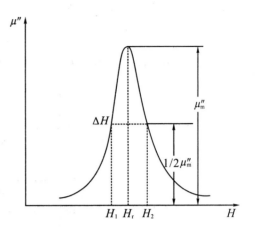

图 5-3-1　铁磁共振线宽 ΔH 的表示

就谐振腔而言,在共振区附近,如改变 H 而保持微波频率 f 不变,则由于铁磁共振,将会使谐振系统的参数发生变化,即样品的磁导率 μ 将随 H 相应改变,从而引起腔的谐振频率 f_0 和品质因数 Q 的改变. 由腔的微扰理论可导出 f_0,Q 与 $\mu = \mu' - i\mu''$ 之间的关系为

$$\begin{cases} \dfrac{f-f_0}{f} = A(\mu'-1) \\[2mm] \Delta\left(\dfrac{1}{Q_\mathrm{L}}\right) = 2A\mu'' \end{cases} \tag{5-3-7}$$

此处 Q_L 为腔的有载 Q 值,f_0,f 分别为放置样品前后腔的谐振频率,A 为与腔的谐振模式和体积有关的常数.

腔的谐振特性通常用传播系数 $T(f)$ 来表示,且当 $f=f_0$ 时有

$$T(f_0) = \frac{P_{\text{出}}(f_0)}{P_{\text{入}}(f_0)} = \frac{4Q_\mathrm{L}^2}{Q_\mathrm{e1}Q_\mathrm{e2}} \tag{5-3-8}$$

所以

$$P_{\text{出}}(f_0) = \frac{4P_{\text{入}}(f_0)}{Q_\mathrm{e1}Q_\mathrm{e2}}Q_\mathrm{L}^2 \tag{5-3-9}$$

式中 Q_e1,Q_e2 为腔的外界品质因数,在保证腔的输入功率 $P_{\text{入}}(f_0)$ 不变时,腔的输出功率 $P_{\text{出}}(f_0) \propto Q_\mathrm{L}^2$,所以要测量 ΔH,就要测出 μ'' 值,即要测量 Q_L 值的变化,而 Q_L 值的变化可通过测量 $P_{\text{出}}$ 的变化反映出来,因果关系可用程序表示:$P_{\text{出}} \rightarrow Q_\mathrm{L} \rightarrow \mu'' \rightarrow \Delta H$. 这就是测量铁磁共振基本原理.

图 5-3-2 为谐振腔输出功率 P 与直流磁场 H 的关系曲线,半共振点时的输出功率 $P_{\frac{1}{2}}$ 与共振时的输出功率 P_r 和远离共振区时的输出功率 $P_\infty(P_\infty \approx P_0)$ 有如下关系:

$$P_{\frac{1}{2}} = \frac{4P_\infty}{\left(\sqrt{\dfrac{P_\infty}{P_\mathrm{r}}}+1\right)^2} \tag{5-3-10}$$

与 $P_{\frac{1}{2}}$ 对应的外加恒磁场之差 $(H_2 - H_1)$ 即为共振线宽 ΔH. 但在进行共振曲线实测时,必须考虑样品的 μ' 会引起谐振频率的偏离(频散效应). 要消除频散,只有装有样品的谐振腔频率始终与输入谐振腔的微波频率相同(调谐),才可以测得精确的共振曲线和 ΔH. 这就需对输入的微波频率进行多次调谐. 这在实验中很难做到,但频散效应又不能忽略,因而考虑频散效应的影响,对式(5-3-10)进行修正后得到

$$P_{\frac{1}{2}} = \frac{2P_0 P_\mathrm{r}}{P_0 + P_\mathrm{r}} \tag{5-3-11}$$

如果检波晶体管的检波满足平方律关系,则检波电流 $I \propto P$,则上式为

$$I_{\frac{1}{2}} = \frac{2I_0 I_r}{I_0 + I_r} \tag{5-3-12}$$

这样就可以由 I-H 曲线测定共振线宽 ΔH.

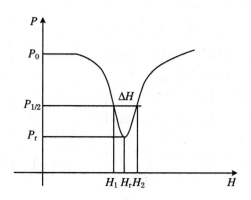

图 5-3-2 P-H 关系曲线

2. 磁晶各向异性与 K_1 的测量

实际上,铁磁共振具有不寻常的特点,铁磁共振发生时,共振角频率与外磁场的关系还与样品的其他参量有关.

首先必须考虑样品形状引起退磁场 H_d 的影响.因为铁磁体具有很强的磁性,在直流磁场和高频磁场作用下,在样品表面产生"磁荷",相应地在样品内部产生恒定的高频退磁场,对共振产生影响,其作用是使共振场发生很大的位移. H_d 的大小与 M 成正比,并与"磁荷"的分布有关,"磁荷"的分布显然与样品形状有关,则

$$H_d = -NM \tag{5-3-13}$$

式中 N 称为退磁因子或形状各向异性因子.Kittel 最早考虑了这一因素.对于椭球样品共振角频率 ω 满足

$$\left(\frac{\omega}{\gamma}\right)^2 = [H + (N_x - N_z)M_S][H + (N_y - N_z)M_S] \tag{5-3-14}$$

式(5-3-14)中的 N_x, N_y, N_z 分别为椭球三个主轴方向上退磁因子, M_S 为样品的饱和磁化强度. $N_x + N_y + N_z = 1$, $H // z$.对于球状样品纵向和横向退磁场相抵消,于是式(5-3-14)就变成了 $\omega = \gamma H$.这就是我们前面讨论的共振式,即改共振条件只适用于无限大或球状的多晶样品.对于其他形状样品如圆片或长棒等必须考虑其退磁因子的影响.

铁磁共振的另一特点是必须考虑磁晶各向异性.磁晶各向异性来源于各向异性交换作用及各向异性自旋——轨道耦合作用,有时也来源于各向异性磁偶极子相互作用,它使磁矩沿不同方向磁化的难易程度不同.铁磁性单晶体是各向异性的,即表现出共振时外加直流磁场的大小随其对晶体的晶轴取向不同而改变.这是由于磁晶各向异性场 H_{ar} 作用的影响.于是 Kittel 对式(5-3-14)做了修正,即有

$$\left(\frac{\omega}{\gamma}\right)^2 = [H + H_{ar} + (N_x - N_z)M_S][H + H_{ay} + (N_y - N_z)M_S] \tag{5-3-15}$$

式(5-3-15 中) H_{ar} 和 H_{ay} 分别代表由于 M 偏离 z 轴方向而在 x, y 两轴方向上所产生的磁晶各向异性场,也即等于在 x, y 两方向上各增加了一部分等效退磁场的作用.

　　我们实验用的样品为 YIG 单晶小球,属于立方晶系(图 5-3-3(a)),并且为球形(忽略形状各向异性),拟 H 在[110]晶面内与[001]轴夹角为 θ(图 5-3-3(b)),则

$$\begin{cases} H_{ax} = \left(1 - 2\sin^2\theta - \dfrac{3}{8}\sin^2 2\theta\right)\dfrac{2k_1}{\mu_0 M_S} \\ H_{ay} = \left(2 - \sin^2\theta - 3\sin^2 2\theta\right)\dfrac{k_1}{\mu_0 M_S} \end{cases} \tag{5-3-16}$$

式中 k_1 为磁晶各向异性常数,略去了高次磁晶各向异性常数 $k_2, k_3, \cdots$. 当 $\dfrac{k_1}{\mu_0 M_S} \ll H$ 时,又可略去 $\dfrac{k_1}{\mu_0 M_S}$ 高次项,Kittel 铁磁共振公式可进一步简化为(一级近似):

$$\omega = \gamma\left[H + \left(2 - \frac{5}{2}\sin^2\theta - \frac{15}{8}\sin^2 2\theta\right)\frac{k_1}{\mu_0 M_S}\right] \tag{5-3-17}$$

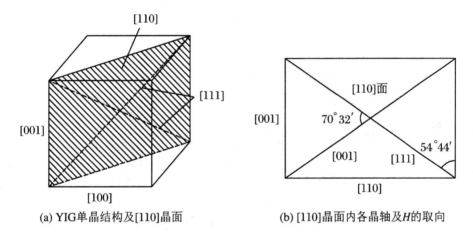

(a) YIG单晶结构及[110]晶面　　　　　　(b) [110]晶面内各晶轴及H的取向

图 5-3-3　YIG 单晶小球结构及部分晶面

　　将 $\theta = 0°$ 和 $\theta = \arcsin\sqrt{2/3} \approx 54°44'$ 分别代入式(5-3-16),则得到(对于 $K_1 < 0$)

$$\omega(\theta = 0°) = \gamma\left(H_{[001]} + \frac{2K_1}{\mu_0 M_S}\right) \quad (H /\!/ [001]\text{轴}) \tag{5-3-18}$$

$$\omega(\theta \approx 54°44') = \gamma\left(H_{[111]} - \frac{4K_1}{3\mu_0 M_S}\right) \quad (H /\!/ [111]\text{轴}) \tag{5-3-19}$$

取 $\omega = \omega_0$(相应的共振磁场表示为 H_0),由式(5-3-17)和式(5-3-18)联立求解得

$$\frac{K_1}{\mu_0 M_S} = -\frac{3}{10}(H_{0[001]} - H_{0[111]}) \tag{5-3-20}$$

$$g = \frac{10\omega_0}{\dfrac{\mu_0 e}{2m}(4H_{0[001]} + 6H_{0[111]})} \tag{5-3-21}$$

　　为能准确测出 $H_{0[001]}$ 和 $H_{0[111]}$,首先必须对样品进行定向,即定出[110]晶面,并使其在整个共振测量过程中与直流磁场 H 共面.

　　比较式(5-3-17)和式(5-3-18)可知,[001]轴为难磁化轴,[111]轴为易磁化轴,采用磁场定向方法找出两根[111]轴(两者夹角为 $70°32'$),由此定出[110]晶面,见图 5-3-3(b).

【实验装置 1】

　　本实验采用微波通过式矩形谐振腔法进行测量,如图 5-3-4 所示.其测量原理是:由固态微波源产生微波信号,经隔离器、可变衰减器、波长计等到达谐振腔.谐振腔由两端带耦合片的一段矩形直波导构成.被测样品放在谐振腔微波磁场最大处.通过测量谐振腔中心频率和半功率点频率可以画出谐振腔的谐振曲线,了解谐振腔的工作特性,同时确定谐振腔的工作频率.外加恒磁场与微波磁场相互垂直,由通过时谐振腔输出的微波信号经晶体检波器送入检流计进行测量.

　　由实验原理可知,样品磁导率 μ' 和 μ'' 随恒定磁场 H 而发生变化,由 μ''-H 曲线可直接测得共振曲线的形状和共振线宽 ΔH.用高斯计测定 $I_{\frac{1}{2}}$ 对应的磁场,进一步计算共振线宽 ΔH.

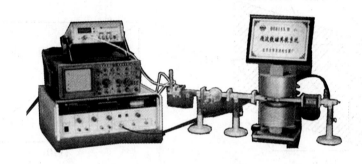

图 5-3-4　微波铁磁共振实验装置图

【实验装置 2】

　　FD-FMR-A 型微波铁磁共振实验仪如图 5-3-5 所示.

图 5-3-5　FD-FMR-A 型微波铁磁共振实验仪

【实验步骤(装置 1)】

　　(1) 开启磁共振实验仪电源,调节"检波灵敏度"旋钮使检波电流表指针指示不超过满刻度,预热 10 min.

(2) 开启微波源电源,本实验采用 3 cm 固态微波源,将电源工作方式选择在等幅状态下.

(3) 调节"频率"旋钮,找到检波电流最大值,衰减器处于适当位置(置检波电流初值在一适当大小(70~80 μA)).

(4) 测量谐振腔的中心频率 f_0 和两个半功率点频率 f_1,f_2:先将信号源频率调至谐振腔的中心频率 f_0 处,并记下最大输出功率 P_0,用波长计测此时对应的频率 f_0 数值;然后改变信号源频率,使信号源输出功率 $P_0/2$,同样方法再波长计分别测量 f_0 两侧的半功率点频率 f_1,f_2.

(5) 完成上述步骤之后,将频率调回到 f_0,逐渐加大磁场电流以改变磁场大小,粗略观察检波电流变化情况(为使检波电流最大值和最小值的差值最大,可适当调节衰减器). 调节磁场电流大小,找出输出功率与直流磁场 H 的关系,记下共振时的输出功率 P_r 测出共振磁场 H_r.

(6) 用公式 $P_{\frac{1}{2}}=\dfrac{2P_0P_r}{P_0+P_r}$ 计算 $P_{\frac{1}{2}}$,根据得到的数据调节磁场,使功率达到相应 $P_{\frac{1}{2}}$,用特斯拉计分别测出左右两侧 $P_{\frac{1}{2}}$ 对应的 H_1 和 H_2,$\Delta H=|H_1-H_2|$.

(7) 观测单晶铁氧体 YIG 小球的共振曲线.

【实验步骤(装置 2)】

1. 仪器连接

将两台实验主机与微波系统、电磁铁以及示波器连接,如图 5-3-5 所示. 具体方法为:电磁铁励磁电源用两根红黑带手枪插线与电磁铁相连,注意红黑不要接反,磁铁扫描电源用两根 Q9 线一路接电磁铁,一路接示波器 CH1 通道,此时换向开关置于"接通"端(此开关的作用是控制扫描电源与扫描线圈的通断,接通时用于示波器检测,断开时用于微电流计直接测量),移相器用于示波器观察单个共振信号(李萨如图观察),需要时接于示波器 CH1 通道.

另一台实验主机共振信号检测(微电流计)中"接检波器"Q9 座与检波器相连,"接示波器"Q9 座与示波器 CH2 通道相连,中间"转换"开关向左拨表示检波器输出接于微电流计,进行直接测量,向右拨表示检波器输出接于示波器,进行交流观察和测量.琴键开关可以选择"2 mA"挡和"20 mA"挡,一般情况下使用"20 mA"挡.磁场测量(高斯计)中"信号输入"接高斯计探头,并将探头固定在电磁铁转动支架上,用同轴线将主机"DC12 V"输出与微波源相连. 开启实验主机和示波器的电源,预热 20 min.

2. 测量磁场

转动高斯计探头固定臂,将高斯计探头放入谐振腔中心孔中,并转动探头方向,使传感器与磁场方向垂直(根据霍尔效应原理,也就是使得传感器输出数值最大),调节主机"电磁铁励磁电源""电压调节"电位器,改变励磁电流,观察数字式高斯计表头读数,如果随着励磁电流(表头显示为电压,因为线圈发热很小,电压与励磁电流呈线性关系)增加,高斯计读数增大说明励磁线圈产生磁场与永磁铁产生磁场方向一致;反之,则两者方向相反,此时只要将红黑插头交换一下即可.

调节励磁电源的"电压调节"电位器,将磁场调节至 0.336 T 左右(因为微波频率在 9.4 GHz 左右,根据共振条件,此时的共振磁场在 0.336 T 左右),亦可由小至大改变励磁电流,记录电压读数与高斯计读数,做电压-磁感应强度关系图,找出关系式,在后面的测量中可以不用高斯计,而通过拟合关系式计算得出中心磁感应强度数值.

3. 示波器观测 YIG 多晶样品共振信号

移开高斯计探头并放入样品,磁铁扫描电源换向开关置于"接通"端,并旋转"电流调节"电位器至合适位置(一般取中间位置),共振信号检测(微电流计)"转换"开关置于"接示波器"端.

调节双 T 调配器,观察示波器上信号线是否有跳动,如果有跳动说明微波系统工作,如无跳动,检查 12 V 电源是否正常.将示波器的输入通道打在直流(DC)挡上,调节双 T 调配器,使直流(DC)信号输出最大,调节短路活塞,再使直流(DC)信号输出最小,然后将示波器的输入通道打在交流(AC)5 mV 或 10 mV 挡上,这时在示波器上应可以观察到共振信号,但此时的信号不一定为最强,可以再小范围地调节双 T 调配器和短路活塞使信号最大,而后仔细调节励磁电压,使示波器上观察到的共振信号均匀分布(此时的磁场才为测量 g 因子的共振磁场).调节短路活塞,可以在两到三个位置能够观察到均匀并且最大的铁磁共振信号(实验信号调节完成,可以记下这几个位置,在后面的测量过程中只需调节到这几个合适位置即可).

4. 确定共振磁场并测量微波频率,计算 YIG 多晶样品的旋磁比 γ 以及 g 因子

旋转频率计上端黑色旋钮,当达到微波频率时,能够在示波器上看到共振信号有突然的抖动,仔细调节确定抖动的位置,根据机械式频率计的读数测量微波频率 f_0(一般在 9.4 GHz 左右).将"磁铁扫描电源"转换开关置于"断开"端,"共振信号检测(微电流计)"中"转换"开关置于"接检波器"端,微电流计置于"20 mA"挡,通过微电流计检测共振点磁场,方法为:由小至大改变励磁电压,可以看到微电流计数值在某一点会有突然的变小,减至最小值时的励磁电流即为共振磁场的电压值,测出该励磁电压对应的磁场 H_0 大小,根据测量得出的 f_0 和 H_0 的大小,根据原理部分的相应公式,可以计算得出 YIG 单晶样品的旋磁比 γ 和 g 因子的大小.

5. 手动测量 YIG 多晶样品的共振线宽 ΔH,估算样品的弛豫时间 τ(分为描点和直接测量两种)

根据前面步骤 4 测量得出的共振曲线,可以用作图法找到半功率点,并得出共振线宽 ΔH 的大小.这里我们选用另外一种方法,通过电流计直接测量得到,方法是:仔细调节励磁电源的电压调节电位器,首先得到 I_0 和 I_r 的大小,根据原理部分公式(5-3-11)和式(5-3-12)可以知道,只要测量得出 I_0 和 I_r,就可以得出 $I_{1/2}$ 的大小,根据 $I_{1/2}$ 的值,仔细调节找出两个半功率点的对应励磁电压,根据前面拟合的励磁电压与磁场的关系式计算得出 ΔH,根据共振线宽的大小计算得出弛豫时间 τ.

6. 示波器观察 YIG 单晶样品共振信号

同样的方法,放入已经定向的 YIG 单晶样品(带转盘的样品),重复步骤 3、步骤 4 我们

同样可以在示波器上观察到 YIG 单晶的共振曲线(注意此时要调节励磁电压至合适的值,因为对应不同的方向,共振磁场的大小也不一样).注意,YIG 单晶小球的共振线宽较窄(约1 Oe),所以描点测量或者电流计直接测量比较困难.这里就只作定性观察,另外将移相器的信号接入示波器的"CH1 通道",YIG 单晶样品共振信号接入示波器"CH2 通道",可以观察李萨图的图形.调节短路活塞以及励磁电源的电压值,使信号左右对称,再调节移相器"相位调节"电位器可以使两个共振信号重合,这时对应的磁场即为共振磁场,这种方法可以通过示波器来确定共振点磁场的大小.

7. 测量已经定向的 YIG 单晶样品的各向异性常数以及 g 因子

在成功调出 YIG 单晶共振信号的基础上,旋转样品,可以发现在某一固定磁场时,在固定角度才有信号在示波器上出现,这是因为共振磁场 H_0 在随 θ 而变化.用手动测量的方法可以得出共振场 H_0 随 θ 的变化曲线(两种方法,示波器观察与电流计观测),其中 $H_{0\max}$ 和 $H_{0\min}$ 分别对应于 $H_{0[001]}$ 和 $H_{0[111]}$,根据公式(5-3-20)和式(5-3-21),就可以计算得出各向异性常数 K_1 和 g 因子.

【数据处理】

(1) 测量谐振腔的中心频率 f_0 和两个半功率点频率 f_1,f_2,作谐振腔的谐振曲线,由公式 $Q_L=\dfrac{f_0}{|f_2-f_1|}$,计算谐振腔品质因数 Q_L.

(2) 测量共振磁场 H_r,并与理论值 $\left(H_r=\dfrac{\omega}{\gamma}\right.$,其中 $\gamma=2.8\times2\pi\times10^4$ MHz/T$\left.\right)$,并比较计算误差.

(3) 因为 $P_\infty\approx P_0$ 由公式 $P_{\frac{1}{2}}=\dfrac{2P_0P_r}{P_0+P_r}$ 计算 $P_{\frac{1}{2}}$,分别测出 $P_{\frac{1}{2}}$ 对应的 H_1 和 H_2,计算 $\Delta H=|H_1-H_2|$.

(4) 示波器观测 YIG 单晶样品的共振曲线并测量其各向异性常数 K_1 以及 g 因子(已定向样品)放入已经定向的 YIG 单晶样品小球,测量旋转角度与共振磁场之间的关系曲线,实验中每隔 5° 测量一个数据,因为数据较多,这里不再列表,只把作者测量得到的关系曲线列出,如图 5-3-6 所示.

由测量曲线可以得到
$$H_{0\max}=3\,415\ \text{Oe},\qquad H_{0\min}=3\,309\ \text{Oe}$$
即 $H_{0[001]}=3\,415$ Oe,$H_{0[111]}=3\,309$ Oe,另外测量得 $f_0=9.4$ GHz,根据公式

$$g=\dfrac{10\omega_0}{\dfrac{\mu_0 e}{2m}(4H_{0[001]}+6H_{0[111]})}$$

取 $\mu_0=4\pi\times10^{-7}$ H/m,$e=1.602\times10^{-19}$ C,$m=9.109\times10^{-31}$

kg,代入得 $g=\dfrac{10\omega_0}{\dfrac{\mu_0 e}{2m}(4H_{0[001]}+6H_{0[111]})}$.

计算得到 $g=2.003$.根据公式 $\dfrac{K_1}{\mu_0 M_S}=-\dfrac{3}{10}(H_{0[001]}-H_{0[111]})$ 可以得到 $K_1=$

$-\frac{3}{10}\mu_0 M_S(H_{0[001]}-H_{0[111]})$，其中 YIG 单晶样品饱和磁化强度取 $4\pi M_S = 0.17$ T，计算得到磁晶各向异性常数 $K_1 = -4.3\times10^2$ J/m^3.

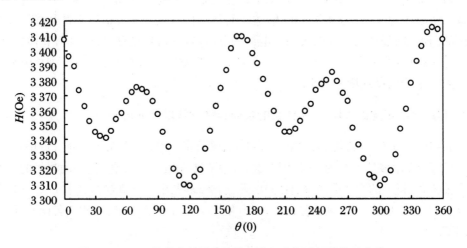

图 5-3-6 YIG 单晶定向样品旋转角度与共振磁场的关系曲线

【思考题】

(1) 什么叫铁磁共振？铁磁共振的基本原理是什么？

(2) 什么叫铁磁共振吸收线宽？

(3) 样品磁导率的 μ' 和 μ'' 分别反映什么？

(4) 样品磁导率的 μ' 会在实验中造成什么影响？

(5) 本实验是怎样测量磁损耗的？

(6) 如何消除频散效应？

(7) 简述 ΔH 的计算过程.

实验 5-4 核磁共振弛豫时间 T_1 和 T_2 的测量

当受到强磁场加速的原子束外加以一个已知频率的弱振荡磁场时，原子核就要吸收某些频率的能量，同时跃迁到较高的磁场亚层中. 通过测定原子束在频率逐渐变化的磁场中的强度，就可测定原子核吸收频率的大小.

【实验目的】

(1) 了解脉冲核磁共振的基本实验装置和基本物理思想，学会用经典矢量模型方法解释脉冲核磁共振中的一些物理现象.

(2) 用自由感应衰减法测量表观横向弛豫时间 T_2^*，分析磁场均匀度对信号的影响.

（3）用自旋回波法测量不同样品的横向弛豫时间 T_2.

（4）用反转恢复法测量不同样品的纵向弛豫时间 T_1.

（5）调节磁场均匀度,通过傅里叶变换测量样品的化学位移.

（6）（选做）测量不同浓度硫酸铜溶液中氢原子核的横向弛豫时间 T_2 和纵向弛豫时间 T_1,测定其随 $CuSO_4$ 浓度的变化关系.

【实验原理】

核磁共振,是指具有磁矩的原子核在恒定磁场中由电磁波引起的共振跃迁现象.1945 年,美国哈佛大学的珀塞尔等人,报道了他们在石蜡样品中观察到质子的核磁共振吸收信号;1946 年,美国斯坦福大学布洛赫等人,也报道了他们在水样品中观察到质子的核感应信号.两个研究小组用了稍微不同的方法,几乎同时在凝聚物质中发现了核磁共振.因此,布洛赫和珀塞尔荣获了 1952 年的诺贝尔物理学奖.

之后,许多物理学家进入了这个领域,取得了丰硕的成果.目前,核磁共振已经广泛地应用到许多科学领域,是物理、化学、生物和医学研究中的一项重要实验技术.它是测定原子的核磁矩和研究核结构的直接而又准确的方法,也是精确测量磁场的重要方法之一.

下面我们以氢核为主要研究对象,以此来介绍核磁共振的基本原理和观测方法.氢核虽然是最简单的原子核,但它是目前在核磁共振应用中最常见和最有用的核.

◎ 核磁共振的量子力学描述

1. 单个核的磁共振

通常将原子核的总磁矩在其角动量 $\boldsymbol{P}$ 方向上的投影 $\boldsymbol{\mu}$ 称为核磁矩,它们之间的关系通常写成

$$\boldsymbol{\mu}=\gamma \cdot \boldsymbol{P} \quad 或 \quad \boldsymbol{\mu}=g_N \cdot \frac{e}{2m_p} \cdot \boldsymbol{P} \tag{5-4-1}$$

式中 $\gamma = g_N \cdot \dfrac{e}{2m_p}$ 称为旋磁比;e 为电子电荷;m_p 为质子质量;g_N 为朗德因子.对氢核来说,$g_N = 5.585\,1$.

按照量子力学,原子核角动量的大小由下式决定:

$$P = \sqrt{I(I+1)}\hbar \tag{5-4-2}$$

式中 $\hbar = \dfrac{h}{2\pi}$,h 为普朗克常数.I 为核的自旋量子数,可以取 $I = 0, \dfrac{1}{2}, 1, \dfrac{3}{2}, \cdots$,对氢核来说,$I = \dfrac{1}{2}$.

把氢核放入外磁场 $\boldsymbol{B}$ 中,可以取坐标轴 z 方向为 $\boldsymbol{B}$ 的方向.核的角动量在 $\boldsymbol{B}$ 方向上的投影值由下式决定:

$$P_B = m \cdot \hbar \tag{5-4-3}$$

式中 m 称为磁量子数,可以取 $m = I, I-1, \cdots, -(I-1), -I$.核磁矩在 $\boldsymbol{B}$ 方向上的投影值为

$$\mu_B = g_N \frac{e}{2m_p} P_B = g_N \left(\frac{e\hbar}{2m_p} \right) m$$

将它写为

$$\mu_B = g_N \mu_N m \tag{5-4-4}$$

式中 $\mu_N = 5.050\,787 \times 10^{-27}$ J/T 称为核磁子,是核磁矩的单位.

磁矩为 $\boldsymbol{\mu}$ 的原子核在恒定磁场 $\boldsymbol{B}$ 中具有的势能为

$$E = -\boldsymbol{\mu} \cdot \boldsymbol{B} = -\mu_B B = -g_N \mu_N m B \tag{5-4-5}$$

任何两个能级之间的能量差为

$$\Delta E = E_{m1} - E_{m2} = -g_N \mu_N B (m_1 - m_2) \tag{5-4-6}$$

考虑最简单的情况,对氢核而言,自旋量子数 $I = \frac{1}{2}$,所以磁量子数 m 只能取两个值,即 $m = \frac{1}{2}$ 和 $m = -\frac{1}{2}$. 磁矩在外场方向上的投影也只能取两个值,如图 5-4-1 中(a)所示,与此相对应的能级如图 5-4-1 中(b)所示.

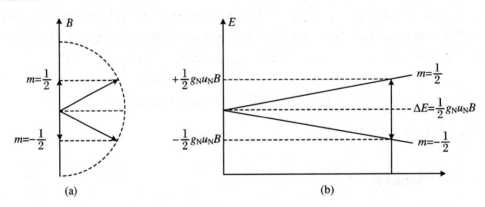

图 5-4-1 氢核能级在磁场中的分裂

根据量子力学中的选择定则,只有 $\Delta m = \pm 1$ 的两个能级之间才能发生跃迁,这两个跃迁能级之间的能量差为

$$\Delta E = g_N \mu_N B \tag{5-4-7}$$

由这个公式可知:相邻两个能级之间的能量差 ΔE 与外磁场 $\boldsymbol{B}$ 的大小成正比,磁场越强,则两个能级分裂也越大.

如果实验时外磁场为 $\boldsymbol{B}_0$,在该稳恒磁场区域又叠加一个电磁波作用于氢核,如果电磁波的能量 $h\nu_0$ 恰好等于这时氢核两能级的能量差 $g_N \mu_N B_0$,即

$$h\nu_0 = g_N \mu_N B_0 \tag{5-4-8}$$

则氢核就会吸收电磁波的能量,由 $m = \frac{1}{2}$ 的能级跃迁到 $m = -\frac{1}{2}$ 的能级,这就是核磁共振吸收现象.式(5-4-8)就是核磁共振条件.为了应用上的方便,常写成

$$\nu_0 = \left(\frac{g_N \mu_N}{h} \right) B_0, \quad 即 \quad \omega_0 = \gamma \cdot B_0 \tag{5-4-9}$$

2. 核磁共振信号的强度

上面讨论的是单个的核放在外磁场中的核磁共振理论.但实验中所用的样品是大量同

类核的集合. 如果处于高能级上的核数目与处于低能级上的核数目没有差别,则在电磁波的激发下,上下能级上的核都要发生跃迁,并且跃迁几率是相等的,吸收能量等于辐射能量,我们就观察不到任何核磁共振信号. 只有当低能级上的原子核数目大于高能级上的核数目时,吸收能量比辐射能量多,这样才能观察到核磁共振信号. 在热平衡状态下,核数目在两个能级上的相对分布由玻尔兹曼因子决定:

$$\frac{N_2}{N_1} = \exp\left(-\frac{\Delta E}{kT}\right) = \exp\left(-\frac{g_N \mu_N B_0}{kT}\right) \tag{5-4-10}$$

式中 N_1 为低能级上的核数目, N_2 为高能级上的核数目, ΔE 为上下能级间的能量差, k 为玻尔兹曼常数, T 为绝对温度. 当 $g_N \mu_N B_0 \ll kT$ 时,上式可以近似写成

$$\frac{N_2}{N_1} = 1 - \frac{g_N \mu_N B_0}{kT} \tag{5-4-11}$$

上式说明,低能级上的核数目比高能级上的核数目略微多一点. 对氢核来说,如果实验温度 $T = 300\ \text{K}$,外磁场 $B_0 = 1\ \text{T}$,则

$$\frac{N_2}{N_1} = 1 - 6.75 \times 10^{-6} \quad \text{或} \quad \frac{N_1 - N_2}{N_1} \approx 7 \times 10^{-6} \tag{5-4-12}$$

这说明,在室温下,每百万个低能级上的核比高能级上的核大约只多出 7 个. 这就是说,在低能级上参与核磁共振吸收的每一百万个核中只有 7 个核的核磁共振吸收未被共振辐射所抵消. 所以核磁共振信号非常微弱,检测如此微弱的信号,需要高质量的接收器.

　　由式(5-4-11)可以看出,温度越高,粒子差数越小,对观察核磁共振信号越不利. 外磁场 B_0 越强,粒子差数越大,越有利于观察核磁共振信号. 一般核磁共振实验要求磁场强一些,其原因就在这里.

　　另外,要想观察到核磁共振信号,仅仅磁场强一些还不够,磁场在样品范围内还应高度均匀,否则磁场再强也观察不到核磁共振信号. 原因之一是,核磁共振信号由式(5-4-8)决定,如果磁场不均匀,则样品内各部分的共振频率不同. 对某个频率的电磁波,将只有少数核参与共振,结果信号被噪声所淹没,难以观察到核磁共振信号.

◎ 核磁共振的经典力学描述

　　以下从经典理论观点来讨论核磁共振问题. 把经典理论核矢量模型用于微观粒子是不严格的,但是它对某些问题可以做一定的解释. 数值上不一定正确,但可以给出一个清晰的物理图像,帮助我们了解问题的实质.

1. 单个核的拉摩尔进动

　　我们知道,如果陀螺不旋转,当它的轴线偏离竖直方向时,在重力作用下,它就会倒下来. 但是如果陀螺本身做自转运动,它就不会倒下而绕着重力方向做进动,如图 5-4-2 所示.

　　由于原子核具有自旋和磁矩,所以它在外磁场中的行为同陀螺在重力场中的行为是完全一样的. 设核的角动量为 $\boldsymbol{P}$,磁矩为 $\boldsymbol{\mu}$,外磁场为 $\boldsymbol{B}$,由经典理论可知

$$\frac{\mathrm{d}\boldsymbol{P}}{\mathrm{d}t} = \boldsymbol{\mu} \times \boldsymbol{B} \tag{5-4-13}$$

由于, $\boldsymbol{\mu} = \gamma \cdot \boldsymbol{P}$,所以有

$$\frac{\mathrm{d}\boldsymbol{\mu}}{\mathrm{d}t} = \lambda \cdot \boldsymbol{\mu} \times \boldsymbol{B} \tag{5-4-14}$$

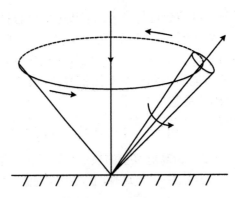

图 5-4-2　陀螺的进动

写成分量的形式则为

$$\begin{cases} \dfrac{d\mu_x}{dt} = \gamma \cdot (\mu_y B_z - \mu_z B_y) \\[2mm] \dfrac{d\mu_y}{dt} = \gamma \cdot (\mu_z B_x - \mu_x B_z) \\[2mm] \dfrac{d\mu_z}{dt} = \gamma \cdot (\mu_x B_y - \mu_y B_x) \end{cases} \tag{5-4-15}$$

若设稳恒磁场为 $\boldsymbol{B}_0$，且 z 轴沿 $\boldsymbol{B}_0$ 方向，即 $B_x = B_y = 0, B_z = B_0$，则上式将变为

$$\begin{cases} \dfrac{d\mu_x}{dt} = \gamma \cdot \mu_y B_0 \\[2mm] \dfrac{d\mu_y}{dt} = -\gamma \cdot \mu_x B_0 \\[2mm] \dfrac{d\mu_z}{dt} = 0 \end{cases} \tag{5-4-16}$$

由此可见，磁矩分量 μ_z 是一个常数，即磁矩 $\boldsymbol{\mu}$ 在 $\boldsymbol{B}_0$ 方向上的投影将保持不变. 将式 (5-4-15) 的第一式对 t 求导，并把第二式代入有

$$\frac{d^2\mu_x}{dt^2} = \gamma \cdot B_0 \frac{d\mu_y}{dt} = -\gamma^2 B_0^2 \mu_x$$

或

$$\frac{d^2\mu_x}{dt^2} + \gamma^2 B_0^2 \mu_x = 0 \tag{5-4-17}$$

这是一个简谐运动方程，其解为 $\mu_x = A\cos(\gamma \cdot B_0 t + \varphi)$，由式 (5-4-15) 第一式得到

$$\mu_y = \frac{1}{\gamma \cdot B_0} \frac{d\mu_x}{dt} = -\frac{1}{\gamma \cdot B_0} \gamma \cdot B_0 A\sin(\gamma \cdot B_0 t + \varphi) = -A\sin(\gamma \cdot B_0 t + \varphi) \tag{5-4-18}$$

以 $\omega_0 = \gamma \cdot B_0$ 代入，有

$$\begin{cases} \mu_x = A\cos(\omega_0 t + \varphi) \\ \mu_y = -A\sin(\omega_0 t + \varphi) \\ \mu_L = \sqrt{(\mu_x + \mu_y)^2} = A = 常数 \end{cases} \tag{5-4-19}$$

由此可知，核磁矩 $\boldsymbol{\mu}$ 在稳恒磁场中的运动特点是：

（1）它围绕外磁场 $\boldsymbol{B}_0$ 做进动，进动的角频率为 $\omega_0 = \gamma \cdot B_0$，和 $\boldsymbol{\mu}$ 与 $\boldsymbol{B}_0$ 之间的夹角 θ 无关.

（2）它在 xy 平面上的投影 μ_L 是常数.

（3）它在外磁场 $\boldsymbol{B}_0$ 方向上的投影 μ_z 为常数.

其运动图像如图 5-4-3 所示.

现在来研究如果在与 $\boldsymbol{B}_0$ 垂直的方向上加一个旋转磁场 $\boldsymbol{B}_1$,且 $B_1 \ll B_0$,会出现什么情况. 如果这时再在垂直于 $\boldsymbol{B}_0$ 的平面内加上一个弱的旋转磁场 $\boldsymbol{B}_1$,$\boldsymbol{B}_1$ 的角频率和转动方向与磁矩 $\boldsymbol{\mu}$ 的进动角频率和进动方向都相同,如图 5-4-4 所示. 这时,和核磁矩 $\boldsymbol{\mu}$ 除了受到 $\boldsymbol{B}_0$ 的作用之外,还要受到旋转磁场 $\boldsymbol{B}_1$ 的影响. 也就是说 $\boldsymbol{\mu}$ 除了要围绕 $\boldsymbol{B}_0$ 进动之外,还要绕 $\boldsymbol{B}_1$ 进动. 所以 $\boldsymbol{\mu}$ 与 $\boldsymbol{B}_0$ 之间的夹角 θ 将发生变化. 由核磁矩的势能

$$E = -\boldsymbol{\mu} \cdot \boldsymbol{B} = -\mu \cdot B_0 \cos\theta \tag{5-4-20}$$

可知,θ 的变化意味着核的能量状态变化. 当 θ 值增加时,核要从旋转磁场 $\boldsymbol{B}_1$ 中吸收能量. 这就是核磁共振. 产生共振的条件为

$$\omega = \omega_0 = \gamma \cdot B_0 \tag{5-4-21}$$

这一结论与量子力学得出的结论完全一致.

如果旋转磁场 $\boldsymbol{B}_1$ 的转动角频率 ω 与核磁矩 $\boldsymbol{\mu}$ 的进动角频率 ω_0 不相等,即 $\omega \neq \omega_0$,则角度 θ 的变化不显著. 平均说来,θ 角的变化为零. 原子核没有吸收磁场的能量,因此就观察不到核磁共振信号.

2. 布洛赫方程

上面讨论的是单个核的核磁共振. 但我们在实验中研究的样品不是单个核磁矩,而是由这些磁矩构成的磁化强度矢量 $\boldsymbol{M}$;另外,我们研究的系统并不是孤立的,而是与周围物质有一定的相互作用. 只有全面考虑了这些问题,才能建立起核磁共振的理论.

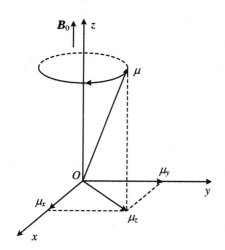

图 5-4-3　磁矩在外磁场中的进动图

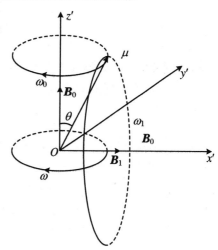

图 5-4-4　转动坐标系中的磁矩

因为磁化强度矢量 $\boldsymbol{M}$ 是单位体积内核磁矩 $\boldsymbol{\mu}$ 的矢量和,所以有

$$\frac{\mathrm{d}\boldsymbol{M}}{\mathrm{d}t} = \gamma \cdot (\boldsymbol{M} \times \boldsymbol{B}) \tag{5-4-22}$$

它表明磁化强度矢量 $\boldsymbol{M}$ 围绕着外磁场 $\boldsymbol{B}_0$ 做进动,进动的角频率 $\omega = \gamma \cdot B$;现在假定外磁场 $\boldsymbol{B}_0$ 沿着 z 轴方向,再沿着 x 轴方向加上一射频场

$$\boldsymbol{B}_1 = 2B_1\cos(\omega \cdot t)\boldsymbol{e}_x \tag{5-4-23}$$

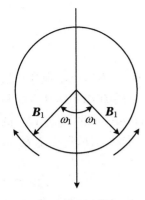

图 5-4-5 线偏振磁场分解
为圆偏振磁场

式中 e_x 为 x 轴上的单位矢量，$2B_1$ 为振幅. 这个线偏振场可以看作是左旋圆偏振场和右旋圆偏振场的叠加，如图 5-4-5 所示. 在这两个圆偏振场中，只有当圆偏振场的旋转方向与进动方向相同时才起作用. 所以对于 γ 为正的系统，起作用的是顺时针方向的圆偏振场，即

$$M_z = M_0 = \chi_0 H_0 = \chi_0 B_0 / \mu_0 \tag{5-4-24}$$

式中 χ_0 是静磁化率，μ_0 为真空中的磁导率，M_0 是自旋系统与晶格达到热平衡时自旋系统的磁化强度.

原子核系统吸收了射频场能量之后，处于高能态的粒子数目增多，亦使得 $M_z < M_0$，偏离了热平衡状态. 由于自旋与晶格的相互作用，晶格将吸收核的能量，使原子核跃迁到低能态而向热平衡过渡. 表示这个过渡的特征时间称为纵向弛豫时间，用 T_1 表示（它反映了沿外磁场方向上磁化强度矢量 M_z 恢复到平衡值 M_0 所需时间的大小）. 考虑了纵向弛豫作用后，假定 M_z 向平衡值 M_0 过渡的速度与 M_z 偏离 M_0 的程度 $(M_0 - M_z)$ 成正比，即有

$$\frac{\mathrm{d}M_z}{\mathrm{d}t} = -\frac{M_z - M_0}{T_1} \tag{5-4-25}$$

此外，自旋与自旋之间也存在相互作用，M 的横向分量也要由非平衡态时的 M_x 和 M_y 向平衡态时的值 $M_x = M_y = 0$ 过渡，表征这个过程的特征时间为横向弛豫时间，用 T_2 表示. 与 M_z 类似，可以假定

$$\begin{cases} \dfrac{\mathrm{d}M_x}{\mathrm{d}t} = -\dfrac{M_x}{T_2} \\ \dfrac{\mathrm{d}M_y}{\mathrm{d}t} = -\dfrac{M_y}{T_2} \end{cases} \tag{5-4-26}$$

前面分别分析了外磁场和弛豫过程对核磁化强度矢量 M 的作用. 当上述两种作用同时存在时，描述核磁共振现象的基本运动方程为

$$\frac{\mathrm{d}M}{\mathrm{d}t} = \gamma \cdot (M \times B) - \frac{1}{T_2}(M_x i + M_y j) - \frac{M_z - M_0}{T_1} k \tag{5-4-27}$$

该方程称为布洛赫方程. 式中 i, j, k 分别是 x, y, z 方向上的单位矢量.

值得注意的是，式中 B 是外磁场 B_0 与线偏振场 B_1 的叠加. 其中，$B_0 = B_0 k$，$B_1 = B_1 \cos(\omega \cdot t) i - B_1 \sin(\omega \cdot t) j$，$M \times B$ 的三个分量是

$$\begin{cases} (M_y B_0 + M_z B_1 \sin \omega \cdot t) i \\ (M_z B_1 \cos \omega \cdot t - M_x B_0) j \\ (-M_x B_1 \sin \omega \cdot t - M_y B_1 \cos \omega \cdot t) k \end{cases} \tag{5-4-28}$$

这样布洛赫方程写成分量形式即为

$$\begin{cases} \dfrac{\mathrm{d}M_x}{\mathrm{d}t} = \gamma \cdot (M_y B_0 + M_z B_1 \sin \omega \cdot t) - \dfrac{M_x}{T_2} \\ \dfrac{\mathrm{d}M_y}{\mathrm{d}t} = \gamma \cdot (M_z B_1 \cos \omega \cdot t - M_x B_0) - \dfrac{M_y}{T_2} \\ \dfrac{\mathrm{d}M_z}{\mathrm{d}t} = -\gamma \cdot (M_x B_1 \sin \omega \cdot t + M_y B_1 \cos \omega \cdot t) - \dfrac{M_z - M_0}{T_1} \end{cases} \tag{5-4-29}$$

在各种条件下来解布洛赫方程,可以解释各种核磁共振现象.一般来说,布洛赫方程中含有 $\cos \omega \cdot t$,$\sin \omega \cdot t$ 这些高频振荡项,解起来很麻烦.如果我们能对它作一坐标变换,把它变换到旋转坐标系中去,解起来就容易得多.

如图 5-4-6 所示,取新坐标系 $x'y'z'$,z' 与原来的实验室坐标系中的 z 重合,旋转磁场 $\boldsymbol{B}_1$ 与 x' 重合.显然,新坐标系是与旋转磁场以同一频率 ω 转动的旋转坐标系.图中 $\boldsymbol{M}_\perp$ 是 $\boldsymbol{M}$ 在垂直于恒定磁场方向上的分量,即 $\boldsymbol{M}$ 在 xy 平面内的分量,设 u 和 v 是 $\boldsymbol{M}_\perp$ 在 x' 和 y' 方向上的分量,则

$$\begin{cases} M_x = u\cos \omega \cdot t - v\sin \omega \cdot t \\ M_y = -v\cos \omega \cdot t - u\sin \omega \cdot t \end{cases} \tag{5-4-30}$$

把它们代入式(5-4-26)即得

$$\begin{cases} \dfrac{\mathrm{d}u}{\mathrm{d}t} = -(\omega_0 - \omega)v - \dfrac{u}{T_2} \\[2mm] \dfrac{\mathrm{d}v}{\mathrm{d}t} = (\omega_0 - \omega)u - \dfrac{v}{T_2} - \gamma \cdot B_1 M_z \\[2mm] \dfrac{\mathrm{d}M_z}{\mathrm{d}t} = \dfrac{M_0 - M_z}{T_1} + \gamma \cdot B_1 v \end{cases} \tag{5-4-31}$$

式中 $\omega_0 = \gamma \cdot B_0$,上式表明 M_z 的变化是 v 的函数而不是 u 的函数.而 M_z 的变化表示核磁化强度矢量的能量变化,所以 v 的变化反映了系统能量的变化.

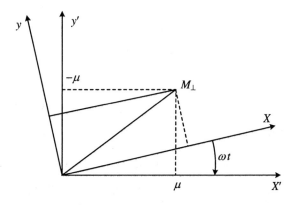

图 5-4-6　旋转坐标系

从式(5-4-31)可以看出,它们已经不包括 $\cos(\omega t)$,$\sin(\omega t)$ 这些高频振荡项了.但要严格求解仍是相当困难的.通常是根据实验条件来进行简化.如果磁场或频率的变化十分缓慢,则可以认为 u,v,M_z 都不随时间发生变化,$\dfrac{\mathrm{d}u}{\mathrm{d}t} = 0$,$\dfrac{\mathrm{d}v}{\mathrm{d}t} = 0$,$\dfrac{\mathrm{d}M_z}{\mathrm{d}t} = 0$,即系统达到稳定状态,此时上式的解称为稳态解

$$\begin{cases} u = \dfrac{\gamma \cdot B_1 T_2^2 (\omega_0 - \omega) M_0}{1 + T_2^2 (\omega_0 - \omega)^2 + \gamma^2 B_1^2 T_1 T_2} \\[3mm] v = \dfrac{\gamma \cdot B_1 M_0 T_2}{1 + T_2^2 (\omega_0 - \omega)^2 + \gamma^2 B_1^2 T_1 T_2} \\[3mm] M_z = \dfrac{[1 + T_2^2 (\omega_0 - \omega)] M_0}{1 + T_2^2 (\omega_0 - \omega)^2 + \gamma^2 B_1^2 T_1 T_2} \end{cases} \tag{5-4-32}$$

根据式(5-4-29)中前两式可以画出 u 和 v 随 ω 而变化的函数关系曲线.根据曲线知道,当外

加旋转磁场 B_1 的角频率 ω 等于 M 在磁场 B_0 中的进动角频率 ω_0 时,吸收信号最强,即出现共振吸收现象.

3. 结果分析

由上面得到的布洛赫方程的稳态解可以看出,稳态共振吸收信号有几个重要特点:

当 $\omega = \omega_0$ 时,v 值为极大,可以表示为 $v_{极大} = \dfrac{\gamma \cdot B_1 T_2 M_0}{1 + \gamma^2 B_1^2 T_1 T_2}$,可见,$B_1 = \dfrac{1}{\gamma \cdot (T_1 T_2)^{1/2}}$ 时,v 达到最大值 $v_{\max} = \dfrac{1}{2} \sqrt{\dfrac{T_2}{T_1}} M_0$. 由此表明,吸收信号的最大值并不是要求 B_1 无限的弱,而是要求它有一定的大小.

共振时 $\Delta\omega = \omega_0 - \omega = 0$,则吸收信号的表示式中包含有 $S = \dfrac{1}{1 + \gamma \cdot B_1^2 T_1 T_2}$ 项,也就是说,B_1 增加时,S 值变小,这意味着自旋系统吸收的能量减少,相当于高能级部分被饱和,所以人们称 S 为饱和因子.

实际的核磁共振吸收不是只发生在由式(5-4-7)所决定的单一频率上,而是发生在一定的频率范围内. 即谱线有一定的宽度. 通常把吸收曲线半高度的宽度所对应的频率间隔称为共振线宽. 由弛豫过程造成的线宽称为本征线宽. 外磁场 B_0 不均匀也会使吸收谱线加宽. 由式(5-4-29)可以看出,吸收曲线半宽度为

$$\omega_0 - \omega = \dfrac{1}{T_2(1 - \gamma^2 B_1^2 T_1 T_2^{1/2})} \tag{5-4-33}$$

可见,线宽主要由 T_2 值决定,所以横向弛豫时间是线宽的主要参数.

◎ 脉冲核磁共振

1. 射频脉冲磁场瞬态作用

实现核磁共振的条件:在一个恒定外磁场 B_0 作用下,另在垂直于 B_0 的平面(x , y 平面)内加进一个旋转磁场 B_1,使 B_1 转动方向与 μ 的拉摩尔进动同方向,见图5-4-7. 如 B_1 的转动频率 ω 与拉摩尔进动频率 ω_0 相等时,μ 会绕 B_0 和 B_1 的合矢量进动,使 μ 与 B_0 的夹角 θ 发生改变,θ 增大,核吸收 B_1 磁场的能量使势能增加. 如果 B_1 的旋转频率 ω 与 ω_0 不等,自旋系统会交替地吸收和放出能量,没有净能量吸收. 因此能量吸收是一种共振现象,只有 B_1 的旋转频率 ω 与 ω_0 相等才能使发生共振.

旋转磁场 B_1 可以方便地由振荡回路线圈中产生的直线振荡磁场得到. 因为一个 $2B_1 \cos(\omega t)$ 的直线磁场,可以看成两个相反方向旋转的磁场 B_1 合成,见图5-4-8. 一个与拉摩尔进动同方向,另一个反方向. 反方向的磁场对 μ 的作用可以忽略. 旋转磁场作用方式可以采用连续波方式也可以采用脉冲方式.

因为磁共振的对象不可能是单个核,而是包含大量等同核的系统,所以用体磁化强度 M 来描述,核系统 M 和单个核 μ_i 的关系为

$$M = \sum_{i=1}^{N} \mu_i \tag{5-4-34}$$

M 体现了原子核系统被磁化的程度. 具有磁矩的核系统,在恒磁场 B_0 的作用下,宏观体磁化

矢量 M 将绕 B_0 做拉摩尔进动,进动角频率

$$\omega_0 = \gamma B_0 \tag{5-4-35}$$

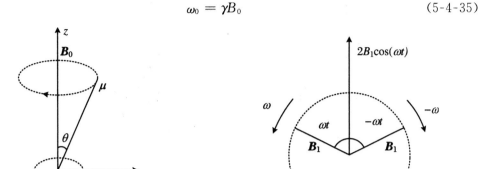

图 5-4-7　拉摩尔进动　　　　　　　　　图 5-4-8　直线振荡场

如引入一个旋转坐标系 (x', y', z),z 方向与 B_0 方向重合,坐标旋转角频率 $\omega = \omega_0$,则 M 在新坐标系中静止. 若某时刻,在垂直于 B_0 方向上施加一射频脉冲,其脉冲宽度 t_p 满足 $t_p \ll T_1$,$t_p \ll T_2$(T_1,T_2 为原子核系统的弛豫时间),通常可以把它分解为两个方向相反的圆偏振脉冲射频场,其中起作用的是施加在轴上的恒定磁场 B_1,作用时间为脉宽 t_p,在射频脉冲作用前 M 处在热平衡状态,方向与 z 轴(z' 轴)重合,施加射频脉冲作用,则 M 将以频率 γB_1 绕 x' 轴进动.

M 转过的角度 $\theta = \gamma B_1 t_p$(如图 5-4-9 中(a)所示)称为倾倒角,如果脉冲宽度恰好使 $\theta = \pi/2$ 或 $\theta = \pi$,称这种脉冲为 90° 或 180° 脉冲. 90° 脉冲作用下 M 将倒在 y' 上,180° 脉冲作用下 M 将倒向 $-z$ 方向. 由 $\theta = \gamma B_1 t_p$ 可知,只要射频场足够强,则 t_p 值均可以做到足够小而满足 $t_p \ll T_1, t_p \ll T_2$,这意味着射频脉冲作用期间弛豫作用可以忽略不计.

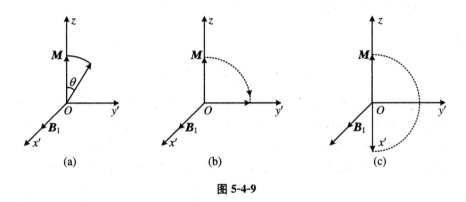

图 5-4-9

2. 脉冲作用后体磁化强度 M 的行为——自由感应衰减(FID)信号

设 $t = 0$ 时刻加上射频场 B_1,到 $t = t_p$ 时 M 绕 B_1 旋转 90° 而倾倒在 y' 轴上,这时射频场 B_1 消失,核磁矩系统将由弛豫过程回复到热平衡状态. 其中 $M_z \to M_0$ 的变化速度取决于 T_1,$M_x \to 0$ 和 $M_y \to 0$ 的衰减速度取决于 T_2,在旋转坐标系看来,M 没有进动,恢复到平衡位置的过程如图 5-4-10 中(a)所示. 在实验室坐标系看来,M 绕 z 轴旋进按螺旋形式回到平衡位置,如图 5-4-10 中(b)所示.

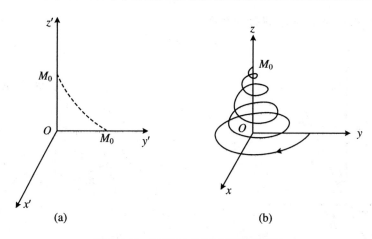

(a) (b)

图 5-4-10　90°脉冲作用后的弛豫过程

在这个弛豫过程中,若在垂直于 z 轴方向上置一个接收线圈,便可感应出一个射频信号,其频率与进动频率 ω_0 相同,其幅值按照指数规律衰减,称为自由感应衰减信号,也写作FID信号.经检波并滤去射频以后,观察到的 FID 信号是指数衰减的包络线,如图 5-4-11(a)所示.FID 信号与 M 在 xy 平面上横向分量的大小有关,所以 90°脉冲的 FID 信号幅值最大,180°脉冲的幅值为零.

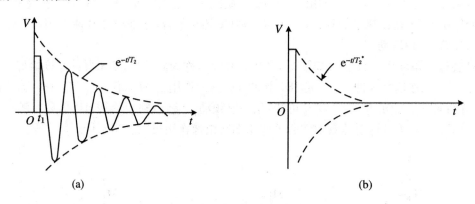

(a) (b)

图 5-4-11　自由感应衰减信号

实验中由于恒定磁场 B_0 不可能绝对均匀,样品中不同位置的核磁矩所处的外场大小有所不同,其进动频率各有差异,实际观测到的 FID 信号是各个不同进动频率的指数衰减信号的叠加,如图 5-4-11 中(b)所示,设 T_2' 为磁场不均匀所等效的横向弛豫时间,则总的 FID 信号的衰减速度由 T_2 和 T_2' 两者决定,可以用一个称为表观横向弛豫时间 T_2^* 来等效

$$\frac{1}{T_2^*} = \frac{1}{T_2} + \frac{1}{T_2'} \tag{5-4-36}$$

若磁场域不均匀,则 T_2' 越小,从而 T_2^* 也越小,FID 信号衰减也越快.

3. 弛豫过程

弛豫和射频诱导激发是两个相反的过程,当两者的作用达到动态平衡时,实验上可以观测到稳定的共振讯号.处在热平衡状态时,体磁化强度 M 沿 z 方向,记为 M_0.弛豫因涉及体磁化强度的纵向分量和横向分量变化,故分为纵向弛豫和横向弛豫.纵向弛豫又称为自旋-

晶格弛豫. 宏观样品是由大量小磁矩的自旋系统和它们所依附的晶格系统组成. 系统间不断发生相互作用和能量变换,纵向弛豫是指自旋系统把从射频磁场中吸收的能量交给周围环境,转变为晶格的热能. 自旋核由高能态无辐射地返回低能态,能态粒子数差 n 按下式规律变化:

$$n = n_0 \exp(-t/T_1) \tag{5-4-37}$$

式中 n_0 为时间 $t=0$ 时的能态粒子差, T_1 粒子数的差异与体磁化强度 $\boldsymbol{M}$ 的纵向分量 M_z 的变化一致,粒子数差增加 M_z 也相应增加,故 T_1 称为纵向弛豫时间. T_1 是自旋体系与环境相互作用时的速度量度, T_1 的大小主要依赖于样品核的类型和样品状态,所以对 T_1 的测定可知样品核的信息.

横向弛豫又称为自旋-自旋弛豫. 自旋系统内部也就是说核自旋与相邻核自旋之间进行能量交换,不与外界进行能量交换,故此过程体系总能量不变. 自旋-自旋弛豫过程,由非平衡进动相位产生时的体磁化强度 $\boldsymbol{M}$ 的横向分量 $M_\perp \neq 0$ 恢复到平衡态时相位无关 $M_\perp = 0$ 表征,所需的特征时间记为 T_2. 由于 T_2 与体磁化强度的横向分量 $M_\perp$ 的弛豫时间有关,故 T_2 也称横向弛豫时间. 自旋-自旋相互作用也是一种磁相互作用,进动相位相关主要来自于核自旋产生的局部磁场. 射频场 $\boldsymbol{B}_1$、外磁场空间分布不均匀都可看成是局部磁场.

4. 自旋回波法测量横向弛豫时间 T_2($90°\sim\tau\sim180°$脉冲序列方式)

自旋回波是一种用双脉冲或多个脉冲来观察核磁共振信号的方法,它特别适用于测量横向弛豫时间 T_2,谱线的自然线宽是由自旋-自旋相互作用决定的,但在许多情况下,由于外磁场不够均匀,谱线就变宽了,与这个宽度相对应的横向弛豫时间是前面讨论过的表观横向弛豫时间 T_2^*,而不是 T_2 了,但用自旋回波法仍可以测出横向弛豫时间 T_2.

实际应用中,常用两个或多个射频脉冲组成脉冲序列,周期性的作用于核磁矩系统. 比如在 $90°$ 射频脉冲作用后,经过 τ 时间再施加一个 $180°$ 射频脉冲,便组成一个 $90°\sim\tau\sim180°$ 脉冲序列,这些脉冲序列的脉宽 t_p 和脉距 τ 应满足下列条件:

$$t_p \ll T_1, T_2, \tau \tag{5-4-38}$$

$$T_2^* < \tau < T_1, T_2 \tag{5-4-39}$$

$90°\sim\tau\sim180°$脉冲序列的作用结果如图 5-4-12 所示,在 $90°$ 射频脉冲后即观察到 FID 信号;在 $180°$ 射频脉冲后面对应于初始时刻的 2τ 处可以观察到一个"回波"信号. 这种回波信号是在脉冲序列作用下核自旋系统的运动引起的,所以称为自旋回波.

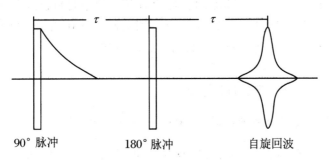

图 5-4-12　自旋回波信号

以下用图 5-4-13 来说明自旋回波的产生过程. 图 5-4-13 中(a)表示体磁化强度 $\boldsymbol{M}_0$ 在 $90°$ 射频脉冲作用下绕 x' 轴转到 y' 轴上;图 5-4-13 中(b)表示脉冲消失后核磁矩自由进动受

到 B_0 不均匀的影响,样品中部分磁矩的进动频率不同,引起磁矩的进动频率不同,使磁矩相位分散并呈扇形展开.为此可把 M 看成是许多分量 M_i 之和.从旋转坐标系看来,进动频率等于 ω_0 的分量相对静止,大于 ω_0 的分量(图中以 M_1 代表)向前转动,小于 ω_0 的分量(图中以 M_2 为代表)向后转动;图 5-4-13 中(c)表示 180°射频脉冲的作用使磁化强度各分量绕 z' 轴翻转 180°,并继续它们原来的转动方向运动;图 5-4-13 中(d)表示 $t = 2\tau$ 时刻各磁化强度分量刚好汇聚到 $-y'$ 轴上;图 5-4-13 中(e)表示 $t > 2\tau$ 以后,用于磁化强度各矢量继续转动而又呈扇形展开.因此,在 $t = 2\tau$ 处得到如图 5-4-12 所示的自旋回波信号.

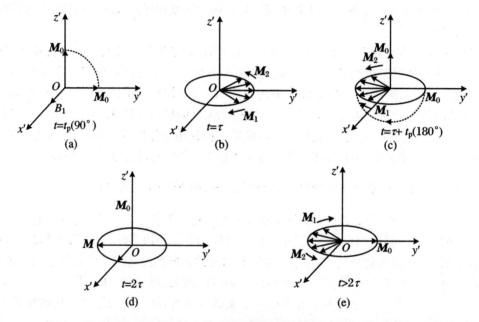

图 5-4-13 90°~τ~180°自旋回波矢量图解自旋回波信号

由此可知,自旋回波与 FID 信号密切相关,如果不存在横向弛豫,则自旋回波幅值应与初始的 FID 信号一样,但在 2τ 时间内横向弛豫作用不能忽略,体磁化强度各横向分量相应变小,使得自旋回波信号幅值小于 FID 信号的初始幅值,而且脉距 τ 越大则自旋回波幅值越小,并且回波幅值 U 与脉距 τ 存在以下关系:

$$U = U_0 e^{-t/T_2} \tag{5-4-40}$$

式(5-4-39)中 $t = 2\tau$, U_0 是 90°射频脉冲刚结束时 FID 信号的初始幅值,实验中只要改变脉距 τ,则回波的峰值就相应地改变,若依次增大 τ 测出若干个相应的回波峰值,便得到指数衰减的包络线.对式(5-4-39)两边取对数,可以得到直线方程

$$\ln U = \ln U_0 - 2\tau/T_2 \tag{5-4-41}$$

式中 2τ 作为自变量,则直线斜率的倒数便是 T_2.

5. 反转恢复法测量纵向弛豫时间 T_1(180°~90°脉冲序列)

当系统加上 180°脉冲时,体磁化强度 M 从 z 轴反转至 $-z$ 方向,而由于纵向弛豫效应使 z 轴方向的体磁化强度 M_z 幅值沿 $-z$ 轴方向逐渐缩短,乃至变为零,再沿 z 轴方向增长直至恢复平衡态 M_0, M_z 随时间变化的规律是以时间 T_2 呈指数增长,见图 5-4-14.

用式表示为

$$M_z(t) = M_0(1 - 2\mathrm{e}^{-t/T_1}) \qquad\qquad (5\text{-}4\text{-}42)$$

为检测 M_z 瞬时值 $M_z(t)$,在 $180°$ 脉冲后,隔一时间 t 再加上 $90°$ 脉冲,使 M_z 倾倒至 x' 与 y' 构成平面上产生一自由衰减信号.这个信号初始幅值必定等于 $M_z(t)$.如果等待时间 t 比 T_1 长得多,样品将完全恢复平衡.用另一不同的时间间隔 t 重复 $180°\sim90°$ 脉冲序列的实验,得到另一 FID 信号初始幅值.这样,把初始幅值与脉冲间隔 t 的关系画出曲线,就能得到图 5-4-14.

曲线表征体磁化强度 $\boldsymbol{M}$ 经 $180°$ 脉冲反转后 $M_z(t)$ 按指数规律恢复平衡态的过程.以此实测曲线可算出纵向弛豫时间 T_1(自旋-晶格弛豫时间).最简约的方法是寻找 $M_z(t) = 0$ 处,由式 $T_1 = t_n/\ln 2 = 1.44t_n$ 得到.

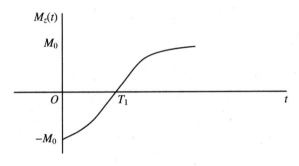

图 5-4-14　M_z 随 t 的变化曲线

【实验装置】

FD-PNMRC 型脉冲核磁共振实验仪一套(恒温箱一个、控制主机两台)、PC 机一台.如图 5-4-15 所示.

图 5-4-15　脉冲核磁共振实验装置

【实验内容】

1. 仪器连接

将射频发射主机(表头标志"磁铁调场电源显示")后面板中"信号控制(电脑)"9 芯串口

座用白色串行口连接线(注意一定要用白色串行连接线)与电脑主机的串口连接;将"调场电源"用两芯带锁航空连接线与恒温箱体后部的"调场电源"连接;将"放大器电源"用五芯带锁航空连接线与恒温箱体后部的"放大器电源"连接;将"射频信号(O)"用带锁 BNC 连接线与恒温箱体后部的"射频信号(I)"连接;最后插上电源线.

将信号接收主机(表头标志"磁铁匀场电源显示")后面板中"恒温控制信号"用黑色串行连接线(注意一定要用黑色串行连接线,内部接线与白色不同)与恒温箱体后部的"恒温控制信号"连接;将"加热电源"用四芯带锁航空连接线与恒温箱体后部的"加热电源(220 V)"连接;将"前放信号(I)"用带锁 BNC 连接线与恒温箱体后部的"前放信号(O)"连接;用 BNC 转音频连接线将"共振信号(接电脑)"与电脑麦克风音频插座连接,插上电源线.

2. 仪器预热准备

打开主机后面板的电源开关,可以看到恒温箱体上的温度显示的是磁铁的当前温度,一般与当时、当地的室内温度相当,过一段时间可以看到温度升高,这说明加热器在工作,磁铁温度在升高,因为永磁铁有一定的温漂,所以仪器设置了 PID 恒温控制系统,每台仪器都控制在 36.50 ℃,这样在不同的环境下能够保证磁场稳定.经过 3～4 h(各地季节变化会导致恒温时间的不同),可以看到磁铁稳定在 36.50 ℃(有时会在 36.44～36.56 ℃ 之间变化,属正常现象).

打开采集软件,点击"连续采集"按钮,电脑控制发出射频信号,频率一般在 20.000 MHz,另外初始值一般为:脉冲间隔 10 ms,第一脉冲宽度 0.36 ms,第二脉冲宽度 0.72 ms,这时仔细调节磁铁调场电源,小范围改变磁场,当调至合适值时,可以在采集软件界面中观察到 FID 信号(调节合适也可以观察到自旋回波信号),这时调节主机面板上"磁铁匀场电源"可以看到 FID 信号尾波的变化.

3. 反转恢复法测量纵向弛豫时间 T_1

反转恢复法是采用 $180°～90°$ 脉冲序列测量纵向弛豫时间 T_1,将脉冲间隔从 0 ms 调节至最大(60 ms),首先调节第一脉冲为 $180°$ 脉冲,宽度 0.72 ms,第二脉冲为 $90°$ 脉冲,宽度为 0.36 ms,改变脉冲间隔,每隔 5 ms(或 10 ms)测量第二脉冲的尾波幅度,取 N 个点后进行拟合即可得到纵向弛豫时间 T_1.更换不同浓度的 $CuSO_4$ 样品作比较并记录其数值.

4. 用自旋回波(SE 信号)法测量横向弛豫时间 T_2

在上一步的基础上,找到第一脉冲的时间宽度,将脉冲间隔调节至 10 ms,并调节第二脉冲宽度至第一脉冲宽度的两倍(因为仪器本身特性,并不完全是两倍关系),仔细调节匀场电源和调场电源,使自旋回波信号最大.

应用软件测量不同脉冲间隔情况下的回波信号大小,进行指数拟合得到横向弛豫时间 T_2,与表观横向弛豫时间 T_2^* 进行比较,分析磁场均匀性对横向弛豫时间的影响.换取不同的实验样品进行比较.

5. 测量不同浓度的硫酸铜溶液中氢核的横向弛豫时间,分析弛豫时间随浓度变化的关系(选做)

测量过程同上一步骤,测量五种不同浓度的硫酸铜溶液的横向弛豫时间,拟合其关系,具体参见理论及方法相关论文.

【注意事项】

（1）因为永磁铁的温度特性影响,实验前首先开机预热 3~4 h,等到磁铁达到稳定时再开始实验.

（2）仪器连接时应严格按照说明书要求连线,避免出错损坏主机.

【思考题】

（1）脉冲核磁共振实验中,磁感应强度 B_0,B_1 和不均匀磁场 B' 各代表什么物理量?

（2）试述倾倒角 θ 的物理意义. 说明如何实现倾倒角?

（3）何为 $90°$~τ~$180°$ 脉冲序列及 $180°$~$90°$ 脉冲序列? 理解其用处和意义?

（4）不均匀磁场对 FID 信号有何影响?

第6单元 微波技术

引 言

微波技术已有几十年的发展历史,现已成为一门比较成熟的学科.在雷达、通信、导航、遥感、电子对抗以及工农业和科学研究等方面,微波技术都得到了广泛的应用.微波技术是无线电电子学门类中一门相当重要的学科,对科学技术的发展起着重要的作用.

我国近几十年在电磁技术也取得了举世瞩目的发展,出现了一批国之大器,民族脊梁.著名的电磁场理论、天线设计和微波技术专家,中国工程院院士陈敬熊曾经为了打破苏联专家的理论限定,创造性地提出了 Maxwell 方程直接求解法,解决了导弹天线研制中的关键问题,为我国"东风一号"导弹的成功发射填补了技术漏洞.中国天眼之父南仁东,从 1994 年提出建造我国自己的 500 m 口径球面射电望远镜,从选址—实施—建造—落成,南仁东院士经历 23 年的奔波劳累,从壮年走到暮年,把一个朴素的想法变成中国在世界上独一无二的项目.

◎ 微波及其特点

1. 微波的含义

微波是超高频率的无线电波.由于这种电磁波的频率非常高,故微波又称为超高频电磁波.电磁波的传播速度 v 与其频率 f、波长 λ 有下列固定关系:

$$f\lambda = v \tag{6-0-1}$$

若波是在真空中传播,则速度为 $v=c=3\times10^8$ m/s.微波的频率范围通常为 3×10^8 Hz$\sim$ 3×10^{12} Hz,对应的波长范围从 1 m 到 0.1 mm 左右.

为使人们对微波在电磁波谱中所占的位置有一个全貌的了解,现将整个宇宙中电磁波的波段划分列于图 6-0-1 中.从图中可见,微波频率的低端与普通无线电波的"超短波"波段相连接,其高端则与红外线的"远红外"区相衔接.

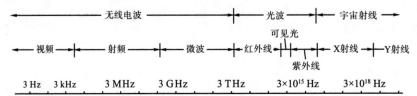

图 6-0-1 宇宙电磁波谱

在使用中,为方便起见,可将微波分为分米波、厘米波、毫米波及亚毫米波等波段.还可做更详细的划分,如厘米波又可分为 10 cm 波段、5 cm 波段、3 cm 波段及 1.25 cm 波段等;毫米波亦可细分为 8 mm、6 mm、4 mm 及 2 mm 波段等.

实际工程中常用拉丁字母代表微波小段的名称.例如 S,C,X 分别代表 10 cm 波段、5 cm 波段和 3 cm 波段,Ka,U,F 分别代表 8 mm 波段、6 mm 波段和 3 mm 波段等,详见表 6-0-1.

表 6-0-1　微波频段的划分

波段	频率范围(GHz)	波段	频率范围(GHz)
UHF	0.30~1.12	Ka	26.50~40.00
L	1.12~1.70	Q	33.00~50.00
LS	1.70~2.60	U	40.00~60.00
S	2.60~3.95	M	50.00~75.00
C	3.95~5.85	E	60.00~90.00
XC	5.85~8.20	F	90.00~140.00
X	8.20~12.40	G	140.00~220.00
Ku	12.40~18.00	R	220.00~325.00
K	18.00~26.00		

2. 微波的特点

属于无线电波的微波,之所以作为一个相对独立的学科来加以研究,是因为它具有下列独特性质:

(1) 频率极高

根据电磁振荡周期 T 与频率 f 的关系式

$$T=1/f \tag{6-0-2}$$

可以推知微波波段的振荡周期在 $10^{-9} \sim 10^{-3}$ s 量级,而普通电真空器件中电子的渡越时间一般为 10^{-9} s 量级,就是说两者属于同一数量级.于是,在低频时被忽略了的电子惯性,亦即电磁波与电子间的相互作用、极间电容和引线电感等的影响就不能再忽视了.普通电子管已不能用作微波振荡器、放大器或检波器了,代之而来的则是建立在新的原理基础上的微波电子管、微波固体器件和量子器件,同时伴随频率的升高,高频电流的趋肤效应、传输系统的辐射效应以及电路的延时效应(相位滞后)等明显地表露出来.

由于微波频率极高,故它的实际可用频带很宽,可达 10^9 Hz 数量级,这是低频无线电波无法比拟的.频带宽意味着信息容量大,这就使微波得到了更广泛的应用.

(2) 波长极短

一种情况:微波的波长比地球上的宏观物体(如飞机、舰船、导弹、卫星、建筑物等)的几何尺寸小得多,故微波照射到这些物体上时将产生强烈的反射.微波最早的应用实例——雷达就是根据这个原理工作的.这种直线传播的特点与几何光学相似,故可以说微波具有"似光特性".利用这一特殊性质,可以制成体积小、方向性很强的天线系统,可以接收到由地面或宇宙空间物体反射回来的微弱信号,从而增加雷达的作用距离并使定位精确.

另一种情况:微波的波长与实验设备(比如波导、微带、谐振腔及其他微波元件)的尺寸相比在同数量级,使得电磁能量分布于整个微波电路之中,形成所谓"分布参数"系统. 这与低频电路有原则区别,因为低频时电场和磁场能量是分别集中于所谓"信总参数"的各个元件中.

(3) 能穿透电离层

地球大气外层由厚厚一层电离层所包围. 低频无线电波由于频率低,所以当它射向电离层时,其一部分被吸收,一部分被反射回来. 对低频电磁波来说,电离层形成一个屏蔽层,低频电磁波是无法穿过它的. 而微波的频率很高,它可以穿透电离层,从而成为人类探测外层空间的"宇宙之窗". 这样不仅可以利用微波进行卫星通信和宇航通信,也为射电天文学等学科的研究开拓了广阔前程.

(4) 量子特性

根据量子理论,电磁辐射的能量不是连续的,而是由一个个的"光量子"所组成的. 单个量子的能量与其频率的关系为

$$E=hf \tag{6-0-3}$$

式中 $h=4\times10^{-15}$ eV/s,称为普朗克常数. 由于低频电波的频率很低,量子能量很小,故量子特性不明显. 微波波段的电磁波,单个量子的能量为 $10^{-6}\sim10^{-3}$ eV,而一般顺磁物质在外磁场中所产生的能级间的能量差额介于 $10^{-5}\sim10^{-4}$ eV 之间,因而电子在这些能级间跃迁时所释放或吸收的量子的频率是属于微波范畴的,因此,微波可用来研究分子和原子的精细结构. 同样地,在超低温时物体吸收一个微波量子也可产生显著反应. 上述两点对近代尖端科学,如微波波谱学、量子无线电物理的发展都起着重要作用.

◎ 微波的应用

研究微波的产生、放大、传输、辐射、接收和测量的学科称为微波技术,它是近代科学技术的重大成就之一. 微波技术的发展是和它的应用紧密联系在一起的. 微波的实际应用极为广泛,主要有以下几个方面:

1. 雷达

雷达是微波技术应用的典型例子. 在第二次世界大战期间,敌对双方为了迅速准确地发现敌人的飞机和舰船的踪迹,继而又为了指引飞机或火炮准确地攻击目标,发明了可以进行探测、导航和定位的装置,这就是雷达. 事实上,正是由于第二次世界大战期间对于雷达的急需,微波技术才迅速发展起来. 雷达的发展经过了几个阶段. 为适应各种不同要求,雷达的种类很多,性能也在不断提高. 现代雷达多数是微波雷达. 迄今为止,各种类型的雷达,例如导弹跟踪雷达、炮火瞄准雷达、导弹制导雷达、地面警戒雷达乃至大型国土管制相控阵雷达等,仍然代表微波频率的主要应用. 又例如,微波超远程预警雷达的作用距离可达一万千米以上,从而可以给出几十分钟的预警时间以应付洲际导弹的突然袭击.

除军事用途之外,还发展了多种民用雷达,如气象探测雷达、医用雷达、盲人雷达、防盗雷达、汽车防撞雷达及机场交通管制雷达等. 这些雷达也多是利用微波频率.

2. 通信

由于微波的可用频带宽、信息容量大,所以一些传送大信息量的远程设备都采用微波作

为载体. 微波多路通信是利用微波中继站来实现高效率、大容量的远程通信的. 由于微波的传播只在视距内有效, 所以, 这种接力通信方式是把人造卫星作为微波接力站. 美国在 1962 年 7 月发射的第一个卫星微波接力站——Telstar 卫星, 首次把现场的电视图像由美国传送到欧洲. 这种卫星的直径只有 88 cm, 因而, 有效的天线系统只可能在微波波段. 近年来, 利用微波的卫星通信得到了进一步的发展, 利用互成 120°角的 3 个定点同步卫星, 可以实现全球性的电视转播和通信联络.

3. 工农业的应用

在工农业生产方面广泛应用微波进行加热和测量. 利用微波进行测量的一个典型例子是微波湿度计. 它是利用微波通过物质时被吸收而减弱的原理制成的. 它可以用来测量煤粉、石油或各种农作物的水分, 检查粮库的湿度, 测量土壤、织物等的含水量等. 微波加热的独特优点是从物质内部加热, 内外同热, 无须传热过程, 瞬时可达高温, 因而加热速度快、均匀、质量好, 而且能进行自动控制. 微波加热现已应用于造纸、印刷、制革、橡胶、木材加工及卷烟等工业生产中. 在农业上, 微波已用来灭虫、育种、育蚕和谷物干燥等. 在医疗卫生事业中, 微波不仅可用于某些疾病的诊断, 还可用于治疗, 如微波理疗、微波针灸、冷藏器官的快速解冻以及对浅表皮癌的治疗等. 目前, 有人正利用微波进行节制生育的科学研究. 微波热效应的研究也十分活跃, 这将为微波在化学、生物学和医学诸方面的应用开辟新的途径.

4. 微波能的应用

微波本身可以作为一种能源. 目前, 微波加热不仅应用于许多工农业部门, 而且已广泛用于食物烹调. 微波作为能源还有更为令人神往的应用前景, 即在未来的卫星太阳能电站的应用中, 可先将太阳能变为直流电流, 再转换成微波能量发射回地面接收站, 最后将接收到的微波能量转换成直流电功率, 以供人类使用.

实验 6-1　反射式速调管的工作特性

反射式速调管是一种微波电子管, 一般用作实验室的小功率微波振荡器, 它是实验室使用的微波信号源的核心部分. 熟悉速调管的原理、结构、工作特性和使用方法, 是正确使用微波信号源的基础.

微波的振荡周期与电子的渡越时间可以比拟, 甚至还要小, 使得普通电子管在微波波段不能使用; 而反射式速调管正是利用微波这一特点而设计成的微波振荡管. 测量速调管中电子的渡越时间, 可以加深对速调管工作原理的理解.

【实验目的】

(1) 熟悉反射式速调管的结构、特性和使用方法.
(2) 测量反射式速调管中电子渡越时间.

【实验原理】

◎ 速调管的工作特性

1. 速调管的结构、特性和使用方法

反射式速调管主要由阴极、谐振腔和反射极 3 部分组成（原理结构图参看图 6-1-1 和图 6-1-2）. 从阴极飞出的电子被谐振腔上的正电压加速,穿过栅网. 在反射极反向电压的作用下,运动电子返回栅网.当满足一定条件时,在谐振腔中产生微波振荡,微波能量由同轴探针输出.

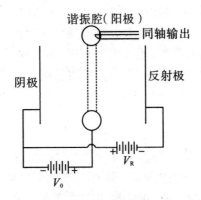

图 6-1-1　反射式速调管的结构原理图

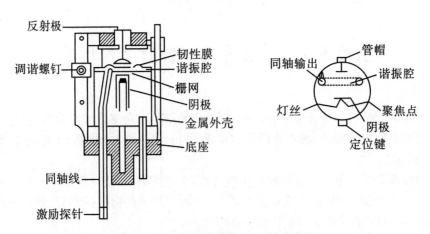

图 6-1-2　反射式速调管 K-27 的结构图

反射式速调管 K-27 探常用于 3 cm 波段,图 6-1-2 中给出了其结构图.图中调谐螺钉的作用是通过改变谐振腔两个栅网的距离来改变调谐频率.

反射式速调管的特性曲线(在一定的阳极电压情况下,输出功率 P 以及振荡频率 f 与反射极电压 V_R 的关系曲线)如图 6-1-3 所示. 由图可以看出下列特性:具有分立的振荡模;改变反射极电压会引起微波功率和频率的变化;存在最佳振荡模;各个振荡模的中心频率相同

等.可归纳为:

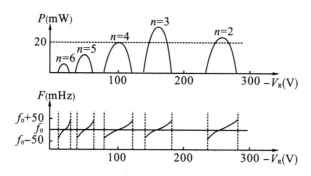

图 6-1-3 反射式速调管 K-27 探的特性曲线

(1)反射式速调管并不是在任意的反射极电压数值都能发生振荡,只有在某些特定值才能振荡.每一个有振荡输出功率的区域,叫作速调管的振荡模,n 表示振荡模的序号.

(2)对于每一个振荡模,当反射极电压 V_R 变化时,速调管的输出功率 P 和振荡频率 f 都随之变化.在振荡模中心的反射极电压上,输出功率最大,而且输出功率和振荡频率随反射极电压的变化也比较缓慢.

(3)输出功率最大的振荡模,叫作最佳振荡模(图 6-1-3 中 $n=3$ 的振荡模).为了使速调管具有最大的输出功率和稳定的工作频率,通常使速调管工作在最佳振荡模的中心反射极电压上.

(4)各个振荡模的中心频率相同,通常称为速调管的工作频率.调整反射式速调管的振荡频率有两种方法:电子调谐和机械调谐.

用改变反射极电压来实现振荡频率变化的方法,称为电子调谐(可使频率小范围内变化,一般 $\Delta f \leqslant 0.005 f_0$).一个振荡模的半功率点所对应的频率宽度,称为该振荡模的电子调谐范围(图 6-1-4 中的 $|f_1 - f_2|$),半功率点所对应的频率宽度与电压宽度的比值 $\left| \dfrac{f_1 - f_2}{V_1 - V_2} \right|$ 称为平均电子调谐率.

要使速调管的频率有较大的变化,可以通过慢慢转动调谐螺钉(图 6-1-2)改变谐振腔的大小来实现,这种方法称为机械调谐.

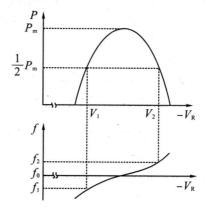

图 6-1-4 电子调谐范围(阳极电压 $V_0 = 300$ V,波长 $\lambda = 3.2$ cm)

2. 反射式速调管的工作状态

一般有三种：

（1）连续振荡状态

就是我们在上文讨论过的工作状态，亦即在反射极上不加任何调制电压，调节反射极电压使反射式速调管处在最佳工作状态（在最佳振荡模的最大输出功率处，具有较好的功率和频率稳定性）。

（2）方波（或矩形脉冲）调幅状态

图 6-1-5 表示反射式速调管在方波调幅时的特性。为了获得纯粹的调幅振荡，避免引起附加的调频，调制电压必须为严格的方波，而且要选择合适的反射极电压（直流工作点），使调制波形的一个半周处在两个振荡模的不振荡区域内，而另一个半周处在振荡模的功率最大点。在实验中是这样做的：先使速调管处在连续振荡的最佳位置，当从连续状态变到调幅状态时，调节方波的幅度使得输出功率为连续状态的一半，此时的调制幅度为合适。

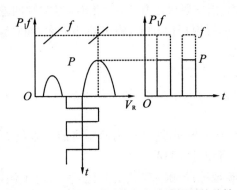

图 6-1-5　反射式速调管在方波调幅时的特性

当速调管处在调幅工作状态时，在微波测量线路中配合使用测量放大器，可以提高测量灵敏度。

（3）锯齿波（或正弦波）调频状态

图 6-1-6 表示反射式调速管在锯齿波调频时的特性。速调管反射极电压的直流工作点选择在某一振荡模的功率最大点，亦即选在频率变化曲线的当中，当锯齿波的幅度比振荡模的宽度小得多时，可以得到近似直线性的调频信号输出，而附加的调幅很小。

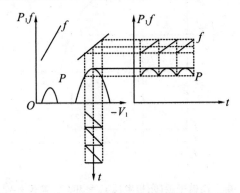

图 6-1-6　反射式速调管在锯齿调频时的特性

当速调管处在调频工作状态时,可用示波器观测微波系统的动态特性.

◎ 反射式速调管的工作原理

为什么反射式速调管会产生微波振荡? 为什么只有在某些特定的反射极电压数值时才有输出功率(存在着分立的振荡模)? 为什么能够对反射式速调管进行电子调谐和机械调谐? ……为了回答这些问题,这里简单介绍反射式速调管的工作原理.

要研究振荡的产生,就必须分析速调管中电子的运动过程和能量转换机构. 参看图 6-1-7,从阴极飞出的电子被谐振腔上的正电压所加速,这时直流电源的能量转化为真空中运动电子的动能. 问题就在于:怎样把运动电子的动能变成微波振荡的能量? 电子在加速电场的作用下飞入谐振腔,在腔中激起感应电流脉冲,使谐振腔中发生了振荡,因而在两个栅网间产生了一个微弱的微波电场. 穿过栅网的电子受到微波电场的作用,可能受到加速或减速,速度发生变化,亦即电子受到速度调制. 在正半周内电子被微波电场加速,微波电场把能量传给电子;在负半周内电子被微波电场减速,微波电场从电子取得能量. 因为电子是均匀连续地从阴极发出的,所以在正半周内电子取得的能量等于负半周内电子失去的能量. 总的来说,微波电场净得的能量为零,微波振荡不发生.

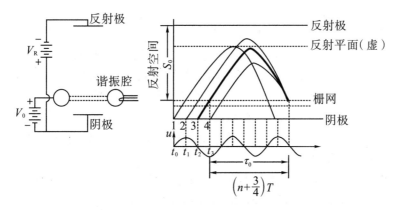

图 6-1-7　反射式速调管内电子的运动轨迹

为了产生振荡,必须在加速的半周内,使电子完全不通过间隙,或者通过的电子数比减速的半周时少. 那么,关键就在于:① 怎样把密度均匀的电子流变成疏密相间的电子流(电子的密度调制)? ② 怎样使密集的电子团在通过栅网时正好受到微波电场的减速? 上面的两点要求是通过反射极来实现的. 为了解释电子团的形成,让我们来研究 4 个在不同时刻飞过栅网的电子的运动并画出它们运动的空间时间图(图 6-1-7):电子 1 在通过栅网时,微波电场 $E=0$,速度不变,进入反射空间,到达反射平面(假想的)后返转;电子 2 通过栅网时,微波电场 $E=\xi_{max}$,受到加速,越过反射平面后返转;电子 3 通过栅网时速度不变,进入反射空间到达反射平面后返转;电子 4 通过栅网时,微波电场 $E=-\xi_{max}$,受到减速,未到达反射平面就返转. 电子 3 成为群聚中心,它的运动轨迹如图 6-1-7 中的粗线所示.

在反射空间,距离 S_0、谐振腔电压 V_0 和反射极电压 V_R 合适的情况下,就有可能做到:围绕着群聚中心电子的密集电子团回到栅网时受到微波电场的最大减速,这样微波电场从运动电子净得的能量最大. 如果把电子从离开栅网至回到栅网所需的时间叫作渡越时间(以 τ 表示),则群聚中心电子的渡越时间 τ_0 与微波振荡周期 T 满足下式:

$$\tau_0 = (n + 3/4)T, \quad n = 1, 2, 3, \cdots \tag{6-1-1}$$

此时,电子流给出的功率最大,这一条件相当于振荡的位相条件. 显然,渡越时间 τ_0 与电子的电量 e、质量 m,反射空间的距离 S_0,反射极电压 V_R 以及谐振腔电压 V_0 等有关,它们满足下式:

$$\tau_0 = \frac{4S_0\sqrt{\dfrac{mV_0}{2e}}}{V_0 + |V_R|} \tag{6-1-2}$$

群聚中心电子在反射空间中的运动,就好像在重力场中铅直上抛小球的运动一样. 感兴趣的话可推导一下上式. 利用式(6-1-1)和式(6-1-2),并注意到 $T = 1/f$(f 为微波频率),我们有

$$\frac{4S_0\sqrt{\dfrac{mV_0}{2e}}}{V_0 + |V_R|} \cdot f = n + \frac{3}{4} \tag{6-1-3}$$

上式表明:只有 V_0 和 $|V_R|$ 为某些值时才能产生振荡,而且对于一定的 n 和 V_0,改变 V_R 会引起 f 的改变,因此反射式速调管具有如图 6-1-3 所示的工作特性曲线,从而也就不难解释本节开始时提出的那些问题. 值得指出的是,由式(6-1-1)可以看出微波振荡周期与电子渡越时间可以比拟,甚至还要小,这就是我们在本单元引言中讲到的微波特点之一. 反射式速调管之所以能产生振荡,正是巧妙地利用了这一特点.

满足了相位条件,只是说明振荡可能产生而不是一定会产生. 如果直流的电子流太小,由群聚中心电子团所能传递给微波电场的功率不足以克服电路和负载中的损耗时,振荡就不发生. 因此,要使振荡发生,还需要第二个条件,即要求直流电子流大于某一最小电流(起始电流),也即 $i > i_0$. 这一条件相当于振荡的幅值条件,起始电流 i_0 与电路及外负载有关,并与 $n + 3/4$ 成比例. 式(6-1-1)、式(6-1-2)就是振荡的位相条件和幅值条件,当这两个条件都满足时,微波振荡常常会发生.

使用速调管振荡器时要注意爱护仪器,熟悉仪器面板上各个开关、旋钮的作用,并采取正确的使用方法(注意施加电压的步骤和各极电压的极限值).

2. 电子渡越时间的测定

测量速调管中电子的渡越时间,可以加深对速调管工作原理的理解. 群聚中心电子的渡越时间 τ_0 由下列关系式决定

$$\tau_0 = \left(n + \frac{3}{4}\right)T \quad (n = 1, 2, 3, \cdots), \quad \tau_0 = \frac{4S_0\sqrt{\dfrac{mV_0}{2e}}}{V_0 + |V_R|} \tag{6-1-4}$$

这里 $|V_R|$ 是相应的模中心反射极电压. 以上两式中含有两个未知量:n(振荡模的序号,参看图 6-1-3)和 S_0(反射空间距离). 利用实验数据(在我们的实验中可以观测到 4 个振荡模)和式(6-1-3),可以算出 n 和 S_0. 下面介绍两种方法.

(1) 求解方程法

式(6-1-3)中含有两个未知量,原则上有两个方程联立即可求解. 由 4 个振荡模的数据可以列出 4 个方程,两两组合解出 n 和 S_0,再求平均值给出结果.

(2) 拟合直线法

将式(6-1-3)变成直线方程 $y = a + bx$,其中 $x = (V_0 + |V_R|)^{-1}$. 当式(6-1-3)中的 n 取值

为 $n, n+1, n+2, n+3$ 时,相应有 $y=1,2,3,4,$

$$a=0.25-n, \quad b=4S_0\sqrt{\frac{mV_0}{2e}} \cdot f_0 \tag{6-1-5}$$

利用计算器可以求出截距 a 和斜率 b.

已知电子电量 $e=-1.602\times10^{-19}$ C,质量 $m=9.109\times10^{-31}$ kg,由实验数据 $V_0, |V_R|,$ f_0 以及 a, b,可由式(6-1-5)求出 n 和 S_0,从而算出群聚中心电子的渡越时间 τ_0.测量结果表明,渡越时间和微波振荡周期可以比拟,甚至还要小.

【实验装置】

考虑到观测速调管工作特性的需要,以及熟悉常用微波元件和掌握 3 种基本测量的要求,我们采用图 6-1-8 的实验线路.

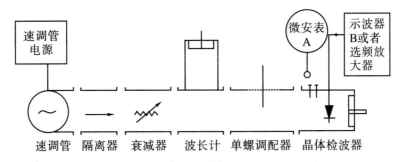

图 6-1-8　实验线路

速调管电源提供阳极电压、反射极电压和灯丝电压,有的还提供反射极的调制电压(方波调制和锯齿波调制).

参考型号:WY-19A 型速调管电源(北京大华无线电仪器厂).

速调管一般采用 K-27 探型反射式速调管,工作频率为 8 600 MHz~9 600 MHz.整个微波测量线路由 3 cm 波段波导元件组成,其主要元件为隔离器(GLX-2 型)、波长计为 DH 系列直读频率计.当速调管处在连续状态时,连接微安表 A;处于方波调幅状态时,B 为测量放大器(DH388A0 型);处于锯齿波调频状态时,B 为示波器.

当用示波器观测速调管的振荡模时,对速调管进行锯齿波调频,并将锯齿波输到示波器的 X 输入端,终端的晶体检波接头输到 Y 输入端.

【实验内容】

(1) 利用示波器观测速调管的各个振荡模.首先开启速调管电源,"谐振腔电压"调到 300 V 左右,工作种类开关打到"锯齿"挡.然后改变反射极电压(要求:V_R 从 -30 V 变化到 -300 V),测出速调管各个振荡模的区间.描绘草图,注明各个振荡模的始点、峰值和终点所对应的反射极电压值以及振荡模高度.

(2) 测量速调管最佳振荡模的功率 P 和反射极电压 V_R 的关系曲线,以及频率 f 和反射极电压 V_R 的关系曲线.将晶体检波器接入微安表,工作种类由"锯齿"挡转至"连续"挡.改变

$|V_R|$,对于每个 V_R 值,利用晶体检波接头测量相对功率 P,并用波长计测量频率.

【数据处理】

(1) 画出几个振荡模的草图.
(2) 画出最佳振荡模的 P-V_R 曲线和 f-V_R 曲线.
(3) 计算最佳振荡模的电子调谐范围和平均电子调谐率.

【思考题】

(1) 怎样使速调管工作在所需要的频率(例如 $f = 9\ 000\ \text{MHz}$)?
(2) 机械调谐和电子调谐的区别是什么?

实验 6-2　波导管的工作状态

　　微波在波导管中的传播情况,可以归结为 3 种状态:匹配状态、驻波状态和混波状态. 观测这 3 种状态,有助于熟悉匹配、反射和驻波等概念.
　　波导中波传播的相速度大于光速 c. 通过测量波导波长和频率的方法来决定相速度、群速度和光速,不仅提供一种测量光速的简便方法(有 4 位有效数字),而且可以进一步明晰微波在波导管中传播的物理图像.

【实验目的】

　　(1) 熟悉微波在波导管的 3 种工作状态:匹配状态、驻波状态和混波状态,并掌握微波 3 种工作状态的基本测量方法.
　　(2) 掌握测量线的正确使用方法,并利用它测量驻波比和波导波长.

【实验原理】

◎ 波导管中波的传播特性

　　一般说,波导管中存在入射波和反射波. 描述波导管中匹配和反射程度的物理量是驻波比或反射系数. 由于终端情况不同,波导管中电磁场的分布情况也不同. 可以把波导管的工作状态归结为 3 种状态:匹配状态、驻波状态和混波状态,它们的电场分布曲线如图 6-2-1 所示.

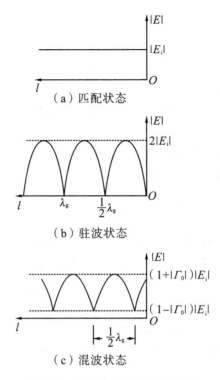

图 6-2-1　电场随 l 而变的分布曲线

如图 6-2-1 所示,在匹配状态,由于不存在反射波,所以电场 $|E_y|=|E_i|$;在驻波状态,终端发生全反射,$|E_i|=|E_r|$,所以在驻波波腹处 $|E|_{max}=|E_i|+|E_r|$,驻波波节处 $|E|_{min}=|E_i|-|E_r|=0$;在混波状态,终端是部分反射,$|E_r|<|E_i|$,所以 $|E|_{max}=|E_i|+|E_r|$,$|E|_{min}=|E_i|-|E_r|\neq0$.

我们知道,波导管中的波导波长 λ_g 大于自由空间波长 λ. 由于 $c=\lambda f$,$v_g=\lambda_g f$,式中 c 为光速,v_g 为相速度. 可见波在波导管中传播的相速度 v_g 大于光速 c. 显然,任何物理过程都不能以超过光速的速度进行,理论分析表明,相速度只是相位变化的速度,并不是波导管中波能量的传播速度(即群速度),因此相速度可以大于光速. 矩形波导管中 TE_{10} 波的物理图像为:一个以入射角 $\theta(\theta=\arccos(\lambda/2a))$ 射向波导管窄壁的平面波,经过窄壁的往复反射后,由入射波和反射波叠加而成 TE_{10} 波. 由此可见,波沿波导管轴传播的相速度 v_g 自然要比斜入射的平面波传播速度 c 来得大. 由相速度 v_g、群速度 u 和光速 c 的关系式

$$v_g u = c^2 \tag{6-2-1}$$

可以看出波能量沿波导管轴传播的速度(群速度 u)小于光速. 实验中,我们通过测量波导波长 λ_g 和频率 f 来决定光速 c、相速度 v_g 和群速度 u.

◎ 驻波测量线的调整、使用和驻波测量

驻波测量线是微波实验室不可缺少的基本仪器,可利用它来进行多种微波参量的测量. 因此,我们要熟悉驻波测量线的结构,掌握它的正确使用方法(如调整探针有合适穿伸度、调谐、晶体检波律等),并利用它来测量驻波比和波导波长.

我们说过,"调节匹配"是微波测试中必不可少的概念和步骤,怎样把微波系统调到匹配

状态呢？按照驻波比的定义

$$\rho = \frac{|E|_{\max}}{|E|_{\min}} \tag{6-2-2}$$

要降低 ρ，须把 $|E|_{\max}$ 调小或把 $|E|_{\min}$ 调大.

在实验中,可把驻波测量线的探针放在驻波极小点或极大点处,采用把 $|E|_{\min}$ 调大或把 $|E|_{\max}$ 调小的方法进行调配. 如把探针放在极小点处,则调节接在测量线端点的调配元件,使探针的输出功率稍为增大(不要增大太多,否则会发生假象——波形移动,这时极小点功率并不增大),然后左右移动探针,看看极小功率是否真正增大. 这样反复调配元件,使极小点功率逐步增大,直至达到最佳匹配状态.

◎ 晶体的检波特性曲线和检波律的测定

在测量驻波比时,驻波波腹和波节的大小由检波晶体的输出信号测出. 晶体的检波电流 I 和传输线探针附近的高频电压 E 的关系必须正确测定. 根据检波晶体的非线性特征,可以写出

$$I = k_1 E^n \tag{6-2-3}$$

如驻波测量线晶体检波律 $n=1$ 称为直线性检波,$n=2$ 称为平方律检波. n 的数值可按下法测定. 令驻波测量线终端短路,此时沿线各点驻波振幅与终端距离 l 的关系为

$$|E| = k_2 \left| \sin \frac{2\pi l}{\lambda} \right| \tag{6-2-4}$$

设以线上 $l=l_0$ 处的电场驻波波节为参考点,将探针由参考点向左移动,线上驻波电场值 $|E|$ 由零增大,而检波电流 I 也相应地由零增大,每一驻波电场值便有一相应的检波电流值. 如果测量时不必知道检波律 n,我们由实验测 $I(l)$,由式(6-2-4)算出 $|E(l)|$,直接画出 I-$|E|$ 的关系曲线,利用它可以由实际测得的检波电流值找出相应的驻波电场相对值,从而求出正确的驻波比(参看图 6-2-2).

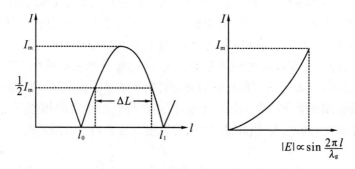

图 6-2-2 晶体检波器特性的测定

如果需要知道检波律 n,可以由实验测量在两个相邻波节之间的驻波曲线 $I(l)$,再利用下列关系式求出 n：

$$n = \frac{-0.301\,0}{\lg \cos \dfrac{\pi \Delta l}{\lambda_g}} \tag{6-2-5}$$

其中 Δl 为驻波曲线上 $I = I_m/2$ 两点的距离,I_m 为波腹的检波电流.

【实验装置】

根据测量波导管工作状态的需要,实验装置如图 6-2-3 所示.

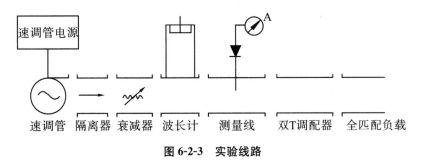

图 6-2-3　实验线路

速调管电源"工作种类"置于"连续",谐振腔电压调到 300 V 左右,反射极电压调至最佳振荡模峰制值对应的电压 V_R,通电前预热 3 min.

速调管一般采用 K-27 探型反射式速调管,工作频率为 8 600 MHz～9 600 MHz. 整个微波测量线路由 3 cm 波段波导元件组成,其主要元件为隔离器(GLX-2 型)、波长计和驻波测量线(DH364A00 型).

图 6-2-3 实验线路中,可以通过调节双 T 调配器来改变驻波测量线的终端情况,观测波导管的 3 种工作状态,也可以在驻波测量线终端接上可变电抗器(短路活塞)来观测驻波状态,或接上匹配负载来观测匹配状态.

【实验内容】

(1) 练习调节匹配,测量小驻波比和中驻波比. 把反射极电压调到最佳振荡模峰值对应的 V_R 值,并固定下来,以便在工作频率为 f_0 的情况下进行观测波导管工作状态的实验. 调整好驻波测量线. 利用双 T 调配器,改变测量线终端的状态,练习调节匹配,调到最佳匹配状态(要求 $\rho<1.10$). 用测量小驻波比的方法,测量这时的驻波比. 利用双 T 调配器,改变测量线终端的状态,调到混波状态(要求 $\rho=2\sim3$)后,测量中驻波比.

(2) 观察驻波图形. 在驻波测量线终端接上金属板,此时微波在波导中处于驻波状态. 观察驻波图形,并用平均值法测定波节的位置,要求测 3 个相邻波节(两个 $\lambda_g/2$ 之差≤0.01 mm),确定波导波长. 利用波长计测量微波频率 f.

(3) (选做)测量两个相邻波节之间的驻波曲线 I-l.

【数据处理】

(1) 利用驻波比 ρ 和反射系数 Γ_0 的关系式 $|\Gamma_0|=(\rho-1)/(\rho+1)$,分别计算测出的最小驻波比和中驻波比所对应的 $|\Gamma_0|$.

(2) 在小驻波状态下,用波长计测量自由空间波长 λ,并由公式

$$\lambda_g = \lambda \Big/ \sqrt{1 - \left(\frac{\lambda}{\lambda_c}\right)^2}$$

计算波导波长 λ_g,式中 λ_c 为临界波长,$\lambda_c = 2a(a = 22.86 \text{ mm})$.

(3) 将驻波测量线测得的波导波长 λ_g' 与上式计算所得 λ_g 比较,计算误差.

(4) (选做)画出驻波曲线 $I\text{-}l$,并作出检波晶体管的 $I\text{-}|E|$ 曲线,求出检波律 n.

【思考题】

(1) 怎样才能使波导处于匹配状态?

(2) 怎样准确、简便地测定检波晶体管的检波律?

(3) 怎样用测量线测量自由空间波长 λ,并求光速 c、相速度 v_g?

实验 6-3 微波的干涉与衍射

微波有"似光性",用可见光、X 光观察到的反射、干涉和衍射现象都可以用微波再现出来. 由于微波是波长为 0.01 m 量级的电磁波,用微波做波动实验会显得形象、直观,更容易理解,通过观测微波的反射、干涉、衍射等现象,能加深理解微波和光都是电磁波,都具有波动这一共同性.

【实验目的】

(1) 用微波做波源,进行迈克尔逊干涉、布拉格衍射实验,以加深对微波的电磁波本性的认识.

(2) 掌握微波的干涉、衍射实验的基本原理和实验方法.

【实验原理】

1. 微波的反射

微波遵从反射定律,如图 6-3-1 所示,一束微波从发射喇叭 A 发出,以入射角 i 射向金属板 MN,则在反射方向的位置上,置一接收喇叭 B,只有当 B 处在反射角 $\angle i' = \angle i$ 时,接收到的功率最大,即反射角等于入射角.

2. 微波的迈克尔逊干涉

用微波源做波源的迈克尔逊干涉与光学中的迈克尔逊干涉完全相似,其装置如图 6-3-2 所示,发射喇叭发出的微波,被 $45°$ 放置的分光玻璃板 MN(也称半透射板)分成两束,一束由 MN 反射到固定反射板 A,另一束透过 MN 到达可移动反射板 B. 由于 A,B 为全反射金属板,两列波被反射再次回到半透射板.a 束透射,b 束反射,会聚于接收喇叭,于是接收喇叭收到两束同频率、振动方向一致的二束波.如果这二束波的相位差为 π 的偶数倍,则干涉加强;相位差为 π 的奇数倍则干涉减弱.

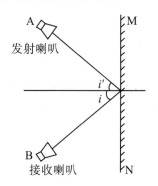

图 6-3-1　微波的反射

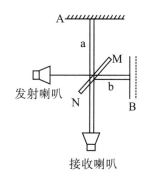

图 6-3-2　微波的迈克尔逊干涉仪

假设入射的微波波长为 λ,经 A 和 B 反射后到达接收喇叭的波程差为 δ,当

$$\delta = k\lambda, \quad k = 0, \pm1, \pm2, \pm3, \cdots \tag{6-3-1}$$

时,接收喇叭后面的指示器有极大示数,当

$$\delta = (2k+1)\lambda/2, \quad k = 0, \pm1, \pm2, \pm3, \cdots \tag{6-3-2}$$

时,指示器显示极小示数.

当 A 不动,将活动板 B 移动 L 距离,则波程差就改变了 2L,假设从某一级极大开始计数,测出 n 个极大值,则由 $2L = n\lambda$,得到

$$\lambda = \frac{2L}{n} \tag{6-3-3}$$

即可测出微波的波长.

3. 微波的布拉格衍射

X 光波与晶体的晶格常数属于同一数量级,晶体点阵可以作为 X 射线衍射光栅,而微波波长是 0.01 m 量级的电磁波,显然实际晶体不能作为微波的三维衍射光栅.本实验以立方点阵(点阵节点之间距离为 0.01 m 量级)的模拟晶体为研究对象,用微波向模拟晶体入射,观测不同晶面上点阵的反射波产生干涉应符合的条件,即应满足布拉格在 1912 年导出的 X 射线衍射关系式——布拉格公式.现对模拟立方晶体水平上的某一晶面加以分析.如图 6-3-3 所示,假设"原子"占据着点阵的节点,两相邻"原子"之间的距离为 d(晶格常数).晶体内特定取向的平面用密勒指数 (hkl) 标记,图 6-3-3 中实线和虚线分别表示[100]和[110]晶面

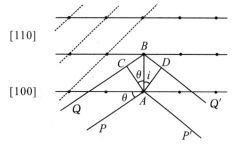

图 6-3-3　模拟晶体微波布拉格衍射

与水平某一晶面的交线.当一束微波以 0° 角掠射到[100]晶面,一部分微波将为表面层的"原子"所散射,其余部分的微波将为晶体内部各晶面上的"原子"所散射.各层晶面上"原子"散射的本质是因"原子"在微波电磁场胁迫下做与微波同频率的受迫振荡,然后向周围发出电磁波.由图 6-3-3 知入射波束 PA 和 QB 分别受到表层"原子"A 和第二层"原子"B 散射,散射束分

别为 AP' 和 BQ' ,则 PAP' 和 QBQ' 的波程差 δ 为

$$\delta = CB + BD = 2d\sin\theta \qquad (6\text{-}3\text{-}4)$$

式中 $d = AB$ 为晶面间距,对立方晶体 $d = a$. 显然波程差为入射波波长 λ 的整数倍,即

$$2d\sin\theta = n\lambda \qquad (6\text{-}3\text{-}5)$$

时,两列波同相位,产生干涉极大值,式中 θ 表示掠射角(入射线与晶面夹角),称为布拉格角; n 为整数,称为衍射级次. 同样可以证明,凡是在此掠射角被[100]各晶面散射的微波均为干涉加强. 式(6-3-5)就是著名的布拉格公式. 布拉格公式不仅对于[100]晶面族成立,对于其他晶面族也成立,但晶面间距不同. 对于[110]晶面族 $d_{110} = a/\sqrt{2}$. 计算晶面间距的公式为

$$d = \frac{a}{\sqrt{h^2 + k^2 + l^2}} \qquad (6\text{-}3\text{-}6)$$

【实验装置】

本实验装置如图 6-3-4 所示. 微波分光计的结构,可分为 4 个部分. 一是发射部分,由固定臂 4 及其上端的发射喇叭 3 组成,称为发射天线,微波信号由 3 cm 固态源发出,经可变衰减器到发射喇叭 3;二是接收部分,由可绕中心轴转动的活动臂 7、接收喇叭 6 及其转动角度指示仪 15、晶体检波器 9 和指示器 10 组成;三是在两喇叭之间可绕中心轴自由转动的分度平台 11,平台一周分为 360 等份,其转动的角度可由固定臂指针 5 指示,平台上有定位销,定向坐标和固定被测部件 14 用的 4 个弹簧销钉;四是圆盘底座 12,底座上有做迈克尔逊干涉实验用的固定正交两个反射板(图中未画出)的定位螺纹孔和水平调节螺钉 13.

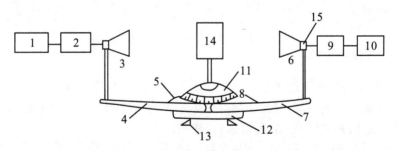

图 6-3-4　实验装置图

固态信号源发出的信号具有单一的波长($\lambda = 32.02$ mm),相当于光学实验中要求的单色光束. 当选择"连续"时,指示器是微安表;当选择"方波"时,指示器为测量放大器. 两个喇叭天线的增益大约为 20 dB,波瓣的理论半功率点宽度大约为:H 面是 20°,E 面是 16°. 当发射喇叭口面宽边与水平面平行时,发射信号电矢量的偏振方向是垂直的.

实验前首先旋转分度平台(平台上不放被测部件 14),使 0°刻线与固定臂上指针对正,再转动活动臂上的指针 8 与分度平台 180°刻线对正,然后将安装在底座上的塑料头螺钉拧紧,锁紧活动臂使之不自由摆动,读出指示器示数;然后,松开螺钉,移动活动臂向左右同样角度(如 20°)时,观察指示器读数左右移动时,偏转是否相同,如果不同,略微旋转接收喇叭,反复调节直至左右指示器偏转相等为止.

做迈克尔逊干涉实验时,14 为分光玻璃板,按图 6-3-4 安装,并安装 2 个正交反射板;做布拉格衍射实验时 14 为模拟立方晶体.

【实验内容】

1. 反射实验

在入射角分别等于 30°,35°,40°,45°,50°,55°,60°,65°时测出相应的反射角的大小,并在反射板的另一侧对称地进行测量,然后求其相应的反射角平均值,数据以列表形式给出.

2. 迈克尔逊干涉实验(干涉法测波长)

调整发射喇叭和接收喇叭彼此正交,且在同一高度上.将活动反射板从一端移动到另一端,测出第一个极小值位置 x_0 和最后一个极小值位置 x_n,用公式

$$\lambda = \frac{x_n - x_0}{n}$$

计算微波波长.重复 3 次取平均值,求出平均波长 $\bar{\lambda}$.

3. 布拉格衍射实验

测量[100]和[110]晶面衍射强度随入射角 θ 的变化,分别计算出晶面间距,并与模拟晶体的实际尺寸做比较,求出相对误差.转动模拟晶体,测量 I-θ 曲线,模拟晶体每改变 2°测一读数. 数据以列表及画出 I-θ 关系曲线形式给出(为了避免两喇叭之间波的直接入射,入射角取值范围最好选在 10°到 70°之间).

【数据处理】

(1) 计算微波波长,并取平均值 $\bar{\lambda}$.

(2) 测出 I-θ 关系曲线,并画图.

(3) 已知晶格常数 d 和 $\bar{\lambda}$,用公式 $2d\sin\theta = n\lambda$,计算 $n=1,2$ 时的衍射角,与 I-θ 曲线中的衍射角比较,计算误差.

【思考题】

(1) 实验中用布拉格公式怎样计算晶格常数?

(2) 已经知道晶格常数和微波波长,怎样计算布拉格衍射角?

实验 6-4　微波铁氧体材料的介电常数与介电损耗角正切的测量

微波技术中广泛使用各种介质材料,其中包括电介质和铁氧体材料. 对微波材料的介质的特性测量,有助于获得材料的结构信息、研究材料的微波特性和设计微波器件.

【实验目的】

(1) 学会使用示波器观测速调管的振荡模和反射式腔的谐振曲线,了解谐振腔的工作特性.

(2) 掌握反射式腔测量微波材料的介电常数 ε 和介电损耗角正切 $\tan\delta$ 的原理和方法.

【实验原理】

根据电磁场理论,电介质在交变电场的作用下,存在转向极化,且在极化时存在弛豫,因此它的介电常数为复数:

$$\tilde{\varepsilon} = \varepsilon_r \varepsilon_0 = \varepsilon_0 (\varepsilon' - j\varepsilon'') \tag{6-4-1}$$

式中 $\tilde{\varepsilon}$ 为复介电常数,ε_0 为真空介电常数,ε_r 为介质材料的复相对介电常数,ε'、ε'' 分别为复介电常数的实部和虚部. 又由于存在着弛豫,电介质在交变电场的作用下产生的电位移滞后电场一个相位 δ 角,且有

$$\tan\delta = \varepsilon''/\varepsilon' \tag{6-4-2}$$

因为电介质的能量损耗与 $\tan\delta$ 成正比,因此 $\tan\delta$ 也称为损耗因子或损耗角正切.

微波介质材料(包括电介质和微波铁氧体)的介电常数和介电损耗角正切,是研究材料的微波特性和设计微波器件必须知道的重要参数. 因此准确测量这两个参数是十分重要的.

下面以铁氧体为例来说明测量的原理和方法.

微波铁氧体的介电常数 ε 和介电损耗角正切 $\tan\delta$ 可由下列关系式表示:

$$\begin{cases} \tilde{\varepsilon} = \varepsilon' - j\varepsilon'' \\ \tan\delta = \varepsilon''/\varepsilon' \end{cases} \tag{6-4-3}$$

其中 ε' 和 ε'' 分别表示 $\tilde{\varepsilon}$ 的实部和虚部.

常见的谐振腔有矩形和圆柱形两种,本实验采用反射式矩形谐振腔作为测量腔. 反射式谐振腔是一端封闭的金属导体空腔,具有储能、选频等特性. 谐振腔有载品质因数可由

$$Q_L = \frac{f_0}{|f_1 - f_2|} \tag{6-4-4}$$

测定,其中 f_0 为谐振腔谐振频率,f_1,f_2 分别为半功率点频率.

选择一个 TE_{10p} 型矩形谐振腔(一般 p 为奇数),它的谐振频率为 f_0,将一根铁氧体细长棒(横截面为圆形或正方形均可)放到谐振腔中微波电场最大、微波磁场为零的位置. 如图 6-4-1 所示,铁氧体的长轴与 y 轴平行,中心位置在 $x=a/2$,$z=l/2$ 处,圆棒的横截面足够小,

可以认为样品内微波电场最大,微波磁场近似为零.

假设:

(1) 铁氧体棒的横向尺寸 d(圆的直径或正方形的边长)与棒长 h 相比小得多(一般 d/h <1/10),y 方向对电场的影响可以忽略.

(2) 铁氧体棒的体积 V_s 和谐振腔的体积 V_0 相比小得多,可以把铁氧体棒看成一个微扰,则根据微扰法,可以得到下列关系式:

$$\begin{cases} \dfrac{f_s-f_0}{f_0}=-2(\varepsilon'-1)\dfrac{V_s}{V_0} \\ \Delta\dfrac{1}{Q}=4\varepsilon''\dfrac{V_s}{V_0} \end{cases} \quad (6\text{-}4\text{-}5)$$

由此可求得

$$\begin{cases} \varepsilon'=\dfrac{f_s-f_0}{2f_0V_s/V_0}+1 \\ \varepsilon''=\Delta(1/Q_L)/(4V_s/V_0) \end{cases} \quad (6\text{-}4\text{-}6)$$

其中 f_0,f_s 分别为谐振腔放入样品前后的谐振频率;V_0,V_s 分别为谐振腔体积和样品体积;$\Delta(1/Q_L)$ 为样品放入前后谐振腔有载品质因数的倒数的变化,即

$$\Delta\left(\frac{1}{Q_L}\right)=\frac{1}{Q_{Ls}}-\frac{1}{Q_{L0}} \quad (6\text{-}4\text{-}7)$$

其中 Q_{L0},Q_{Ls} 分别为样品放入前后的谐振腔有载品质因数,f_0 和 f_s 分别表示谐振腔未放样品前和放进样品后的谐振频率,$\Delta(1/Q)$ 表示谐振腔放进样品前后的 Q 值倒数的变化.

如果所用样品体积远小于谐振腔体积,则可认为除样品所在处的电磁场发生变化外,其余部分的电磁场保持不变,因此可用微扰法处理.选择 TE_{10p}(p 为奇数)的谐振腔,将样品置于谐振腔内微波电场最强而磁场最弱处,即 $x=a/2$,$z=l/2$ 处,且样品棒的轴向与 y 轴平行,如图 6-4-1 所示.

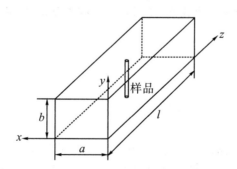

图 6-4-1　微扰法 TE_{10p}(p＝奇数)模式矩形腔示意图

采用反射式谐振腔作为测量腔,通过观测反射式腔在放进样品前后的谐振曲线,如图 6-4-2 所示,测定反射式腔在放样品前后的谐振频率和放样品前后谐振腔半功率点频率,其中放入样品前,测量谐振腔谐振频率 f_0 和半功率点频率 f_1 和 f_2,放入样品后,测量谐振腔谐振频率 f_s 和半功率点频率 f_1' 和 f_2',则有

$$Q_{L0}=\frac{f_0}{f_2-f_1}, \quad Q_{Ls}=\frac{f_s}{f_2'-f_1'} \quad (6\text{-}4\text{-}8)$$

再由式(6-4-6)可算出 ε',ε'',从而 $\tan\delta=\varepsilon''/\varepsilon'$.样品的体积 V_s 和腔体积 V_0 是容易测量的.

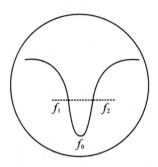

图 6-4-2 观测反射式谐振腔品质因数的有关频率示意图

【实验装置】

用反射式谐振腔测量介电常数和介电损耗角正切的线路如图 6-4-3 所示.

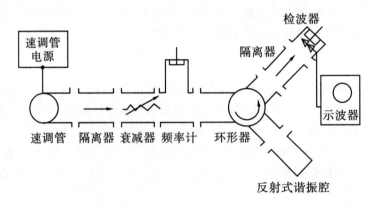

图 6-4-3 测量介电常数和介电损耗角正切的线路图

【实验内容和步骤】

◎ 实验方法

对速调管的反射极施加锯齿波调制,使用平方律检波的晶体管,在示波器上可以观测到反射式腔的谐振曲线如图 6-4-2 所示. 借助于吸收式波长计的指示点(由于波长计吸收部分功率而造成"缺口"),可以在示波器上测定谐振频率 f_0 以及相应于半功率点的频率 f_1,f_2,即可由式(6-4-4)算出 Q_L. 为了消除检波晶体管的非平方律带来的误差,在测量线路中放入一个精密衰减器(见图 6-4-4). 首先将腔的谐振曲线调好,使它的幅度相当于示波器平板高度的一半,改变谐振曲线的垂直位置,如图 6-4-2 所示,使它的顶点对准示波器屏板上某条合适的刻度线(作为标志线). 其次将精密衰减器的衰减量减少到 3 dB,利用波长计的"指示点",测出在这条标志刻度线处谐振曲线的宽度,这就是半功率频宽(为什么?). 这种方法可以不受波形的基底位置和峰位置的影响,也不管晶体检波管的检波特性是否满足平方律.

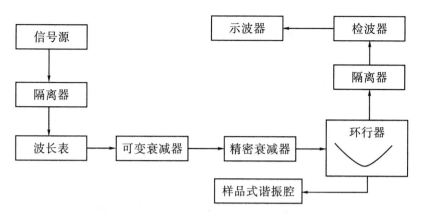

图 6-4-4　介质 ε 及 $\tan\delta$ 测试系统方框图

◎ 实验步骤

1. 用示波器观察速调管振荡模

开启微波信号源和低频信号发生器,调节速调管输出频率,使反射式谐振腔处于失谐状态,同时调节晶体检波器处于匹配状态,观察速调管振荡模曲线,并描下草图.

2. 观察空谐振腔的谐振曲线

在不插入铁氧体样品时,使谐振腔处于谐振状态(速调管的中心工作频率＝谐振腔的谐振频率),用示波器观测腔的谐振曲线,通过波长计测量腔的谐振频率 f_0 和半功率频率 f_1, f_2(利用平方律的检波晶体管,或者利用精密衰减器).

3. 测定介电常数的 ε', ε''

(1) 放入样品前,测量谐振腔谐振频率 f_0 和半功率点频率 f_1 和 f_2.

(2) 放入样品后,测量谐振腔谐振频率 f_s 和半功率点频率 f_1' 和 f_2'(提示:调节速调管上的机械调谐旋钮,使谐振腔再次谐振).

(3) 测出样品体积 V_s 和谐振腔体积 V_0.

(4) 利用 $Q_L = \dfrac{f_0}{|f_2 - f_1|}$, $Q_L' = \dfrac{f_s}{f_1' - f_2'}$, 算出 Q_L, Q_L', 再利用式(6-4-6)算出 ε', ε''($\tan\delta = \varepsilon''/\varepsilon'$).

【**数据处理**】

(1) 计算放入样品前谐振腔的品质因数 Q_L 和放入样品后谐振腔的品质因数 Q_L'.

(2) 测量并记录样品体积 V_s 和谐振腔体积 V_0.

(3) 由公式(6-4-6)计算出铁氧体材料介电常数实部 ε' 和虚部 ε''.

(4) 计算材料的介电损耗角正切 $\tan\delta = \varepsilon''/\varepsilon'$.

【思考题】

(1) 说明用反射式腔测量 $\varepsilon = \varepsilon' - j\varepsilon''$ 的基本原理.

(2) 测量 $\varepsilon = \varepsilon' - j\varepsilon''$ 时要保证哪些实验条件? 说明实验步骤.

(3) 为保证测量 ε', ε'' 有足够的精确度, 要考虑哪些因素?

(4) 如何改变微波信号频率使反射式谐振腔发生谐振?

实验 6-5　微波衰减量测量

当前微波铁氧体被广泛应用到各个领域, 其中包括微波器件和吸波材料. 对微波材料和微波器件的特性测量, 有助于研究材料的微波特性和设计微波器件.

【实验目的】

(1) 熟悉与掌握微波衰减量测量的基本方法.

(2) 熟悉驻波、衰减、波长(频率)和功率的测量.

(3) 掌握用平方律检波法和高频替代法测得铁氧体隔离器、环行器的传输比和隔离比.

【实验原理】

衰减量测量就是微波能量的测量. 衰减量的基本定义为: 在一个对信号源方向和负载方向都匹配(即无反射)的传输线中, 插入待测器件前负载上所吸收的能量 P_0 与插入待测器件后负载上所吸收的能量 P_1 之比, 即

$$A = 10 \lg \frac{P_0}{P_1} \ (\text{dB}) \tag{6-5-1}$$

测量微波衰减量的方法很多, 这里介绍目前常用的两种.

◎ 测量方法

1. 直接法

也称平方律检波法, 它是根据衰减量的定义直接进行的. 假定微波线路中各个部分都调到匹配状态, 首先不接入待测器件, 而将方框图 6-5-1 中的 $1 - 1'$ 与 $2 - 2'$ 端直接相连, 测量放大器的读数 P_0, 然后将待测器件接入系统中, 输出指示有一变化, 读下此时测量放大器的读数 P_1, 代入式(6-5-1), 即得所求的衰减量, 它也是待测器件的插入损耗.

注意到这里实际上运用了晶体的平方律检波特性, 这在小信号的情况下是正确的. 如果晶体工作特性偏离平方律, 测量放大器的电表指示就不与功率相对应, 用这种方法测量就会引入误差. 精确测量可用微瓦功率计.

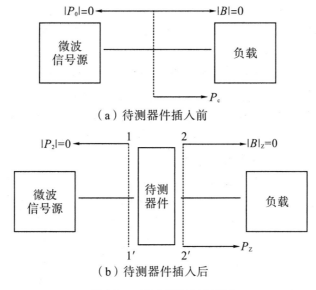

（a）待测器件插入前

（b）待测器件插入后

图 6-5-1 衰减量定义示意图

2. 高频替代法

在测试系统中接入一个标准可变衰减器,利用其衰减量的变化来替代被测器件的衰减量,具体方法如下:

首先接入待测器件,将 $1-1'$ 和 $2-2'$ 端直接相接,标准的可变衰减器置于某一位置. 设此时的衰减量为 A_1（注意 A_1 须大于或等于待测器件的衰减量）,这时测量放大器上有一读数 P_0;然后接入待测器件,则由于器件本身的衰减,输出指示变小,设为 P_0';逐渐变小可变衰减器的衰减量,使放大器指示最大,直至 P_0 为止,记下此时标准衰减器的衰减量 A_2. 假定待测衰减量为 A,由于两次测量时输出指示都相等,可知前后两次系统的总衰减量必然相等,即

$$A_1 = A + A_2 \tag{6-5-2}$$

由此求得待测器件衰减量为

$$A = A_1 - A_2 = \Delta A \tag{6-5-3}$$

ΔA 表示插入待测器件前后标准衰减量的变化. 这种方法简单、准确,它与晶体检波器和测量放大器的特性无关,它的精度主要取决于标准衰减器的标准精度.

◎ 隔离器和环形器的特性

1. 铁氧体隔离器

隔离器又称单向器,它是一种单向传输电磁波的器件,当电磁波沿正向传输时,可将功率全部馈给负载,对来自负载的反射波则产生较大衰减,这种单向传输特性可以用于隔离负载变动对信号源的影响. 场移式隔离器和法拉第旋转隔离器是微波系统中常用的两种隔离器件. 现以场移式隔离器为例,进一步讲述铁氧体隔离器的工作原理.

当将外加直流磁场 H_0 与电磁波传输方向垂直并同时作用在铁氧体中时,称这种被磁化的铁氧体为横向磁化铁氧体. 在该铁氧体内将产生不可逆场移效应,利用这一特性可以制成单向传输器件.在矩形波导中沿其纵向放置一块铁氧体片,并外加横向直流磁场 H_0.当电磁波沿波导正向传输时,将产生正反向场强的场移现象.当波正面传输时,由于 u_{r}^+ 很小,将使电磁场离开铁氧体,使 TE_{10} 波的场强最大值位置向右略有偏移;而对反向传输的电磁波,由于 u_{r}^- 很大,将使电磁场能量集中于铁氧体附近,使 TE_{10} 波的场强分布向左产生偏移.这种由横向磁化铁氧体引起的场强分布偏移现象称场移效应.利用这种效应做成的单向器,称为场移式隔离器.铁氧体隔离器,利用铁氧体的旋磁性支撑,为一种不可逆的微波衰减器,它对正方向通过的电磁波能量几乎不衰减,即插入损耗很小,而在反方向上却衰减很大,电磁波几乎不能通过,也就是说它只能使电磁波在一个方向上传播,因而又称为单向器.它在微波测量中应用很广泛.在微波振荡源后加上隔离器,它对输出功率影响很小,但对负载反射回来的能量衰减很大,这就避免了负载反射对信号源的牵引,使信号源工作稳定,这样就在源和负载间起了隔离作用.除此以外,它由于能衰减反射波,在要求不很高时,可以作为匹配器,在精密测量中也有很重要的作用.

隔离器的结构如图 6-5-2 所示.

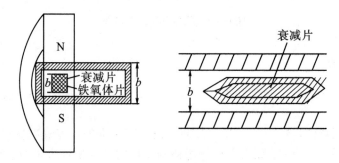

图 6-5-2　隔离器的结构

在一段矩形波导中放入铁氧体片,波导外面有一 U 形永久磁铁,供给铁氧体以恒定的磁场.隔离器的主要技术指标有:

(1) 正向损耗.定义为

$$\alpha_+ = 10\lg\frac{P_0}{P_+} \ (\mathrm{dB}) \tag{6-5-4}$$

其中 P_0 为隔离器输入端的输入功率,P_+ 为正向通过隔离器的输出功率.实用中要求 α_+ 越小越好,一般要求 $\alpha_+ \leqslant 0.5$ dB.

(2) 反向损耗(亦称隔离度).定义为

$$\alpha_- = 10\lg\frac{P_0}{P_-} \ (\mathrm{dB}) \tag{6-5-5}$$

其中 P_1 为反向通过隔离器后的输出功率.实用中要求 α_- 越大越好,一般要求20 dB以上,好的可达到 50 dB 以上.

(3) 输入驻波比.亦即要求隔离器输入端的反射要小,一般要求驻波系数小于 1.1 以下.

(4) 频带宽度.为满足上述指标要求的频带宽度范围.

2. 铁氧体环形器

环形器是使微波能量按一定顺序传输的铁氧体器件,它的种类很多.图6-5-3(a)所示为波导三端环形器,主要结构为波导 Y 接头,在接头的中心放一铁氧体圆柱(或三角形铁氧体块),

在外边有一 U 形永久磁铁,供给铁氧体以恒定的磁场. 铁氧体环形器的示意图如图6-5-3(b)所示.

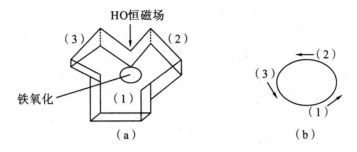

图 6-5-3 铁氧体环形器的示意图

当能量从(1)端输入时,(2)端有输出,(3)端没有输出,(1)端和(3)隔离;当从(2)端输入时,(1)端无输出,(3)端有输出,(2)端与(1)隔离;当从(3)端输入时,(1)端有输出,(2)端无输出,(3)端和(2)端相隔离. 可见能量的传输方向为环形方向,按照从(1)→(2)→(3)→(1)方向传输.

环形器的主要技术指标为:

(1) 正向损耗(亦称传输比)α_+. 定义为(1)端输入功率 P_1 和(2)端输出功率 P_2 之比,即

$$\alpha_+ = 10\lg\frac{P_1}{P_2} \text{ (dB)} \tag{6-5-6}$$

实用中 α_+ 越小越好,一般要求在 $0.3 \sim 0.5$ dB,最小可达到 0.1 dB.

(2) 隔离损耗 α_-. 定义为输入端功率 P_1 与隔离输出端功率 P_2 之比,即

$$\alpha_- = 10\lg\frac{P_1}{P_2} \text{ (dB)} \tag{6-5-7}$$

实用中要求 α_- 越大越好,一般要求在 $17 \sim 20$ dB.

(3) 输入驻波比. 为(2)端、(3)端均接入负载时,(1)端的输入驻波比,一般要求驻波系数小于 1.1.

(4) 频带宽度. 为满足上述指标要求的频带宽度范围.

【实验装置】

实验装置方框图如图 6-5-4 所示.

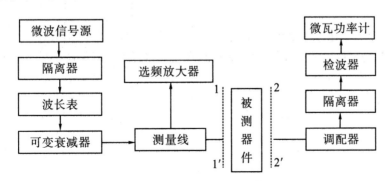

图 6-5-4 衰减器测量微波系统框图

【实验内容和步骤】

(1) 按正确步骤调好微波信号源. 工作选择为方波调制,通过反射极电压调节使速调管处于最佳振荡模状态(输出功率最大,即选频放大器1的指示最大).

(2) 调匹配. 将测量线探针放于波腹位置,此时选频放大器1指示最大,调节调配器使其变小;再将测量线探针移至波节处,通过调节调配器使波节的指示最大;反复调节使波腹与波节的指示相近. 测出驻波比 $\rho=\sqrt{\dfrac{I_{\max}}{I_{\min}}}$,若 $\rho<1.1$,则接近匹配状态.

(3) 测量工作波长,将测量线探针放于波腹位置,缓慢调节波长计,观察功率计的读数变化. 当读数突然变小,记下此时波长计上的显示读数,查表得到工作频率,再换算成波长.

(4) 不接待测器件,记下微瓦功率计的读数 P_0.

(5) 将隔离器正向接于测量线与单螺调配器之间,此时微瓦功率计读数 P_+,则有

$$A_+=10\lg\frac{P_0}{P_+} \tag{6-5-8}$$

(6) 将隔离器反向接入,放大器读数 P_-,则有

$$A_-=10\lg\frac{P_0}{P_-} \tag{6-5-9}$$

(7) 环行器的特性测量. 仿照上述隔离器的测量方法,测出环行器的正向损耗和反向隔离损耗.

注:若选频放大器1和2改用微安表,则微波信号源工作应选在连续挡.

【数据处理】

(1) 将测量系统调至匹配状态,计算驻波比 ρ,要求 $\rho<1.1$,在此状态下测量工作波长.

(2) 测量隔离器的正反向损耗.

(3) 测量环行器的正反向损耗.

【思考题】

(1) 为什么测试微波器件的衰减量之前,要求测试系统处于匹配状态?

(2) 用微瓦功率计测试器件的工作特性时,在什么情况下可降低误差? 为什么?

第 7 单元　低温物理

引　言

低温物理学是物理学的分支之一,是一门主要研究物质在低温状况下的物理性质的科学,同时也涵盖低温条件下获得的生成物和相关低温测量技术.目前,低温物理学中的低温定义为－150 ℃(123 K)以下的温度.低温技术的发展源于 19 世纪英国物理学家法拉第的一次实验,在该次实验中,法拉第无意间液化了氯气,从而使他认为一切气体在低温高压的情况下都应该被液化.经过多年的努力,到了 19 世纪 40 年代,法拉第成功液化了除氧气、氮气、氢气、一氧化碳、二氧化碳和甲烷之外的已知气体,并获得了－110 ℃(163 K)的极低温度.随着低温设备的不断改进,逐级降温和定压气体膨胀技术的广泛应用,1908 年,荷兰莱顿大学的物理学家昂内斯成功液化了液氦,并获得新的低温纪录(－269 ℃,4 K).

在低温状态下,物质的物理性质将发生变化:空气会变成液体或固体;生物细胞或组织可以长期贮存而不死亡;导体出现零电阻现象——超导现象;导体内部没有磁力线通过——完全抗磁性现象;液体氦出现超流体现象——黏滞性几乎为零,同时还具有很好的导热性能等.基于这些神奇的性能变化,低温物理技术在很多领域得到了广泛的应用:在航空航天领域可以利用低温技术来获得火箭燃料液氢、液氧,模拟宇宙空间的真空和低温环境等;利用低温技术可以较长时间保存人体或生物组织,为生物和生命科学领域的研究开辟新的途径;利用低温技术可以为高能物理以及超导物理的发展提供技术支持.

在这一单元中,我们将研究低温状态下物质物理性能的变化,并对普通制冷技术进行简单学习,使同学们对低温物理知识有一定的了解,并能很好地应用在实际工作中.同时,可以引导学生关注社会责任,了解低温物理技术对国家科技发展的作用,推进新型工业化,加快建设航天强国,激发学生们的爱国情怀,激励他们为祖国的繁荣昌盛而奋发努力.

实验 7-1　变温霍尔效应

1879 年,霍尔(Hall)在研究通有电流的导体在磁场中受力的情况时,发现在垂直于磁场和电流的方向上产生了电动势,这个电磁效应称为"霍尔效应".在半导体材料中,霍尔效应比在金属中大几个数量级,从而引起人们对它的深入研究.霍尔效应的研究在半导体理论的发展中起了重要的推动作用.直到现在,霍尔效应的测量仍是研究半导体性质的重要实验方法.

利用霍尔效应,可以确定半导体的导电类型和载流子浓度;利用霍尔系数和电导率的联合测量,可以用来研究半导体的导电机制(本征导电和杂质导电)和散射机制(晶格散射和杂质散射),进一步确定半导体的迁移率、禁带宽度、杂质电离能等基本参数;测量霍尔系数随温度的变化,可以确定半导体的禁带宽度、杂质电离能及迁移率的温度特性;根据霍尔效应原理制成的霍尔器件,可用于磁场和功率测量,也可制成开关元件,在自动控制和信息处理等方面有着广泛的应用.

通过对霍尔效应的实验研究,学生亲身参与实验操作,调整参数,观察电流受力现象,不仅能够锻炼实验技能,还能够培养创新精神和实践能力,树立实践验证真理的科学态度.同时,了解霍尔效应在工程领域的应用,也可以引导学生将所学知识应用于实际问题的解决,增强其社会责任感和服务意识,为培养具有全面素养和工程背景的人才奠定坚实基础.

【实验目的】

(1) 了解半导体中霍尔效应的产生原理,霍尔系数表达式的推导及其副效应的产生和消除.

(2) 掌握霍尔系数和电导率的测量方法.通过测量数据处理判别样品的导电类型,计算室温下所测半导体材料的霍尔系数、电导率、载流子浓度和霍尔迁移率.

(3) 掌握动态法测量霍尔系数(R_H)及电导率(σ)随温度的变化,了解霍尔系数和电导率、温度的关系.

(4) 了解霍尔器件的应用,理解半导体的导电机制.

【实验原理】

1. 半导体内的载流子

根据半导体导电理论,半导体内载流子的产生有两种不同的机制:本征激发和杂质电离.

(1) 本征激发

半导体材料内共价键上的电子有可能受热激发后跃迁到导带上成为可迁移的电子,在原共价键上却留下一个电子缺位——空穴,这个空穴很容易因为邻键上的电子跳过来填补而转移到邻键上.因此,半导体内存在参与导电的两种载流子:电子和空穴.这种不受外来杂质的影响由半导体本身靠热激发产生电子-空穴的过程,称为本征激发.显然,导带上每产生一个电子,价带上必然留下一个空穴.因此,由本征激发的电子浓度 n 和空穴浓度 p 应相等,并统称为本征浓度 n_i,由经典的玻尔兹曼统计可得.

(2) 杂质电离

在纯净的第Ⅳ族元素半导体材料中,掺入微量第Ⅲ或第Ⅴ族元素杂质,称为半导体掺杂.掺杂后的半导体在室温下的导电性能主要由浅杂质决定.

如果在硅材料中掺入微量第Ⅲ族元素(如硼或铝等),这些第Ⅲ族原子在晶体中取代部分硅原子组成共价键时,从邻近硅原子价键上夺取一个电子成为负离子,而在邻近失去一个电子的硅原子价键上产生一个空穴. 这样满带中电子就激发到禁带中的杂质能级上, 使硼原子电离成硼离子, 而在满带中留下空穴参与导电, 这种过程称为杂质电离. 产生一个空穴所需的能量称为杂质电离能. 这样的杂质叫作受主杂质, 由受主杂质电离而提供空穴导电为主的半导体材料称为 p 型半导体. 当温度较高时, 浅受主杂质几乎完全电离, 这时价带中的空穴浓度接近受主杂质浓度.

同理, 在第Ⅳ族元素半导体(如硅、锗等)中, 掺入微量Ⅴ族元素, 例如磷、砷等, 那么杂质原子与硅原子形成共价键时, 多余的一个价电子只受到磷离子的微弱束缚, 在室温下这个电子可以脱离束缚使磷原子成为正离子, 并向半导体提供一个自由电子. 通常把这种向半导体提供一个自由电子而本身成为正离子的杂质称为施主杂质, 以施主杂质电离提供电子导电为主的半导体材料叫作 n 型半导体.

2. 霍尔效应和霍尔系数

设一块半导体的 x 方向上有均匀的电流 I_x 流过, 在 z 方向上加有磁场 B_z, 则在这块半导体的 y 方向上出现一横向电势差 U_H, 这种现象被称为"霍尔效应", U_H 称为"霍尔电压", 所对应的横向电场 E_H 称为"霍尔电场". 见图 7-1-1.

实验指出, 霍尔电场强度 E_H 的大小与流经样品的电流密度 J_x 和磁感应强度 B_z 的乘积成正比:

$$E_H = R_H \cdot J_x \cdot B_z \tag{7-1-1}$$

式中比例系数 R_H 称为"霍尔系数".

下面以 p 型半导体样品为例, 讨论霍尔效应的产生原理并推导、分析霍尔系数的表达式.

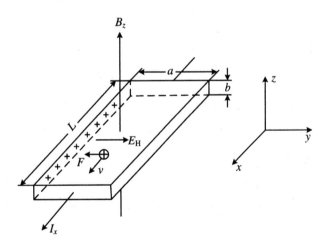

图 7-1-1　霍尔效应产生原理图

半导体样品的长、宽、厚分别为 L, a, b, 半导体载流子(空穴)的浓度为 p, 它们在电场 E_x 作用下, 以平均漂移速度 v_x 沿 x 方向运动, 形成电流 I_x. 在垂直于电场 E_x 方向上加一磁场 B_z, 则运动着的载流子要受到洛伦兹力的作用

$$F = q \cdot v \cdot B \tag{7-1-2}$$

式中 q 为空穴电荷电量. 该洛伦兹力指向 $-y$ 方向, 因此载流子向 $-y$ 方向偏转, 这样在样品的左侧面就积累了空穴, 从而产生了一个指向 $+y$ 方向的电场——霍尔电场 E_y. 当该电场对空穴的作用力 $q \cdot E_y$ 与洛伦兹力相平衡时, 空穴在 y 方向上所受的合力为零, 达到稳态. 稳态时

电流仍沿 x 方向不变,但合成电场 $E=E_x+E_y$ 不再沿 x 方向,E 与 x 轴的夹角称"霍尔角". 在稳态时,有

$$q \cdot E_y = q \cdot v_x \cdot B_z \tag{7-1-3}$$

若 E_y 是均匀的,则在样品左、右两侧面间的电位差

$$U_H = E_y \cdot a = v_x \cdot B_z \cdot a \tag{7-1-4}$$

而 x 方向的电流强度

$$I_x = q \cdot p \cdot v_x \cdot a \cdot b \tag{7-1-5}$$

将式(7-1-5)的 v_x 代入式(7-1-4)得霍尔电压

$$U_H = \frac{1}{qp} \frac{I_x B_z}{b} \tag{7-1-6}$$

由式(7-1-1)、式(7-1-3)和式(7-1-5)得霍尔系数

$$R_H = \frac{1}{qp} \tag{7-1-7}$$

对于 n 型样品,载流子(电子)浓度为 n,同理可以得出其霍尔系数为

$$R_H = -\frac{1}{qn} \tag{7-1-8}$$

上述模型过于简单. 根据半导体输运理论,考虑到载流子速度的统计分布以及载流子在运动中受到散射等因素,在霍尔系数的表达式中还应引入一个霍尔因子 A,则式(7-1-7)、式(7-1-8)应修正为

$$\text{p 型:} R_H = A \frac{1}{qp} \tag{7-1-9}$$

$$\text{n 型:} R_H = -A \frac{1}{qn} \tag{7-1-10}$$

A 的大小与散射机理及能带结构有关. 由理论算得,在弱磁场条件下,对球形等能面的非简并半导体,在较高温度(此时,晶格散射起主要作用)情况下,$A = \frac{3\pi}{8} = 1.18$;一般地,Si,Ge 等常用半导体在室温下属于此种情况,A 取 1.18;在较低温度(此时,电离杂质散射起主要作用)情况下,$A = \frac{315\pi}{512} = 1.93$;对于高载流子浓度的简并半导体以及强磁场条件,$A=1$;对于晶格和电离杂质混合散射情况,一般取文献报道的实验值.

上面讨论的是只有电子或只有空穴导电的情况. 对于电子、空穴混合导电的情况,在计算 R_H 时应同时考虑两种载流子在磁场下偏转的效果. 对于球形等能面的半导体材料,可以证明

$$R_H = \frac{A(p\mu_p^2 - n\mu_n^2)}{q(p\mu_p + n\mu_n)^2} = \frac{A(p - nb'^2)}{q(p + nb')^2} \tag{7-1-11}$$

式中 $b' = \mu_n/\mu_p$,μ_n 和 μ_p 分别为电子和空穴的迁移率.

从霍尔系数的表达式可以看出:由 R_H 的符号(也即 U_H 的符号)可以判断载流子的类型,正为 p 型,负为 n 型;R_H 的大小可确定载流子的浓度;还可以结合测得的电导率 σ 算出如下定义的霍尔迁移率 μ_H:

$$\mu_H = |R_H| \cdot \sigma \tag{7-1-12}$$

μ_H 的量纲与载流子的迁移率相同,通常为 $cm^2/(V \cdot s)$,它的大小与载流子的电导迁移率有密切的关系.

霍尔系数 R_H 可以在实验中测量出来，若采用国际单位制，由式(7-1-6)、式(7-1-7)可得

$$R_H = \frac{U_H b}{I_x B_z} \quad (\text{m}^3/\text{C}) \tag{7-1-13}$$

但在半导体学科中习惯采用实用单位制(其中，b：cm，B_z：高斯或 Gs)，则

$$R_H = \frac{U_H b}{I_x B_z} \times 10^8 \quad (\text{cm}^3/\text{C})$$

3. 霍尔系数与温度的关系

R_H 与载流子浓度之间有反比关系，因此当温度不变时，R_H 不会变化；而当温度改变时，载流子浓度发生变化，R_H 也随之变化. 图 7-1-2 是 R_H 随温度 T 变化的关系图. 图中纵坐标为 R_H 的绝对值，曲线 A 和 B 分别表示 n 型和 p 型半导体的霍尔系数随温度的变化曲线.

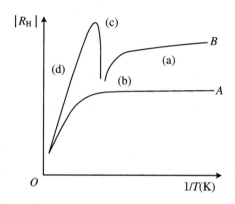

图 7-1-2　霍尔系数与温度的关系图

下面简要地讨论曲线 B：

(1) 杂质电离饱和区. 在曲线 (a) 段，所有的杂质都已电离，载流子浓度保持不变. p 型半导体中 $p \gg n$，式(7-1-11)中 nb'^2 可忽略，可简化为

$$R_H = A\frac{1}{qp} = A\frac{1}{qN_A} > 0$$

式中 N_A 为受主杂质浓度.

(2) 温度逐渐升高，价带上的电子开始激发到导带，由于 $\mu_n > \mu_p$，所以 $b' > 1$，当温度升到使 $p = nb'^2$ 时，$R_H = 0$，出现了图中 (b) 段.

(3) 温度再升高时，更多的电子从价带激发到导带，$p < nb'^2$ 而使 $R_H < 0$，式(7-1-11)中分母增大，R_H 减小，将会达到一个负的极值. 此时价带的空穴数 $p = n + N_A$，将它代入式(7-1-11)，并对 n 求微商，可以得到当 $n = \dfrac{N_A}{b'-1}$ 时，R_H 达到极值 $(R_H)_M$

$$R_H = A\frac{1}{qp} = A\frac{1}{qN_A} \tag{7-1-14}$$

由此式可见，当测得 $(R_H)_M$ 和杂质电离饱和区的 R_H，就可定出 b' 的大小.

(4) 当温度继续升高，到达本征范围时，半导体中载流子浓度大大超过受主杂质浓度，所以 R_H 随温度上升而呈指数下降，由本征载流子浓度 N_i 来决定，此时杂质含量不同或杂质类型不同的曲线都将聚在一起，见图中(d)段.

4. 半导体的电导率

在半导体中若有两种载流子同时存在,则其电导率 σ 为

$$\sigma = qp\mu_{\mathrm{p}} + qn\mu_{\mathrm{n}} \tag{7-1-15}$$

实验得出 σ 与温度 T 的关系曲线如图 7-1-3 所示.

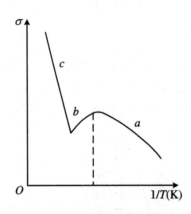

图 7-1-3　电导率与温度的关系图

现以 p 型半导体为例分析:

(1) 低温区. 在低温区杂质部分电离,杂质电离产生的载流子浓度随温度升高而增加,而且 μ_{p} 在低温下主要取决于杂质散射,它也随温度升高而增加. 因此,σ 随 T 的增加而增加,见图的 a 段. 室温附近,此时,杂质已全部电离,载流子浓度基本不变,这时晶格散射起主要作用,使 μ_{p} 随 T 的升高而下降,导致 σ 随 T 的升高而下降,见图的 b 段.

(2) 高温区. 在这区域中,本征激发产生的载流子浓度随温度升高而指数地剧增,远远超过 μ_{p} 的下降作用,致使 σ 随 T 而迅速增加,见图的 c 段.

实验中电导率 σ 可由下式计算出:

$$\sigma = \frac{1}{\rho} = \frac{I \cdot l}{U_{\sigma} \cdot ab} \tag{7-1-16}$$

式中 ρ 为电阻率,I 为流过样品的电流,U_{σ},l 分别为两测量点间的电压降和长度. 对于不规则形状的半导体样品,常用范德堡法测量,它对电极对称性的要求较低,在半导体新材料的研究中用得较多.

5. 霍尔效应中的副效应及其消除

在霍尔系数的测量中,会伴随一些热磁副效应、电极不对称等因素引起的附加电压叠加在霍尔电压 U_{H} 上,下面作些简要说明:

(1) 爱廷豪森效应. 在样品 x 方向通电流 I_x,由于载流子速度分布的统计性,大于和小于平均速度的载流子在洛伦兹力和霍尔电场力的作用下,沿 y 轴的相反两侧偏转,其动能将转化为热能,使两侧产生温差. 由于电极和样品不是同一种材料,电极和样品形成热电偶,这一温差将产生温差电动势 U_{E},而且有

$$U_{\mathrm{E}} \propto I_x \cdot B_z \tag{7-1-17}$$

这就是爱廷豪森效应. U_{E} 方向与电流 I 及磁场 B 的方向有关.

(2) 能斯脱效应. 如果在 x 方向存在热流 Q_x(往往由于 x 方向通以电流,两端电极与样

品的接触电阻不同而产生不同的焦耳热,致使 x 方向两端温度不同),沿温度梯度方向扩散的载流子将受到 B_z 作用而偏转,在 y 方向上建立电势差 U_N,有

$$U_N \propto Q_x \cdot B_z \qquad (7\text{-}1\text{-}18)$$

这就是能斯脱效应. U_N 方向只与 B 方向有关.

(3)里纪-勒杜克效应. 当有热流 Q_x 沿 x 方向流过样品,载流子将倾向于由热端扩散到冷端,与爱廷豪森效应相仿,在 y 方向产生温差,这温差将产生温差电势 U_{RL},这一效应称里纪-勒杜克效应.

$$U_{RL} \propto Q_x \cdot B_z \qquad (7\text{-}1\text{-}19)$$

U_{RL} 的方向只与 B 的方向有关.

(4)电极位置不对称产生的电压降 U_0. 在制备霍尔样品时,y 方向的测量电极很难做到处于理想的等位面上,见图 7-1-4. 即使在未加磁场时,在 A,B 两电极间也存在一个由于不等位电势引起的欧姆压降 U_0:

$$U_0 = I_x \cdot R_0 \qquad (7\text{-}1\text{-}20)$$

其中 R_0 为 A,B 两电极所在的两等位面之间的电阻,U_0 方向只与 I_x 方向有关.

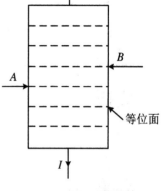

图 7-1-4　电极位置不对称产生的电压降

样品所在空间如果沿 y 方向有温度梯度,则在此方向上产生的温差电势 U_T 也将叠加在 U_H 中,U_T 与 I,B 方向无关.

要消除上述诸效应带来的误差,应改变 I 和 B 的方向,使 U_N,U_{RL},U_0 和 U_T 从计算结果中消除,然而 U_E 却因与 I,B 方向同步变化而无法消除,但 U_E 引起的误差很小,可以忽略.

实验时在样品上加磁场 B 和通电流 I,则 y 方向两电极间产生电位差 U,自行定义磁场和电流的正方向,改变磁场和电流方向,测出四组数据

加 $+B,+I$ 时,　$U_1 = +U_H + U_E + U_N + U_{RL} + U_0 + U_T$

加 $+B,-I$ 时,　$U_2 = -U_H - U_E + U_N + U_{RL} - U_0 + U_T$

加 $-B,-I$ 时,　$U_3 = +U_H + U_E - U_N - U_{RL} - U_0 + U_T$

加 $-B,+I$ 时,　$U_4 = -U_H - U_E - U_N - U_{RL} + U_0 + U_T$

由以上四式可得

$$U_H + U_E \cong U_H = \frac{U_1 - U_2 + U_3 - U_4}{4} \qquad (7\text{-}1\text{-}21)$$

将实验时测得的 U_1,U_2,U_3 和 U_4 代入上式,就可消除 U_N,U_{RL},U_0,U_T 等附加电压引入的误差.

【实验步骤与要求】

1. 样品制备

在霍尔系数的测量中样品的制备是一个重要环节,样品电极位置的对称性、电极接触电阻的大小以及对称性等都直接影响到测量结果. 此外,为了避免两电流电极的少数载流子注入和短路作用对测量结果的影响,两个端面都要磨毛,并做成长度比宽度及厚度大得多的矩形样品. 实验中把一定厚度的硅、锗单晶片或外延硅薄层(外延层和衬底的掺杂浓度不一

样)样品采用切割或腐蚀方法做成如图 7-1-5 所示的 1-5 矩(或桥)形样品,在 1,2,3,4,5,6 电极处用蒸发、光刻、合金化等平面工艺技术制成欧姆接触电极. 对于硅、锗半导体,电极金属材料可用铝、金铟合金(对 p-Si)、金锑合金(对 n-Si)、镍等. 也有更为简单的四头样品,即纵向有 5,6 电极,横向只有位于中部的 1,3 电极. 也可购买商品化的四头带有锗、硅、砷化镓的样品. 样品尺寸为锗材料(n 型),长 $L=6$ mm,宽 $a=4$ mm,厚 $b=0.6$ mm.

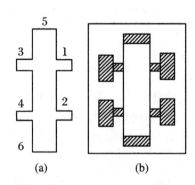

图 7-1-5 霍尔效应实验用样品形状及电极布置示意图

2. 实验仪器

实验仪器包括电磁铁、变温设备、测量线路、特斯拉计、可自动换向恒流电源、计算机数据采集系统及软件等.

3. 实验步骤

(1) 打开实验仪器及电脑程序,单击"数据采集".

(2) 将样品放入机座,对好槽口固定.

(3) 将"测量方式"拨至"稳态","样品电流换向方式"拨至"手动","磁场测量和控制仪换向转换开关"拨至"手动",调节电流至磁场为设定值(200 mT)(用磁场测量探头测量).

(4) 测量选择拨至"R_H",测得分别正向磁场+H、样品正向电流+I 时霍尔电压 U_1;+H,−I 时 U_2;−H,−I 时 U_3;−H,+I 时 U_4.

(5) 将电磁铁电流调到零,"测量选择"拨至"σ",测得+I 时 U_5,−I 时 U_6值.

(6) 将样品架拿出放入液氮中(装有液氮的保温杯或杜瓦瓶)降温.

(7) 测量选择拨至"R_H",样品电流换至"自动",测量方式换至"动态",磁场控制换至"自动"并调节电流至磁场设定值(200 mT). 温度显示为 77 K 时,将样品架放回电磁铁中,单击"数据采集"和"电压曲线". 当温度接近室温时,调节温度设定至加热指示灯亮,并继续调大,升温至 420 K 时,保存数据.

(8) 将调节温度设定调至最小(逆时针),将样品再放入液氮中降温.

(9) 测量选择拨至"σ",单击"数据采集"和"电压曲线". 当温度接近室温时,调节温度设定至加热指示灯亮,并继续调大,升温至 420 K 时,保存数据. 最后将调节温度设定调至最小(逆时针).

(10) 打开保存的霍尔数据,单击霍尔曲线可得霍尔系数随温度变化的曲线.

(11) 打开保存的电导率数据,单击电导曲线可得电导率随温度变化的曲线.

4. 实验内容

（1）霍尔系数测量.

温度	霍尔系数	电导率	载流子浓度	霍尔迁移率

并给出 $1/T$ 与霍尔系数的关系图.

（2）电导率测量.

电导电压（＋）	电导电压（－）	温度	电导率

并分别给出 $1/T$ 与电导率以及电阻率的关系图.

（3）判断样品的导电类型.

【思考题】

（1）分别以 p 型、n 型半导体样品为例，说明如何确定霍尔电场的方向？

（2）霍尔系数的定义及其数学表达式是什么？从霍尔系数中可以求出哪些重要参数？

（3）霍尔系数测量中有哪些副效应，通过什么方式消除它们？你能想出消除爱廷豪森效应的方法吗？

实验 7-2 小型制冷机及其制冷技术

小型制冷装置通常指家用电冰箱、冷藏箱以及小型空调器等. 利用半导体热电效应制冷的装置，因其制冷功率一般地说比较小，也可看作是小型制冷装置. 由于小型制冷装置与人们的日常生活及工作密切相关，已经形成需求量很大的产业. 另一方面，目前广泛用于小型制冷装置中压缩式制冷循环的制冷剂主要是卤代烃类（氟利昂），这类制冷剂对大气层的臭氧层有破坏作用. 特别是普遍用于家用电冰箱的氟利昂-12（R12）对大气臭氧层的破坏以及由之而产生的温室效应相当严重. 为保护大气环境,1985 年 3 月有关缔约国政府签订了《保护臭氧层维也纳公约》. 1989 年 5 月,由联合国环境规划署召集有 56 个国家全权代表参加的会议上通过了《关于消耗臭氧层物质的蒙特利尔议定书》. 随后,1990 年 6 月在英国伦敦召开了有 55 个缔约国、41 个非缔约国、8 个国际组织以及 44 个非政府组织的代表参加的会议,对该议定书进行了全面修订,并于 1992 年 1 月 1 日生效. 因此,从节能的角度看,小型制冷装置制冷功率和效率的测量,对其制冷性能的检测及改进无疑是至关重要的. 而从各国为执行蒙特利尔议定书而努力探索新的制冷原理及寻求新的制冷剂这一发展趋势看,各种新型制冷循环的设计与制冷剂的开发,最终都离不开对不同条件下制冷机制、制冷功率及制冷效率的检测.

　　小型制冷装置实验内容紧密联系着社会和国家的需求与发展方向. 本实验可以引导学生关注能源领域的前沿问题,培养他们的创新思维和科学精神,并有望为未来能源领域的科技创新和产业发展作出贡献. 同时,通过对制冷原理和效率的研究,学生也能够为社会提供更环保、高效的技术方案,推动国家在能源领域的可持续发展.

【实验目的】

　　(1) 利用加热补偿法测量不同温度下小型制冷机模拟系统的制冷功率.
　　(2) 通过对制冷系统压缩机排气口和回气口温度及压力的测量估测制冷效率.
　　(3) 通过以上测量学习和掌握不同制冷剂及不同灌注量的制冷剂对制冷功率与效率的影响.

【实验原理】

1. 热力学第二定律

　　在自然界中,热量是可以互相传递的. 把两个温度不同的物体放在一起,原来温度高的物体,温度将逐渐下降,而原来温度低的物体,温度将逐渐升高,最终两物体的温度趋于相等. 这就是说,热量能从温度较高的物体传给温度较低的物体,但是不能自发地由低温物体流向高温物体而不引起其他变化,这即是热力学第二定律的克劳修斯说法.

　　这里我们只是说热量不能自发地反向流动,也就是说,要使热量能从低温物体流向高温物体必须要对环境留下某些不能消除的影响,即外界对系统做功. 例如利用一台水泵可以把水从低处提升到高处. 对于热量,道理也类似于水,消耗一定的能量,通过某种逆向热力学循环,就能使热量从低温的物体流向高温物体(图 7-2-1). 随着对这种循环的应用目的不同,可以把这样的过程称为热泵或制冷. 如果是对系统热端的利用,就称之为热泵;反之对系统冷端进行利用,称之为制冷.

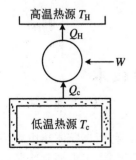

图 7-2-1　逆向热力学循环

2. 制冷原理

制冷的方法很多,常见的有液体汽化制冷、气体膨胀制冷、涡流管制冷和热电制冷等. 其中液体汽化制冷的应用最为广泛,它是利用液体汽化时的吸热效应实现制冷的. 蒸气压缩式、吸收式、蒸气喷射式和吸附式制冷都属于液体汽化制冷. 其制冷循环的共同点是都由制冷剂汽化、蒸气升压、高压蒸气液化和高压液体降压四个过程组成.

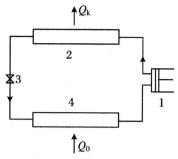

1—压缩机　2—冷凝器
3—膨胀阀　4—蒸发器
图 7-2-2　单级蒸气压缩式制冷

图 7-2-2 为单级蒸气压缩式制冷系统. 它由压缩机、冷凝器、膨胀阀和蒸发器组成. 目前市售的电冰箱、空调器等小型制冷机大多采用这种制冷模式. 其工作原理如下: 制冷剂在压力 P_0、温度 t_0 下沸腾,t_0 低于被冷却物体的温度. 压缩机不断地抽吸蒸发器中的制冷剂蒸气,并将它压缩至冷凝压力 P_k,然后送往冷凝器,在压力 P_k 下等压冷凝成液体,制冷剂冷凝时放出热量 Q_k 传给冷却介质,与冷凝压力 P_k 相对应的冷凝温度 t_k 一定要高于冷却介质的温度,冷凝后的液体通过膨胀阀或节流元件进入蒸发器. 当制冷剂通过膨胀阀时,压力从 P_k 降到 P_0,部分液体汽化,剩余液体的温度降至 t_0,于是离开膨胀阀的制冷剂变成温度为 t_0 的汽、液两相混合物. 混合物中的液体在蒸发器中蒸发,从被冷却的物体中吸取它所需要的蒸发热. 混合物中的蒸气通常称为闪发蒸气,在它被压缩机重新吸入之前几乎不再起吸热作用.

在制冷循环的分析和计算中,压焓图起着十分重要的作用,其结构如图 7-2-3 所示. 图中临界点 K 左边的粗实线为饱和液体线,线上的任何一点代表一个饱和液体状态,干度 $x=0$. 右边的粗实线为干饱和蒸气线,线上任何一点代表一个饱和蒸气状态,$x=1$. 饱和液体线的左边为过冷液体区,该区域内的液体称为过冷液体,过冷液体的温度低于同一压力下饱和液体的温度;干饱和蒸气线的右边是过热蒸气区,该区域内的蒸气称为过热蒸气,它的温度高于同一压力下饱和蒸气的温度;两条线之间的区域为两相区,制冷剂在该区域内处于汽、液混合状态. 图中共有六种等参数线簇:等压线 P 为水平线,等焓线 h 为垂直线,其余标有 t,S,v 和 X 的线簇分别为等温线、等熵线、等容线和等干度线.

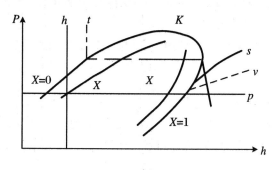

图 7-2-3　压焓图

图 7-2-2 所示的制冷循环可以在压焓图上进行简化分析(图 7-2-4),虽然这种分析与实际循环有一定的偏离,但是可以作为实际循环的基础进行修正. 按此种分析,离开蒸发器和

进入压缩机的制冷剂蒸气是处于蒸发压力下的饱和蒸气;离开冷凝器和进入膨胀阀的液体是处于冷凝压力下的饱和液体;压缩机的压缩过程为等熵压缩;制冷剂通过膨胀阀节流时其前、后焓值相等;制冷剂在蒸发和冷凝过程中没有压力损失;在各部件的连接处制冷剂不发生状态变化;制冷剂的冷凝温度等于外部热源温度,蒸发温度等于被冷却物体的温度. 图 7-2-4 中点 1 表示制冷剂进入压缩机的状态,它对应于蒸发温度 t_0 的饱和蒸气. 该点位于与 t_0 相应的压力 P_0 的等压线与饱和蒸气线的交点上. 点 2 为制冷剂出压缩机的状态,1-2 为等熵过程压力由 P_0 增大至冷凝压力 P_k. 点 3 表示制冷剂出冷凝时的状态,它是与冷凝温度 t_k 对应的饱和液体. 2-2′-3 表示制冷剂在冷凝器内的冷却和冷凝过程,这是一个等压过程,等压线与饱和液体线的交点即为点 3 的状态. 点 4 表示制冷剂出

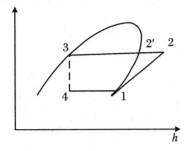

图 7-2-4　简化了的制冷循环

节流阀的状态,亦即进入蒸发器时的状态. 3-4 表示等焓节流过程,制冷剂压力由 P_k 降至 P_0,相应地温度亦由 t_k 降为 t_0,这即是说由点 3 作等焓线与等压线 P_0 的交点即为点 4 的状态. 过程线 4-1 表示制冷剂在蒸发器中的汽化过程,这是一个等温等压过程,液态制冷剂吸取被冷却物体的热量而不断汽化,最终又回到状态 1.

3. 制冷功率

制冷功率 Q_c 表示单位时间内制冷剂通过蒸发器吸收的被冷却物体的热量. 为准确测量一定温度下的制冷功率,可以采用热补偿的方法. 即利用电加热器馈送热量至被冷却物体,使得被冷却物体单位时间内从电加热器获得的热量 Q_e 正好等于制冷剂吸收的热量 Q_c,在排除其他各种漏热途径的情况下,当被冷却物体维持温度不变时,$Q_c = Q_e$. Q_e 为流过加热器的电流与加热器两端电压降的乘积.

4. 制冷系数

制冷机的制冷系数定义为

$$\varepsilon = \frac{Q_c}{W} \tag{7-2-1}$$

式中 W 为制冷机消耗的机械功,Q_c 为从被冷却物体吸收的热量,它是衡量制冷循环经济性的指标. 制冷系数愈大,循环愈经济.

如果把制冷机视作逆向的卡诺循环热机,并用 ε_c 表示其制冷系数,则

$$\varepsilon_c = \frac{T_c}{T_H - T_c} = \frac{1}{(T_H/T_c) - 1} \tag{7-2-2}$$

该式表明,只要 T_H/T_c 的值小于 $2,\varepsilon_c$ 即大于 1 而且随着 T_c 接近 T_H,ε_c 的数值迅速上升. 实际制冷机的制冷系数 ε 低于 ε_c,但它们随 T_H,T_c 变化的趋势有一定的类似性.

在工程上,常用压缩机的实际启动时间与接通电源的总时间之比定义制冷效率,取 ε' 表示,则

$$\varepsilon' = \frac{压缩机的实际启动时间}{接通电源的总时间} \times 100\% \tag{7-2-3}$$

例如,对家用电冰箱,规定在 32 ℃的环境温度中工作的单门冰箱,ε' 应小于 30%. 理论上,根据热力学第一定律,如果忽略位能和动能的变化,稳定流动的能量方程可以表示为

$$Q + W = \dot{m}(H_i - H_j) \tag{7-2-4}$$

式中 Q 和 W 是单位时间内加给系统的热量和机械功,$\dot{m}$ 是系统内稳定的质量流率,H 是比焓,下标表示状态点,分别对应于图 7-2-4 中各点.

对节流阀,制冷剂通过节流孔口时绝热膨胀,对外不做功,则有

$$h_3 = h_4 \tag{7-2-5}$$

表明这是等焓过程.

对压缩机,如果忽略压缩机与外界环境所交换的热量,则式(7-2-4)变为

$$W = Q(h_2 - h_1) \tag{7-2-6}$$

对蒸发器,被冷却的物体通过蒸发器向制冷剂传递热量 Q_c,因蒸发器不做功,故有

$$Q_c = \dot{m}(h_1 - h_4) = \dot{m}(h_1 - h_3) \tag{7-2-7}$$

这样制冷系数可以表达为

$$\varepsilon = \frac{Q_c}{W} = \frac{h_1 - h_3}{h_2 - h_1} \tag{7-2-8}$$

因而,只要根据图 7-2-4 所示的简化了的制冷循环,测量出制冷剂在压缩机进气口和出气口的温度与压力,从制冷剂的压焓图上查出 h_1 和 h_2 值,并按简化制冷循环推算出 h_3,即可得到理论上估算的制冷系数.

【实验装置】

图 7-2-5 为实验的制冷装置和测量示意图,其中压缩机、冷凝器、过滤器、毛细管和进气管直接采用电冰箱的部件.这里的毛细管起着节流阀的作用,它的最后一段与压缩机的进气管组合成热交换器,使毛细管中即将流入蒸发器的液态制冷剂被进气管中的低温气态制冷剂进一步冷却,以达到提高制冷效率的目的.过滤器内填充了干燥的分子筛颗粒,用以吸附制冷机内可能存在的水分,避免在毛细管内或出口处出现冰堵现象.蒸发器用直径 6 mm 壁厚 0.5 mm 的紫铜管模拟电冰箱蒸发器管道制成直径约 60 mm 的盘管,放入绝热良好的真空杯内.真空杯内充灌适量的乙二醇、乙醇与水的三元溶液,以浸没蒸发器为宜.搅拌器是为了使乙二醇、乙醇与水的三元溶液在蒸发器内制冷液的吸热和加热器的放热之间迅速达到平衡而设.压缩机的排气口、进气口以及冷凝器末端分别接有压力表以测量各相关点的压力.另外,三支铜-康铜热电偶分别接至排气口、进气口以及冷凝器末端测量这三点的温度.电加热器及其测量回路是为了产生焦耳热并通过电功率换算成单位时间馈送的热量,当此热量与制冷量相等时,杜瓦瓶溶液维持温度不变.若电加热量大于制冷量,杜瓦瓶升温,反之降温.监视和检测温度升降情况由插入真空杯内的铂电阻温度传感器及与之相连的测量电路完成.制冷机内充灌约 80 g R12(视具体情况作适当调整),它是目前电冰箱尚在使用的制冷剂,为无色、无味透明的液体或气体,常温下无毒,高温下火焰呈蓝色并分解成有毒气体.

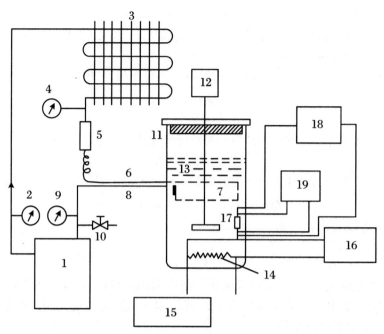

1—压缩机 2—排气压力表 3—冷凝器 4—冷凝器末端压力表 5—过滤器 6—毛细管 7—蒸发器
8—进气管 9—进气压力表 10—抽空灌液阀 11—真空保温杯 12—电动搅拌器 13—乙二醇、乙
醇水溶液 14—加热器 15—数字电压表 16—大功率直流稳流电源 17—铂电阻传感器 18—恒流
电源 19—数字电压表

图 7-2-5　制冷装置和测量示意图

【实验步骤与要求】

1. 实验步骤

(1) 检查仪器,将实验仪上加热功率调节旋钮按逆时针旋至最小.

(2) 接通实验仪电源,记录蒸发器内温度值,同时观察并记录压缩机排气口、进气口及
冷凝器末端的压力.

(3) 打开压缩机开关,压缩机启动,观察并记录各压力点的变化.

(4) 观察并记录蒸发器温度下降情况,按分钟记录直至最低温度附近.

(5) 调节加热器输出功率,使蒸发器升温至 $-6\ ℃$ 附近,微调输出功率使加热功率和制
冷量相当,温度保持不变,记录此温度下的加热功率.

(6) 改变电流使得蒸发器内的温度平衡于 $-3\ ℃$ 附近,记录该温度点的加热功率.

(7) 在进行上述各点加热功率测量的同时,分别记录压缩机排气口、进气口及冷凝器末
端的压力和温度,并记录压缩机功率.

(8) 如时间充分可增加 $0\ ℃$ 附近测量点.

(9) 按实验讲义进行数据处理分析.

2. 实验内容

(1) 绘制蒸发室温度随时间变化曲线.(每隔 1 min 记录一个数据点)

(2) 理想卡诺循环的制冷系数测量(动态)

$$\varepsilon = T_c/(T_H - T_c)$$

T_c(蒸发室温度)	进气口温度	排气口温度	冷凝口温度(T_H)	ε

(3) 热补偿法测量制冷系数(静态)

$$\varepsilon = Q_c/W$$

	$-6\ ℃$	$-3\ ℃$	$0\ ℃$
加热功率(Q_c)			
压缩机功率(W)			
进气口温度			
排气口温度			
冷凝口温度			
ε			

【思考题】

(1) 在一定的环境温度下,随着被冷却液温度的降低,预计制冷机的制冷功率和制冷系数将增加还是降低? 为什么?

(2) 为什么测量时一定要使被冷却液温度充分稳定后才记录数据?

(3) 本制冷系统能否作逆向的卡诺热机考虑,其误差主要来自何处?

实验 7-3　超导材料的电阻-温度特性测量

人们在 1877 年液化了氧,获得 $-183\ ℃$ 的低温后就发展低温技术. 随后,氮、氢等气体相继液化成功. 1908 年,荷兰莱顿大学的翁纳斯成功地使氦气液化,达到了 4.2 K 的低温. 三年后,即在 1911 年,翁纳斯发现,将水银冷却到 4.15 K 时,其电阻急剧地下降到零. 他认为,这种电阻突然消失的现象,是由于物质转变到了一种新的状态,并将此以零电阻为特征的金属态,命名为超导态. 1933 年,迈斯纳和奥森菲尔德发现超导电性的另一特性:超导态时磁通密度为零或叫完全抗磁性,即 Meissner 效应. 电阻为零及完全抗磁性是超导电性的两个最基本的特性. 超导体从具有一定电阻的正常态,转变为电阻为零的超导态时,所处的温度叫作临界温度,常用 T_c 表示. 直至 1986 年,人们经过 70 多年的努力才获得了最高临界温度为 23 K 的 Nb_3Ge 超导材料. 1986 年 4 月,贝德诺兹和缪勒创造性地提出了在 La-Ba-Cu-O 系化合物中存在高 T_c 超导的可能性. 1987 年初,中国科学院物理研究所赵忠贤等在这类氧化物中发现了 $T_c=48$ K 的超导电性. 同年 2 月份,美籍华裔科学家朱经武在 Y-Ba-Cu-O 系中发现了 $T_c=90$ K 的超导电性. 这些发现使人们梦寐以求的高温超导体变成了现实,是科学史上又一次重大的突破. 1988 年 1 月,日本科学家 Hirashi Maeda 研制出临界温度为 106 K 的 Bi-Sr-Ca-Cu-O 系新型高温超导体. 同年 2 月,美国阿肯萨斯大学的 Allen Hermann 等发现了临界温度为 106 K 的 Tl-Ba-Ca-Cu-O 系超导体. 一个月后,IBM 的 Almaden 又将这种体系的超导临界温度提高到了 125 K. 1989 年 5 月,中国科学技术大学的刘宏宝等通过 Pb 和 Sb 对 Bi 的部分取代,使 Bi-Sr-Ca-Cu-O 系超导材料的临界温度提高到了 130 K. 高温超导材料的发现,为超导应用带来了新的希望.

通过研究超导材料在低温环境下的表现,可以培养学生的观察和分析能力,进而树立实事求是的科学态度. 同时,也能扩展学生对物质性质的认知,加深对科学本质的理解. 本实验将实践创新、科学态度和社会责任等多重培养目标融合在一起,为培养具有全面素养和工程背景的人才提供了重要支持.

【实验目的】

(1) 利用动态法测量高临界温度氧化物超导材料的电阻率随温度的变化关系.

(2) 通过实验掌握利用液氮容器内的低温环境改变氧化物超导材料温度、测温及控温的原理和方法.

(3) 学习利用四端子法测量超导材料电阻和热电势的消除等基本实验方法以及实验结果的分析与处理.

(4) 选用稳态法测量高临界温度氧化物超导材料的电阻率随温度的变化关系并与动态法进行比较.

【实验原理】

1. 临界温度 T_c 的定义及其规定

超导体具有零电阻效应,通常把外部条件(磁场、电流、应力等)维持在足够低值时电阻突然变为零的温度称为超导临界温度. 实验表明,超导材料发生超导转变时,电阻的变化是在一定的温度间隔中发生,而不是突然变为零的,如图 7-3-1 所示. 起始温度 T_s 为 R-T 曲线(电阻随温度变化关系曲线)开始偏离线性所对应的温度;中点温度 T_m 为电阻下降至起始温度电阻 R_s 的一半时的温度;零电阻温度 T 为电阻降至零时的温度. 而转变宽度 ΔT 定义为

R_s 下降到 90% 及 10% 所对应的温度间隔. 高 T_c 材料发现之前,对于金属、合金及化合物等超导体,长期以来在测试工作中,一般将中点温度定义为 T_c,即 $T_c = T_m$. 对于高 T_c 氧化物超导体,由于其转变宽度 ΔT 较宽,有些新试制的样品 ΔT 可达十几 K,再沿用传统规定容易引起混乱. 因此,为了说明样品的性能,目前发表的文章中一般均给出零电阻温度 $T(R=0)$ 的数值,有时甚至同时给出上述的起始温度、中点温度及零电阻温度. 而所谓零电阻在测量中总是与测量仪表的精度、样品的几何形状及尺寸、电极间的距离以及流过样品的电流大小等因素有关,因而零电阻温度也与上述诸因素有关,这是测量时应予注意的.

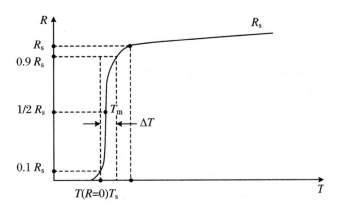

图 7-3-1　超导材料的电阻温度曲线及特征温度参数的定义

2. 样品电极的制作

　　目前所研制的高 T_c 氧化物超导材料多为质地松脆的陶瓷材料,即使是精心制作的电极,电极与材料间的接触电阻也常达零点几欧姆,这与零电阻的测量要求显然是不符合的.为消除接触电阻对测量的影响,常采用图 7-3-2 所示的四端子法. 两根电流引线与直流恒流电源相连,两根电压引线连至数字电压表或经数据放大器放大后接至 X-Y 记录仪,用来检测样品的电压. 按此接法,电流引线电阻及电极 1,4 与样品的接触电阻与 2,3 端的电压测量无关. 2,3 两电极与样品间存在接触电阻,通向电压表的引线也存在电阻,但是由于电压测量回路的高输入阻抗特性,吸收电流极小,因此能避免引线和接触电阻给测量带来的影响. 按此法测得电极 2,3 端的电压除以流过样品的电流,即为样品电极 2,3 端间的电阻. 本实验所用超导

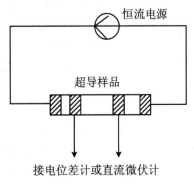

图 7-3-2　四端子接线

样品为商品化的银包套铋锶钙铜氧(Bi-Sr-Ca-Cu-O)高 T_c 超导样品,四个电极直接用焊锡焊接.

3. 温度控制及测量

　　临界温度 T_c 的测量工作取决于合理的温度控制及正确的温度测量. 目前高 T_c 氧化物超导材料的临界温度大多在 60 K 以上,因而冷源多用液氮. 纯净液氮在一个大气压下的沸点为 77.348 K,三相点为 63.148 K,但在实际使用中由于液氮的不纯,沸点稍高而三相点稍低(严格地说,不纯净的液氮不存在三相点). 对三相点和沸点之间的温度,只要把样品直接浸入液氮,并对密封的液氮容器抽气降温,一定的蒸气压就对应于一定的温度. 在 77 K 以上直至 300 K,常采用如下两种基本方法:

(1) 普通恒温器控温法

低温恒温器通常是指这样的实验装置. 它利用低温流体或其他方法,使样品处在恒定的或按所需方式变化的低温温度下,并能对样品进行一种或多种物理量的测量. 这里所称的普通恒温器控温法,指的是利用一般绝热的恒温器内的锰铜线或镍铬线等绕制的电加热器的加热功率来平衡制冷量,从而控制恒温器的温度稳定在某个所需的中间温度上. 改变加热功率,可使平衡温度升高或降低. 由于样品及温度计都安置在恒温器内并保持良好的热接触,因而样品的温度可以被严格控制并被测量. 这种控温方式的优点是控温精度较高,温度的均匀性较好,温度的稳定时间长. 用于电阻法测量时,可以同时测量多个样品. 由于这种控温法是点控制的,因此普通恒温器控温法应用于测量时又称定点测量法.

(2) 温度梯度法

这是指利用贮存液氮的杜瓦容器内液面以上空间存在的温度梯度来自然获取中间温度的一种简便易行的控温方法. 样品在液面以上不同位置获得不同温度. 为正确反映样品的温度,通常要设计一个紫铜均温块,将温度计和样品与紫铜均温块进行良好的热接触. 紫铜块连接一根不锈钢管,借助于不锈钢管进行提拉以改变温度.

本实验的恒温器设计综合上述两种基本方法,既能进行动态测量,也能进行定点的稳态测量,以便进行两种测量方法和测量结果的比较.

4. 热电势及热电势的消除

用四端子法测量样品在低温下的电阻时常会发现,即使没有电流流过样品,电压端也常能测量到几微伏至几十微伏的电压降. 而对于高 T_c 超导样品,能检测到的电阻常在 $10^{-5} \sim 10^{-1}$ Ω 之间,测量电流通常取 $1 \sim 100$ mA 左右,取更大的电流将对测量结果有影响. 据此换算,由于电流流过样品而在电压引线端产生的电压降只在 $10^{-2} \sim 10^{-3}$ μV 之间,因而热电势对测量的影响很大,若不采取有效的测量方法予以消除,有时会将良好的超导样品误作非超导材料,造成错误的判断.

测量中出现的热电势主要来源于样品上的温度梯度. 为什么放在恒温器上的样品会出现温度的不均匀分布呢? 这取决于样品与均温块热接触的状况. 若样品简单地压在均温块上,样品与均温块之间的接触热阻较大. 同时样品本身有一定的热阻也有一定的热容. 当均温块温度变化时,样品温度的弛豫时间与上述热阻及热容有关,热阻及热容的乘积越大,弛豫时间越长. 特别在动态测量情形,样品各处的温度弛豫造成的温度分布不均匀不能忽略. 即使在稳态的情形,若样品与均温块之间只是局部热接触(如不平坦的样品面与平坦的均温块接触),由引线的漏热等因素将造成样品内形成一定的温度梯度. 样品上的温差 ΔT 会引起载流子的扩散,产生热电势 E.

$$E = S \cdot \Delta T \tag{7-3-1}$$

其中 S 是样品的微分热电势,其单位是 μV/K.

对高 T_c 超导样品热电势的讨论比较复杂,它与载流子的性质以及电导率在费密面上的分布有关,利用热电势的测量可以获知载流子性质的信息. 对于同时存在两种载流子的情况,它们对热电势的贡献要乘以权重,满足所谓 Nordheim-Gorter 法则.

$$S = \frac{\sigma_A}{\sigma}S_A + \frac{\sigma_B}{\sigma}S_B \qquad (7\text{-}3\text{-}2)$$

式中 S_A，S_B 是 A，B 两种载流子本身的热电势；σ_A，σ_B 分别为 A，B 两种载流子相应的电导率．$\sigma = \sigma_A + \sigma_B$，材料处在超导态时，$S = 0$．

为消除热电势对测量电阻率的影响，通常采取下列措施：

（1）对于动态测量，应将样品制得薄而平坦．样品的电极引线尽量采用直径较细的导线，例如直径小于 0.1 mm 的铜线．电极引线与均温块之间要建立较好的热接触，以避免外界热量经电极引线流向样品．同时样品与均温块之间用导热良好的导电银浆黏接，以减少热弛豫带来的误差．另一方面，温度计的响应时间要尽可能小，与均温块的热接触要良好，测量中温度变化应该相对地较缓慢．对于动态测量中电阻不能下降到零的样品，不能轻易得出该样品不超导的结论，而应该在液氮温度附近，通过后面所述的电流换向法或通断法检查．

（2）对于稳态测量．当恒温器上的温度计达到平衡值时，应观察样品两侧电压电极间的电压降及叠加的热电势值是否趋向稳定，稳定后可以采用如下方法．

① 电流换向法：将恒流电源的电流 I 反向，分别得到电压测量值 U_A，U_B，则超导材料测电压电极间的电阻为

$$R = \frac{|U_A - U_B|}{2I} \qquad (7\text{-}3\text{-}3)$$

② 电流通断法：切断恒流电源的电流，此时测量到的电压即是样品及引线的积分热电势，通电流后得到新的测量值，减去热电势即是真正的电压降．若通断电流时测量值无变化，表明样品已经进入超导态．

【实验装置】

1. 低温恒温器

低温恒温器如图 7-3-3 所示．

2. 测量仪器

如图 7-3-4 所示，测量装置由安装了样品的低温恒温器，测温、控温仪器，数据采集、传输和处理系统以及电脑组成，既可进行动态法实时测量，也可进行稳态法测量．动态法测量时可分别进行不同电流方向的升温和降温测量，以观察和检测因样品和温度计之间的动态温差造成的测量误差以及样品及测量回路热电势给测量带来的影响．动态测量数据经测量仪器处理后直接进入电脑 X-Y 记录仪显示、处理或打印输出．稳态法测量结果经由键盘输入计算机作出 R-T 特性供分析处理或打印输出．

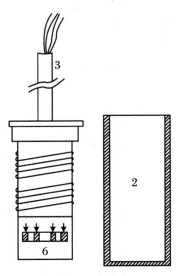

1—紫铜块　2—铜套　3—提拉杆
4—温度计　5—加热器

图 7-3-3　低温恒温器

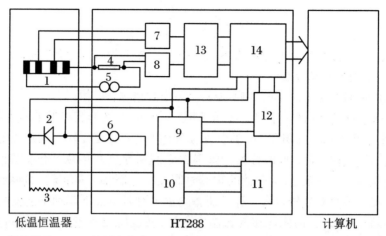

1—超导样品 2—PN结温度传感器 3—加热器 4—参考电阻 5—恒流源 6—恒流源
7—微伏放大器 8—微伏放大器 9—放大器 10—功率放大器 11—PID 12—温度设定
13—比较器 14—数据采集、处理、传输系统

图 7-3-4　高 T_c 超导体电阻-温度特性测量仪工作原理示意图

【实验步骤与要求】

1. 实验步骤

(1) 打开仪器和超导测量软件.

(2) 仪器面板上"测量方式"选择"动态","样品电流换向方式"选择"自动","温度设定"逆时针旋到底. 在计算机界面启动"数据采集".

(3) 调节"样品电流"至 80 mA.

(4) 将恒温器放入装有液氮的杜瓦瓶内,降温速率由恒温器的位置决定,直至泡在液氮中.

(5) 仪器自动采集数据,画出正反向电流所测电压随温度的变化曲线,最低温度到 77 K.

(6) 点击"停止采集",点击"保存数据",给出文件名保存,测量结束.

(7) 重新点击"数据采集"将样品杆拿出杜瓦瓶,做升温测量,测出升温曲线.

(8) 根据软件界面进行数据处理.

2. 实验内容

(1) 利用动态法在电脑 X-Y 记录仪上分别画出样品在升温和降温过程中的电阻-温度曲线.

(2) 利用稳态法,在样品的零电阻温度与 0 ℃ 之间测出样品的 R-T 分布.

(3) 对实验数据进行处理、分析.

(4) 对实验结果进行讨论.

3. 注意事项

（1）动态法测量时,热弛豫对测量的影响很大. 它对热电势的影响随升降温速度变化以及相变点的出现可能产生不同程度的变化. 应善于利用实验条件观察热电势的影响.

（2）动态法测量中样品温度与温度计温度难以一致,应观察不同的升降温速度对这种不一致的影响.

（3）进行稳态法测量时可以选择样品在液面以上的合适高度作为温度的粗调值,而以电脑给定值作为温度的细调值.

【思考题】

（1）超导样品的电极为什么一定要制作成如图 7-3-2 所示的四端子接法? 假定每根引线的电阻为 0.1 Ω,电极与样品间的接触电阻为 0.2 Ω,数字电压表内阻为 10 MΩ,试用等效电路分析当样品进入超导态时,直接用万用表测量与采用图 7-3-2 接法测量有何不同?

（2）设想一下,本实验适宜先做动态法测量还是稳态法测量? 为什么?

实验 7-4　巨磁电阻效应的测量

磁电阻是指导电物体的电阻在磁场作用下发生改变的现象. 早在 1857 年, Thomson 等在研究铁磁金属中电子的运输过程时,就发现了铁磁多晶体由于外磁场与晶体中自旋电子相互作用而产生的各向异性磁电阻(AMR)效应,其数量在 2%～3%. 但由于当时科学发展水平和技术条件的限制,此效应在相当长的时间内并未引起人们的太多关注. 直到 1971 年 Hunt 提出利用 AMR 效应来制作计算机磁盘系统的读出磁头,在随后的二十多年时间里,磁电阻效应研究的发展,推动了计算机硬盘存储量的不断提高,但这种提高速度不是很显著.

直至 1996 年利用巨磁电阻效应制作的具有每平方英寸 50 亿位面密度的计算机硬盘问世时,巨磁电阻效应在计算机系统的应用研究也仅仅经过了从 1988 年问世到 1996 年投入实际应用的短短八年时间. 1988 年 Baibich 等首先在 Fe/Cr 交替生长的金属磁性多层膜中发现了该样品的电阻随磁场的增加而下降可达 50% 数量级,由于它远远超过了各向异性磁电阻,所以这一负磁电阻效应被称为巨磁电阻效应(GMR). 巨磁电阻效应的发现立刻引起了各国凝聚态物理工作者和电子技术人员的高度关注,同时一门新兴的研究领域或学科也随之诞生,即磁电子学. 为表彰在该领域作出的突出成绩,2007 年 Nobel 物理学奖被授予法国科学家 Fert 和德国科学家 Grünberg 两人. 当前各式各样的存储介质的微型化和高容量化都与此有直接关联.

磁电阻实验作为一种具体的实验操作,其内容直接与实验现象相关联,可以培养学生严谨观察、实验设计和数据处理的能力. 同时,将实验结果与实际应用联系在一起,也能鼓励学生思考如何将所学知识应用于解决实际问题,以不断提高创新意识和实践能力.

【实验目的】

(1) 在固定温度下,利用四端子法测量金属磁性多层膜的电阻随磁场的变化关系.
(2) 在固定磁场下,利用四端子法测量金属磁性多层膜的电阻随温度的变化关系.
(3) 学会控温和控磁场等基本实验方法以及实验结果的分析与处理.

【实验原理】

1. 巨磁电阻效应产生的机制

磁性金属多层膜的巨磁阻效应与磁场的方向无关,它仅仅依赖于相邻铁磁层磁化强度矢量 M 的相对取向. 而外磁场的作用不过是改变相邻铁磁层磁化强度矢量之间的相对取向,这说明了电子的输运与相邻铁磁层内部的磁化强度矢量的相对取向密切相关. 我们知道,电子除了具有静止质量之外,还具有两种根本的属性:一是带电,即带有最小的电荷单位,正是由于带电,在电场的作用下做定向移动形成电流,而在定向移动过程中会遇到各种各样的阻力从而形成电阻. 此时如果外加磁场,电子还会受到洛伦兹力的影响,从而电阻增大,导致 AMR 效应,与磁场方向有关;其第二属性就是自旋. 与自旋对应,为玻尔磁子的磁矩. 该磁矩可以和磁场发生作用也可以和铁磁材料内部的磁化强度矢量 M 发生作用. 但电子在非磁性材料中运动时,外加电场使之定向运动,形成电流,而外加磁场使之受到洛伦兹力作用导致电阻有个较小的上升,即前文所指的 AMR 效应. 但电子的自旋具有两种取向,如图 7-4-1 所示,电子从外界电路中输入左边铁磁层(Fe)前,自旋朝上和自旋朝下的数量相等,但进入 Fe 层后,Fe 具有磁化强度矢量 M,它将对不同自旋的电子进行选择性通过,使得与 M 方向一致的电子容易通过,而与其相反的不容易通过,这个过程叫作自旋极化,相当于光学里所讲的"起偏". 极化后的电子进入中间非磁性层(Cr),由于该层的磁化强度矢量为零,则电子自由通过,只不过是极化后的电子极化率有一定的衰减. 但当该层厚度不是很大时,大量的电子仍然保持原先较高的自旋极化状态. 当它们再进入右边的铁磁层后,由于没有加磁场,右边的铁磁层的磁化强度矢量 M 与左边的反平行排列,这样,原本极化后的电子由于其具有与左边铁磁层的 M 方向一致的自旋,就非常难以穿过右边的铁磁层了,导致高电阻状态. 当外加磁场后,可以使得右边的铁磁层 M 方向和左边铁磁层 M 方向一致,这样极化后的电子就很容易在样品中穿过,样品呈现低电阻状态,这样就会出现巨磁电阻效应. 从物理上看,就是电子自旋散射相关. 在与自旋散射相关的 s-d 散射中,当电子的自旋与铁磁金属自旋向上的 $3d$ 子带平行时,其平均自由程长,相应的电阻率低. 因此当相邻铁磁层的磁化强度矢量反铁磁耦合(反向)时,在一个铁磁层中受散射较弱的电子进入另外一铁磁层后必定遭遇较强的散射. 所以从整体上来说,所有的电子都遭到了较强的散射;而相邻铁磁层的磁化强度在磁场的作用下趋于平行时,自旋向上的电子在所有的铁磁层中均受到较弱的散射,相当于自旋向上的电子构成了短路的状态,这就是基于 Mott 二流体模型对巨磁阻效应的解释.

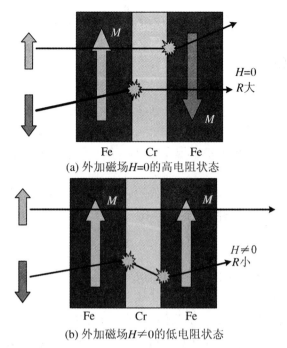

(a) 外加磁场 $H=0$ 的高电阻状态

(b) 外加磁场 $H \neq 0$ 的低电阻状态

图 7-4-1　巨磁电阻效应的机制示意图

可见,要想产生巨磁电阻效应,金属磁性多层膜必须具有以下特征:至少要有两个铁磁层和一个非磁性层,其次两个铁磁层的磁化强度矢量在自由状态下应该反向排列,并且在外加磁场的作用下,它们都应该容易地转向外加磁场方向而平行排列. 从电路结构来看,要想获得较高的 MR,则必须保持有闭合电路,形成电流,电流最好是横穿金属多层膜;外加磁场要足够大,即励磁电流要足够大.但由于金属膜很薄,一般是纳米量级,在我们的实验中很难实现电子横越金属多层膜. 作为演示,也可以将电极全部做在某一个铁磁层上进行测量,我们这里就采取这种办法. 其效果也接近,原理还是相同的.

2. 样品电极的制作

目前所研制的金属磁性多层膜都是在衬底材料上通过溅射沉积的方法制备的. 由于其厚度很薄,在制备电极过程中很容易划坏样品,所以严格上需要采用光刻的办法引出电极. 当然,在要求不是很高的场合,用银浆点在样品表面形成四个电极即可. 为消除接触电阻对测量的影响,常采用图 7-4-2 所示的四端子法. 两根电流引线与直流恒流电源相连,两根电压引线连至数字纳伏电压表或经数据放大器放大后接至 X-Y 记录仪,用来检测样品的电压. 按此接法,电流引线电阻及电极 1,4 与样品的接触电阻与 2,3 端的电压测量无关. 2,3 两电极与样品间存在接触电阻,通向电压表的引线也存在电阻,但是由于电压测量回路的高输入阻抗特性,吸收电流极小,因此能避免引线和接触电阻给测量带来的影响. 按此法测得电极 2,3 端的电压除以流过样品的电流,即为样品电极 2,3 端间的电阻. 本实验所用样品为科学研究用

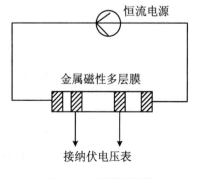

图 7-4-2　四端子接线

金属磁性多层膜(Co/Cu/Co),四个电极直接用银浆点上引线.

【实验步骤与要求】

1. 实验内容

(1) 固定温度(室温 300 K 和液氮温度 77 K),从 0~0.15 T 扫描磁场,获得电阻磁场曲线;

(2) 固定磁场(0 T 和 0.1 T),从 77~300 K 变温测量样品的电阻.

(3) 数据处理,获得 1,2 两种情况下的 MR 值.

2. 实验步骤

(1) 打开实验仪器及电脑程序,单击"数据采集".

(2) 将样品放入机座,对好槽口固定.

(3) 将电磁铁电流调到零,将"方式"按钮拨到"扫描"挡.

(4) 设定程序,使之工作在恒温和磁场扫描状态,设定磁场扫描范围.

(5) 在室温开始测量.

(6) 将样品降温至液氮温度再测量一次.

(7) 对比室温和液氮温度磁电阻效应的大小.

(8) 将电磁铁电流调到零,将"方式"按钮拨到"固定值"挡.

(9) 设定程序,使之工作在变温和恒磁场状态,并设定变温范围和磁场大小.

(10) 在样品降至液氮温度开始加磁场,待磁场达到稳定值(0 T)后,开始变温测量.

(11) 再将样品降到液氮温度,开始加磁场到 0.1 T,待稳定后,再测量一次.

(12) 计算两种变温条件下的 MR 值.

3. 注意事项

实验过程中,外加磁场的励磁电流不能调得过高,固定外加磁场值不能取很高的值,容易使线圈发热而烧毁.

【思考题】

(1) 为什么样品要做成金属磁性多层膜的形式? 为什么必须使得两个铁磁层要具有反向的磁化强度矢量?

(2) 没有磁性层或没有非磁性层能否观察到磁电阻效应,能否观察到巨磁电阻效应?

(3) 为什么要等样品温度稳定后或者磁场稳定后再进行相应的后续测量?

(4) 为什么需要高精度的数值纳伏电压表?

第8单元 新 能 源

引 言

随着社会经济的不断发展,能量与能源问题的重要性日益凸显.人类对能源的需求随着社会经济发展而急剧膨胀.专家估计目前每年能源消耗总量为 200 亿吨标准煤,并且其中的 90％左右是依靠不可再生的化石能源来维持的.就目前这种情况,全球化石能源储备只能维持 100 年左右.随着化石能源的有限性以及环境问题的日益突出,以环保和可再生为特质的新能源越来越得到各国的重视.

1981 年联合国召开的"联合国新能源和可再生能源会议"对新能源的定义为:以新技术和新材料为基础,使传统的可再生能源得到现代化的开发和利用,用取之不尽、周而复始的可再生能源取代资源有限、对环境有污染的化石能源,重点开发太阳能、风能、生物质能、潮汐能、地热能、氢能和核能(原子能).

新能源已经成为国家能源战略的重要组成部分.目前在中国,可以形成产业的能源主要包括水能(主要指小型水电站)、风能、生物质能、太阳能、地热能等可循环利用的清洁能源.新能源产业的发展既是整个能源供应系统的有效补充手段,也是环境治理和生态保护的重要措施,是满足人类社会可持续发展需要的最终能源选择.

经过几十年的飞速发展,我国太阳能发电量占全球三分之一,新能源装机量和装备制造能力位居世界第一,预计到 2025 年我国的供电网络将有三分之一来自可再生能源,到 2030 年,风电、太阳能发电总装机容量将达到 12 亿千瓦以上.

在新能源这一单元中,我们安排了太阳能光伏电池实验、风力发电以及燃料电池实验,希望同学们能从实验中掌握新能源相关的物理原理、测试方法,探讨影响电能产生、存储的参数."加快规划建设新型能源体系,统筹水电开发和生态保护,积极安全有序发展核电,加强能源产供储销体系建设,确保能源安全."党的二十大报告强调的深入推进能源革命的方针,为新时代中国能源高质量发展指明了方向,希望同学们能了解新能源的开发以及其在各个行业中的应用.

实验 8-1　风　力　发　电

风能是一种清洁的可再生能源,储量巨大.全球的风能约为 2.7×10^8 万千瓦,其中可利用的风能为 2×10^6 万千瓦,比地球上可开发利用的水能总量要 10 倍.大力发展风电等新能源是我国的重大战略决策,也是我国经济社会可持续发展的客观要求.发展风电不但具有巨大的经济效益,而且与自然环境和谐共生,对环境不会产生有害影响.

与其他能源相比,风力、风向随时都在变动中.为适应这种变动,最大限度地利用风能,近年来在风叶翼型设计、风力发电机的选型研制、风力发电机组的控制方式、并网发电的安全性等方面,都进行了大量的研究,取得重大进展,为风力发电的飞速发展奠定了基础.

【实验目的】

(1) 风速、螺旋桨转速(也是发电机转速)和发电机感应电动势之间关系的测量.

(2) 扭曲型可变桨距 3 叶螺旋桨的功率系数 C_p 与风轮叶尖速比 λ 关系的测量.

(3) 切入风速到额定风速间的功率调节实验.

【实验原理】

1. 风能与风速测量

风是风力发电的原动力,在年平均风速 6 m/s 以上的场址建风力发电站,可以获得良好的经济效益.风力发电机组的额定风速,也要参考年平均风速设计.

设风速为 V_1,单位时间通过垂直于气流方向、面积为 S 的截面的气流动能为

$$E = \frac{1}{2} \Delta m V_1^2 = \frac{1}{2} \rho S V_1^3 \qquad (8\text{-}1\text{-}1)$$

式中 Δm 为单位时间作用在截面 S 上的空气质量,ρ 为空气密度.可见,空气的动能与风速的立方成正比.由气体状态方程,密度 ρ 与气压 p、热力学温度 T 的关系为

$$\rho = \frac{Mp}{RT} \approx 3.48 \times 10^{-3} \frac{p}{T} \qquad (8\text{-}1\text{-}2)$$

式中 $M = 2.89 \times 10^{-2}$ kg/mol 是空气的摩尔质量,$R = 8.31$ J/(mol·K) 为普适气体常数.气压会随海拔高度 h 变化,代入 0 ℃(273.15 K)时反映气压随高度变化的恒温气压公式:

$$p = p_0 \mathrm{e}^{\frac{Mg}{RT}h} \approx p_0\left(1 - \frac{Mg}{RT}h\right) = 1.013 \times 10^5 (1 - 1.25 \times 10^{-4} h) \qquad (8\text{-}1\text{-}3)$$

其中 $g = 9.8$ m/s² 为重力加速度.式(8-1-3)在 $h < 2$ km 时比较准确.将式(8-1-3)代入式(8-1-2),得

$$\rho = 3.53 \times 10^2 \frac{1 - 1.25 \times 10^{-4} h}{T} \qquad (8\text{-}1\text{-}4)$$

式中 h 的单位为 m,在标准情况下($p=1.013\times10^5$ Pa,$T=273.15$ K),$h=0$ m 时,空气密度值为 1.292 kg/m^3.

式(8-1-4)表明海拔高度和温度是影响空气密度的主要因素,它是一种近似计算公式,实际上,即使在同一地点、同一温度、气压与湿度的变化也会影响空气密度值. 在不同的书籍中,经常可看到不同的近似公式.

2. 发电机

发电机由静止的定子和可以旋转的转子两大部分组成,定子和转子一般由铁芯和绕组组成,铁芯的功能是靠铁磁材料提供磁的通路,以约束磁场的分布,绕组是由表面绝缘的铜线缠绕的金属线圈(励磁线圈)组成的.

发电机原理可用图 8-1-1 说明. 转子励磁线圈通电产生磁场,螺旋桨带动转子转动,使转子成为一个旋转磁场,定子绕组切割磁力线,感应出电动势,感应电动势的大小与导体和磁场的相对运动速度有关.

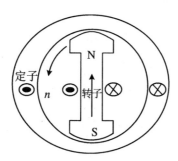

图 8-1-1　发电机原理示意图

风力发电机都是 3 相电机,图 8-1-1 中定子绕组只画了 1 相中的 1 组,对应于一对磁极,若电机中每相定子绕组由空间均匀分布的 n 组串联的铁芯和绕组组成,则会形成 n 对磁极.

本实验采用的发电机为永磁同步电机. 国内的金风科技等风电企业采用的也是永磁发电机.

永磁同步电机的转子采用永磁材料制造,省去了转子励磁绕组和相应的励磁电路,无须励磁电源,转子结构比较简单,效率高,是今后电机发展的主流机型之一.

永磁发电机通常由螺旋桨直接驱动发电,没有齿轮箱等中间部件,提高了机组的可靠性,减少了传动损耗,提高了发电效率,在低风速环境下运行效率比其他发电机更高.

大型风机螺旋桨的转速最高为每分几十转,采用直驱方式,发出的交流电频率远低于电网交流电频率. 为满足并网要求,永磁风力发电机组采用交流-直流-交流的全功率变流模式,即风电机组发出的交流电整流成直流,再变频为与电网同频同相的交流电输入电网. 全功率变流模式的缺点是对换流器的容量要求大,会增加成本. 优点是螺旋桨的转速可以根据风力优化,最大限度的利用风能,能提供性能稳定,符合电网要求的高品质电能.

3. 风能的利用

风机能利用多少风能? 什么条件下能最大限度的利用风能? 这是风机设计的首要问题.

风机的第一个气动理论是由德国的贝兹(Betz)于 1926 年建立的. 贝兹假定螺旋桨是理想的,气流通过螺旋桨时没有阻力,气流经过整个螺旋桨扫掠面时是均匀的,并且气流通过螺旋桨前后的速度为轴向方向.

以 V_1 表示风机上游风速,V_0 表示流过风机叶片截面 S 时的风速,V_2 表示流过风扇叶片截面后的下游风速.

根据冲量定律,流过风机叶片截面 S,质量为 Δm 的空气,在风机上产生的作用力为

$$F = \frac{\Delta m(V_1 - V_2)}{\Delta t} = \frac{\rho S V_0 \Delta t(V_1 - V_2)}{\Delta t} = \rho S V_0(V_1 - V_2) \tag{8-1-5}$$

式中 Δt 为作用时间. 螺旋桨吸收的功率为

$$P = FV_0 = \rho S V_0^2(V_1 - V_2) \tag{8-1-6}$$

此功率是由空气动能转换而来的. 从风机上游至下游,单位时间内空气动能的变化量为

$$P' = \frac{1}{2}\rho S V_0(V_1^2 - V_2^2) \tag{8-1-7}$$

令式(8-1-6)和式(8-1-7)相等,得到

$$V_0 = \frac{1}{2}(V_1 + V_2) \tag{8-1-8}$$

将式(8-1-8)代入式(8-1-6),可得到功率随上下游风速的变化关系式:

$$P = \frac{1}{4}\rho S(V_1 + V_2)(V_1^2 - V_2^2) \tag{8-1-9}$$

当上游风力 V_1 不变时,令 $\dfrac{\mathrm{d}P}{\mathrm{d}V_2} = 0$,可知当 $V_2 = \dfrac{1}{3}V_1$ 时,式(8-1-9)取得极大值,且

$$P_{\max} = \frac{8}{27}\rho S V_1^3 \tag{8-1-10}$$

将上式除以气流通过风机截面时空气的动能,可以得到风机的最大理论效率(贝兹极限):

$$\eta_{\max} = \frac{P_{\max}}{\frac{1}{2}\rho S V_1^3} = \frac{16}{27} \approx 0.592\,6 \tag{8-1-11}$$

风机的实际风能利用系数(功率系数)C_p 定义为风机实际输出功率与流过螺旋桨截面 S 的风能之比. C_p 随风力机的叶片形式及工作状态而变,并且总是小于贝兹极限,商品风机工作时,C_p 一般在 0.4 左右.

风机实际的输出功率为

$$P_o = \frac{1}{2}C_p\rho S V_1^3 \tag{8-1-12}$$

在风电机组的设计过程中,通常将螺旋桨转速与风速的关系合并为一个变量——叶尖速比,定义为螺旋桨叶片尖端线速度与风速之比,即

$$\lambda = \frac{\omega R}{V_1} \tag{8-1-13}$$

式中 ω 为螺旋桨角速度,R 为螺旋桨最大旋转半径(叶尖半径).

理论分析与实验表明,叶尖速比 λ 是风机的重要参数,其取值将直接影响风机的功率系数 C_p. 图 8-1-2 表示某螺旋桨功率系数 C_p 与螺旋桨叶尖速比 λ 的关系,由图可见在一定的叶尖速比下,螺旋桨能够获得最高的风能利用率.

对于同一螺旋桨,在额定风速内的任何风速,功率系数与叶尖速比的关系都是一致的.不同翼型或叶片数的螺旋桨,C_p 曲线的形状不一样,C_p 最大值与最大值对应的 λ 值也不一样.

叶尖速比在风力发电机组的设计与功率控制过程中都是重要参数.

目前大型风机都采用 3 叶片设计.增多叶片会增加螺旋桨质量,增加成本.C_p 最大值取决于螺旋桨叶片翼型设计,与叶片数量关系不大.

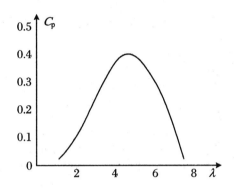

图 8-1-2　功率系数 C_p 与风轮叶尖速比 λ 的关系

4. 风电机组的功率调节方式

风电机组设计时都有切入风速、切出风速、额定风速几个参数.

切入风速是风电机组的开机风速,高于此风速后,风电机组能克服传动系统和发电机的效率损失,产生有效输出.

切出风速是风电机组的停机风速,高于此风速后,为保证风电机组的安全而停机.

额定风速是风电机组的基本设计参数,额定风速与额定功率对应,在此风速下,风电机组已达到最大输出功率.

额定风速对风电机组的平均输出功率有决定性的作用,额定风速偏低,风电机组会损失掉高于额定风速时的很多风能.额定风速过高,额定功率大,相应的设备投资会增加,若实际风速大部分时间都达不到此风速,会造成资金浪费.而且额定风速高,设备大以后,切入风速会相应提高,会损失低风速风能.

额定风速要根据风电场风速统计规律优化设计,商业风电机组,额定风速在 $10\sim18$ m/s,切入风速在 $3\sim4$ m/s,切出风速在 $20\sim30$ m/s.

风电机组输出功率与风速关系如图 8-1-3 所示.

风速在切入风速与额定风速之间时,控制螺旋桨转速,使风机工作在最佳叶尖速比状态,最大限度利用风能.风速在额定风速与切出风速之间时,通过调节使输出功率保持在额定功率,使电器部分不因输出过载而损坏.

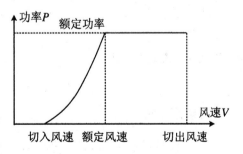

图 8-1-3　风电机组输出功率与风速的关系

【实验装置】

风力发电实验装置如图 8-1-4 所示.

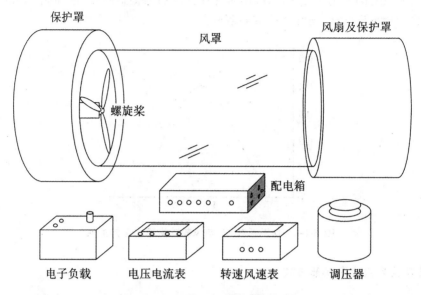

图 8-1-4　风力发电实验装置示意图

风扇由调压器供电.改变调压器输出电压,可以改变风扇转速.风扇端装有风扇转速传感器,由标定的风扇转速与风速关系给出风速.螺旋桨端装有螺旋桨转速传感器.转速、风速表的两行分别显示螺旋桨转速与风速.

发电机输出的三相交流电经整流滤波成直流电后输出到电子负载,电压、电流表的两行分别显示电子负载两端的电压与流经负载的电流,电流电压的乘积即为发电机输出功率.发电机的额定转速为 50 r/s,实验表格中风速均按照常温和当地海拔条件下发电机转速不超过额定转速进行设置,实验时严禁随意增大风速,避免发电机转速超过额定转速而影响其寿命.

配电箱:为风力发电仪器提供各种电源(包括多个低压直流电源、AC220 V 市电)以及自动控制风扇通断.

【实验步骤与要求】

1. 电路连接

风扇连接到调压器输出端,调压器连接到配电箱市电接口,电子负载、电压电流表、风速转速表的电源端分别连接到配电箱的低压直流电源孔,风速转速表中同步信号输出连接到配电箱中的同步信号接口,转速、风速输出连接到转速风速表.电子负载及电压电流表按图 8-1-5 连接.

电压、电流表的同步信号端口不连接,为以后功能扩展用.

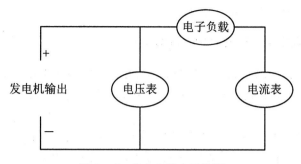

图 8-1-5 发电机输出连接图

2. 风速、螺旋桨转速（即发电机转速）、发电机感应电动势之间关系的测量

断开电子负载，此时电压表测量的是开路电压，即发电机输出的电动势.

调节调压器使得风速从 5.0 m/s 开始以 0.5 m/s 的间隔来逐渐调低风速，风速稳定后记录在不同风速下的螺旋桨转速及发电机感应电动势，将实验数据记入表 8-1-1.

表 8-1-1　风速、螺旋桨转速、发电机感应电动势之间的关系

风速(m/s)	5.0	4.5	4.0	3.5	3.0	2.5
转速(r/s)						
电动势(V)						

以风速为横坐标，转速为纵坐标作图，分析两者之间的关系.

以转速为横坐标，感应电动势为纵坐标作图，分析两者之间的关系.

3. 功率系数 C_p 与叶尖速比 λ 关系的测量

调节调压器，使风速为 5.0 m/s. 接上电子负载，逆时针旋转电子负载旋钮，直到电流显示不为零，然后顺时针旋转电子负载旋钮使电流显示刚好为零，各表显示稳定后记录输出电压、输出电流、转速.

逆时针调节电子负载调节旋钮，使输出电压以每隔 1.0 V 进行调节，将每次实验数据记入表 8-1-2 中. 表 8-1-2 中的空气密度 ρ 用式(8-1-4)计算.

表 8-1-2　功率系数 C_p 与叶尖速比 λ 的关系

当地海拔 $h=$____ m，环境温度 $T=$____℃，叶片半径 $R=0.134$ m，额定风速 $V_1=5.0$ m/s

转速 f(r/s)	输出电压 U （V）	输出电流 I （mA）	输出功率 $P=U\times I$(W)	叶尖速比 $\lambda=2\pi fR/V_1$	功率系数 $C_p=2P/\pi R^2\rho V_1^3$

以实验数据作螺旋桨的功率系数 C_p 与叶尖速比 λ 的关系曲线，并比较功率系数 C_p 与

叶尖速比 λ 的关系与图 8-1-2 是否相似?

4. 切入风速到额定风速区间的功率调节实验

风机的运行受两方面的限制,一是由机械强度决定的转速限制,二是由发电机、变流器容量决定的功率限制. 本实验比较固定叶尖速比、固定转速两种方式下,风机输出功率的情况.

固定叶尖速比调节方式时,由步骤 3 确定最佳叶尖速比 λ_m,由 $f=\lambda_m V_1/(2\pi R)$ 计算最佳转速,在各风速下通过调节电子负载使风机转速达到最佳转速,记录输出电压,电流于表 8-1-3 固定叶尖速比列下.

固定转速调节方式时,一般取在额定风速 C_p 达到最大值时的转速. 若随意选择转速,风能利用效率会更低.

固定转速调节方式时,不同风速下调节电子负载大小,保持转速不变,记录风速变化时风机输出电压、电流于表 8-1-3 中.

表 8-1-3　切入风速到额定风速区间的功率调节实验

调节方式　　　　风速(m/s)	固定叶尖速比($\lambda_m=$　　)				固定转速($f=5\lambda_m/(2\pi R)$)			
	转速(r/s) $f=\lambda_m V_1/(2\pi R)$	电压(V)	电流(mA)	功率(W)	转速(r/s)	电压(V)	电流(mA)	功率(W)
5.0								
4.5								
4.0								
3.5								
3.0								

画出以上两种调节方式下输出功率随风速的变化曲线. 比较上述两条曲线,能得出什么结论?

【思考题】

(1) 风力发电机转速很慢,是不是意味着发电效率低?

(2) 功率系数 C_p 与风力发电机的哪些因素有关? 与螺旋桨的叶片数有关吗?

(3) 为什么风扇和螺旋桨之间用风罩连接?

实验 8-2　太阳能光伏电池实验

太阳内部不间断地进行着氢转变为氦的热核反应,反应过程中伴随着巨大的能量释放到宇宙空间. 太阳释放到宇宙空间的所有能量都属于太阳能的范畴. 科学研究已经表明太阳热核反应可以持续百亿年左右,能量辐射功率为 3.8×10^{23} kW.根据地球体表面积、与太阳的距离等数据可以计算出辐照到地球的太阳能大致为全部太阳能量辐射量的 20 亿分之一左右.考虑到地球大气层对太阳辐射的反射和吸收等因素,实际到达地球表面的太阳辐照功率为 8×10^{13} kW,也就是说太阳每秒钟照射到地球上的能量相当于燃烧 500 万吨煤释放的热量.

人类对太阳能的利用不是最近几十年的事情,而是具有悠久的历史.我国战国时期、古埃及等都有关于太阳能利用的记载.这类应用虽然属于太阳能利用范畴,但方式、手段和目的都非常的原始.近代太阳能利用的标志是 1615 年法国工程师制造出第一台太阳能驱动的发动机.但高昂的造价和极低的效率注定这种发动机没有实用价值,只能是模型爱好者的宠儿.人类对硅材料的认识、固体理论、半导体理论的发展和成熟是太阳能利用的关键推动力,具有里程碑意义的事件是 1945 年美国 Bell 实验室研制出实用型硅太阳能电池.近年来,太阳能成为研究、技术、应用、贸易的热点.太阳能潜在的市场为全球所关注,除了人类能源需求量的增大、化石能源储量的下降和价格的提升、理论和工艺技术水平的提高等因素外,环保意识、可持续发展意识的提升也是全球关注太阳能的一个重要因素.

太阳能电池是目前太阳能利用中的关键环节,核心概念是 p-n 结和光生伏特效应.理解太阳能电池的工作原理、基本特性表征参数和测试方法是必要和重要的.

【实验目的】

(1) 了解 p-n 结的基本结构与工作原理.

(2) 了解太阳能电池组件的基本结构,理解其工作原理.

(3) 掌握太阳能电池基本特性参数测试原理与测试方法,理解光强、温度等因素对太阳能电池输出特性的影响.

【实验原理】

1. p-n 结与光生伏特效应

半导体是一类特殊的材料.从宏观电学性质上说,它们的导电能力介于导体和绝缘体之间,随外界环境(如温度、光照等)发生剧烈的变化.从材料能带结构说,这类材料导带 E_c 和价带 E_v 之间的禁带宽度 E_g 小于 3 eV.温度、光照等因素可以使价带电子跃迁到导带,在导带和价带中形成电子-空穴对,从而改变材料的电学性质.半导体材料具有负的电阻温度系数,即随温度的升高,其电阻变小.通常情况下,都需要对半导体材料进行必要的掺杂处理,调整它们的电学特性,以便制作出性能更稳定、灵敏度更高、功耗更低的电子器件.基于半导体材料电子器件的核心结构通常是 p-n 结,简单地说,p-n 结就是 p 型半导体和 n 型半导体接触形成的基础区域.太阳能电池,本质上就是结面积比较大的 p-n 结.

根据半导体基本理论,处于热平衡态的 p-n 结由 p 区、n 区和两者交界区域构成,如图 8-2-1 所示.刚接触时,电子由费米能级 E_F 高的地方向费米能级低的地方流动,空穴则相反.

为了维持统一的费米能级,n 区内电子向 p 区扩散,p 区内空穴向 n 区扩散.载流子的定向运动导致原来的电中性条件被破坏,p 区积累带负电且不可移动的电离受主,n 区积累带正电且不可移动的电离施主.载流子扩散运动导致在界面附近区域形成由 n 区指向 p 区的内建电场 E_i 和相应的空间电荷区.显然,两者费米能级的不统一是导致电子空穴扩散的原因,电子空穴扩散又导致出现空间电荷区和内建电场.而内建电场的强度取决于空间电荷区的电场强度,内建电场具有阻止扩散运动进一步发生的作用.当两者具有统一费米能级后扩散运动和内建电场的作用相等,p 区和 n 区两端产生一个高度为 qV_D 的势垒(图 8-2-2(a)).理想 p-n 结模型下,处于热平衡的 p-n 结空间电荷区没有载流子,也没有载流子的产生与复合作用.

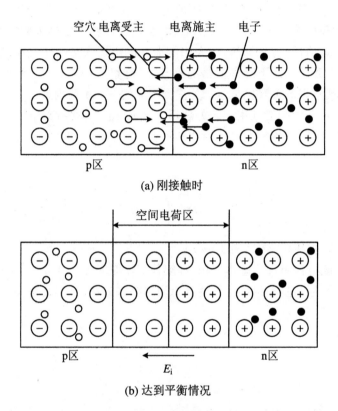

图 8-2-1 p-n 结的形成

当有入射光垂直入射到 p-n 结,只要 p-n 结结深比较浅,入射光子会透过 p-n 结区域甚至能深入半导体内部.如果入射光子能量满足关系 $h\nu \geqslant E_g$(E_g 为半导体材料的禁带宽度),那么这些光子会被材料吸收,在 p-n 结中产生电子-空穴对.光照条件下材料体内产生电子-空穴对是典型非平衡载流子光注入作用.光生载流子对 p 区空穴和 n 区电子这样的多数载流子的浓度影响是很小的,可以忽略不计.但是对少数载流子将产生显著影响,如 p 区电子和 n 区空穴.在均匀半导体中光照射下也会产生电子-空穴对,但它们很快又会通过各种复合机制复合.在 p-n 结中情况有所不同,主要原因是存在内建电场.在内建电场的驱动下 p 区光生少子电子向 n 区运动,n 区光生少子空穴向 p 区运动.这种作用有两方面的体现:第一是光生少子在内建电场驱动下定向运动产生电流,这就是光生电流,它由电子电流和空穴电流组成,方向都是由 n 区指向 p 区,与内建电场方向一致;第二,光生少子的定向运动与扩散运动方向相反,减弱了扩散运动的强度,p-n 结势垒高度降低,甚至会完全消失,势垒高度降低(图 8-2-2(b)).宏观的效果是在 p-n 结光照面和暗面之间产生电动势,也就是光生电动势,这个效应称为光生伏特效应.如果构成回路就会产生电流,这种电流叫作光生电流 I_L.

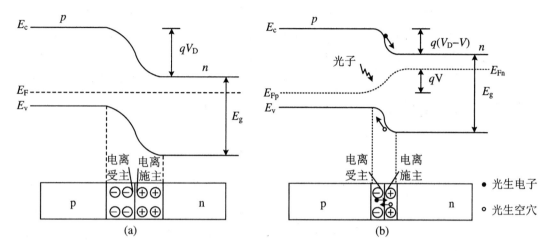

图 8-2-2　(a) 热平衡时的 p-n 结　(b) 光照下的 p-n 结

　　从结构上说,常见的太阳能电池是一种浅结深、大面积的 p-n 结.太阳能电池之所以能够完成光电转换过程,核心物理效应是光生伏特效应.光照会使得 p-n 结势垒高度降低甚至消失,这个作用完全等价于在 p-n 结两端施加正向电压.这种情况下的 p-n 结就是一个光电池.将多个太阳能电池通过一定的方式进行串并联,并封装好就形成了能防风雨的太阳能电池组件(图 8-2-3).

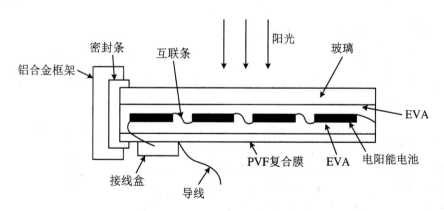

图 8-2-3　太阳能电池组件结构示意图

2. 太阳能电池无光照时的电流电压关系——暗特性

　　通常把无光照或光照为零的情况下太阳能电池的电流-电压特性叫作暗特性.近似地,可以把无光照情况下的太阳能电池等价于一个理想 p-n 结.其电流电压关系为肖克莱方程:

$$I = I_s \left[\exp\left(\frac{qV}{k_0 T}\right) - 1 \right] \tag{8-2-1}$$

其中 q 为电子电荷的绝对值，k_0 为玻尔兹曼常数，T 为绝对温度，$I_s = J_s A = Aq\left(\dfrac{D_n n_{p_0}}{L_n} + \dfrac{D_p p_{n_0}}{L_p}\right)$ 为反向饱和电流，又称暗电流，暗电流是区分二极管的一个极其重要的参量．其中，J_s 为反向饱和电流密度，根据掺杂程度的不同，反向饱和电流密度 J_s 的量级一般为 10^{-12}，即一般情况下暗电流非常小．A 为结面积，D_n，D_p 分别为电子和空穴的扩散系数，n_{p_0} 为 p 区平衡少数载流子——电子的浓度、p_{n_0} 为 n 区平衡少数载流子——空穴的浓度，L_n，L_p 分别为电子和空穴的扩散长度．

当 $T = 300$ K 时，$k_0 T = 0.025\,9$ eV．对正向偏置条件，硅材料 p-n 结的正向偏压 V 约为零点几伏，故 $\exp\left(\dfrac{qV}{k_0 T}\right) \gg 1$，所以正向 I-V 关系可表示为

$$I = I_s \exp\left(\frac{qV}{k_0 T}\right) \tag{8-2-2}$$

对于反向偏置，$\exp\left(\dfrac{qV}{k_0 T}\right) \ll 1$，即理想 p-n 结的电压指数项可以忽略不计，即

$$I \rightarrow -I_s \tag{8-2-3}$$

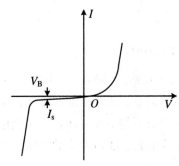

图 8-2-4　p-n 结的暗特性曲线

根据肖克莱方程，如图 8-2-4 所示，在反向电压不超过击穿电压 V_B 的情况下，电流接近于暗电流 I_s，此时的电流非常小且几乎为零；在正向电压下，电流随电压指数增长，因此太阳能电池的 I-V 特性曲线不对称，这就是 p-n 结的单向导电特性或整流特性．对于确定的太阳能电池，其掺杂类型、浓度和器件结构都是确定的，对伏安特性具有影响力的因素是温度．温度对半导体器件的影响是这类器件的通性．

3. 太阳能电池光照时的电流电压关系——光照特性

太阳能电池的光照特性是指太阳能电池在光照的条件下输出伏安特性．硅太阳能电池的性能参数主要有开路电压 U_{oc}、短路电流 I_{sc}、最大输出功率 P_m、转换效率 η 和填充因子 FF．

光生少子在内建电场驱动下的定向运动在 p-n 结内部产生了 n 区指向 p 区的光生电流 I_L，光生电动势等价于加载在 p-n 结上的正向电压 V，它使得 p-n 结势垒高度降至 $qV_D - qV$．理想情况下，太阳能电池负载等效电路如图 8-2-5 所示，把光照的 p-n 结看作一个理想二极管和恒流源并联，恒流源的电流即为光生电流 I_L，I_F 为通过硅二极管的结电流，R_L 为外加负载．该等效电路的物理意义是：太阳能电池光照后产生一定的光电流 I_L，其中一部分用来抵消结电流 I_F，另一部分为负载的电流 I．由等效电路图可知

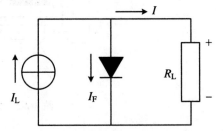

图 8-2-5　理想情况下太阳能电池负载等效电路图

$$I = I_\mathrm{L} - I_\mathrm{F} = I_\mathrm{L} - I_\mathrm{s}\Big[\exp\Big(\frac{qV}{k_0 T}\Big) - 1\Big] \tag{8-2-3}$$

随着二极管正偏,空间电荷区的电场变弱,但是不可能变为零或者反偏. 光电流总是反向电流,因此太阳能电池的电流总是反向的.

根据图 8-2-5 的等效电路图,有两种极端情况是在太阳能电池光照特性分析中必须考虑的. 其一是负载电阻 $R_\mathrm{L} = 0$,外电路处于短路状态,短路电流 $I_\mathrm{sc} = I$,由于短路时 $I_\mathrm{F} = 0$,由式(8-2-3)得

$$I_\mathrm{sc} = I_\mathrm{L} \tag{8-2-4}$$

即短路电流等于光生电流,它与入射光的光强 E_e 及器件的有效面积 A 成正比. 其二是负载电阻 $R_\mathrm{L} \to \infty$,外电路处于开路状态. 流过负载的电流为零 $I = 0$,根据等效电路图,光电流正好被正向结电流抵消,光电池两端电压 U_oc 就是所谓的开路电压. 显然有

$$I = I_\mathrm{L} - I_\mathrm{s}\Big[\exp\Big(\frac{qU_\mathrm{oc}}{k_0 T}\Big) - 1\Big] = 0 \tag{8-2-5}$$

由式(8-2-5)得到开路电压 U_oc 为

$$U_\mathrm{oc} = \frac{k_0 T}{q}\ln\Big(\frac{I_\mathrm{L}}{I_\mathrm{s}} + 1\Big) \tag{8-2-6}$$

可以看出,开路电压 U_oc 与入射光的光强的对数成正比,与器件的面积无关,与电池片串联的级数有关.

开路电压 U_oc 和短路电流 I_sc 是光电池的两个重要参数,实验中这两个参数分别为稳定光照下太阳能电池 I-V 特性曲线与电压、电流轴的截距. 在温度一定的情况下,随着光照强度 E_e 增大,太阳能电池的短路电流 I_sc 和开路电压 U_oc 都会增大,但是随光强变化的规律不同:短路电流 I_sc 正比于入射光强度 E_e,开路电压 U_oc 随着入射光强度 E_e 对数增加. 此外,从太阳能电池的工作原理考虑,开路电压 U_oc 不会随着入射光强度增大而无限增大,它的最大值是使得 p-n 结势垒高度为零时的电压值. 换句话说,太阳能电池的最大光生电压为 p-n 结的势垒对应的电势差 V_D 是一个与材料带隙、掺杂水平等有关的值. 实际情况下,最大开路电压值 U_oc 与 E_g/q 相当.

太阳能电池从本质上说是一个能量转换器件,它把光能转换为电能. 太阳能电池的转换效率 η 定义为最大输出功率 P_m 和入射光的总功率 P_in 的比值:

$$\eta = \frac{P_\mathrm{m}}{P_\mathrm{in}} \times 100\% = \frac{I_\mathrm{m} V_\mathrm{m}}{E_\mathrm{e} \cdot A} \times 100\% \tag{8-2-7}$$

其中 $I_\mathrm{m}, V_\mathrm{m}$ 为最大功率点对应的最大工作电流、最大工作电压,E_e 为由光探头测得的光照强度(单位:$\mathrm{W/m^2}$),A 为太阳能电池片的有效受光面积.

图 8-2-6 为太阳能电池的输出伏安特性曲线,其中 $I_\mathrm{m}, V_\mathrm{m}$ 在 I-V 关系中构成一个矩形,叫作最大功率矩形. 最大功率矩形取值点 P_m 的物理含义是太阳能电池最大输出功率点,数学上是 I-V 曲线上横纵坐标乘积的最大值点. 短路电流和开路电压也形成一个矩形,面积为 $I_\mathrm{sc} V_\mathrm{oc}$. 定义:

$$FF = \frac{I_\mathrm{m} V_\mathrm{m}}{I_\mathrm{sc} V_\mathrm{oc}} \tag{8-2-8}$$

FF 为填充因子,图形中它是两个矩形面积的比值. 填充因子反映了太阳能电池可实现功率的度量,通常的填充因子在 $0.5 \sim 0.8$ 之间,也可以用百分数表示.

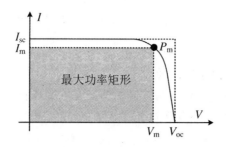

图 8-2-6　太阳能电池输出伏安曲线

太阳能电池的转换效率是它的最重要的参数. 太阳能电池效率损失的原因主要有电池表面的反射、电子和空穴在光敏感层之外由于重组而造成的损失,以及光敏层的厚度不够等因素. 综合来看,单晶硅太阳能电池的最大转换效率的理论值大约是 40%. 实际上,大规模生产的太阳能电池的效率还达不到理论极限的一半,只有百分之十几.

4. 太阳能电池温度特性

太阳能电池温度特性是指电池片的开路电压 U_{oc}、短路电流 I_{sc} 及最大输出功率 P_m 与温度 T 之间的关系,温度特性是太阳能电池的一个重要特征. 对于大多数太阳能电池,在入射光强不变的情况下,随着温度 T 上升,短路电流 I_{sc} 略有上升,开路电压 U_{oc} 明显线性变小,由于开路电压的变小幅度大于短路电流的增加幅度,从而导致转换效率降低. 温度对电流的影响主要在于电子跃迁,一方面温度的升高降低了禁带宽度 E_g,使得更多光子激发电子跃迁;另一方面,温度的上升提供了更多的声子能量,在声子的参与下,增加了光子的二次吸收. 温度的上升对增加光生电流具有积极的作用,但是对开路电压又起着消极作用.

在太阳能电池板实际应用时必须考虑它的输出特性受温度的影响,特别是室外的太阳能电池,由于阳光的作用,太阳能电池在使用过程中温度变化可能比较大,因此温度系数是室外使用太阳能电池板时需要考虑的一个重要参数.

【实验装置】

仪器组成:氙灯电源、氙灯光源、测试主机、滤光片组和电池片组. 实验操作和显示由计算机软件完成. 整机图片和仪器构成示意图如图 8-2-7 和图 8-2-8 所示.

图 8-2-7　整机图片

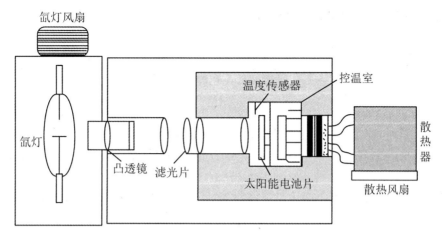

图 8-2-8 仪器构成示意图

【实验步骤与要求】

◎ 太阳能电池的暗特性测量

实验在避光条件下进行,测量不同温度下(5 ℃、35 ℃和室温)单晶硅太阳能电池片的正、反向暗伏安特性以及单晶硅、多晶硅和非晶硅三种电池片在室温下的 I-V 特性.

实验步骤如下:

(1) 打开测试主机,镜筒加遮光罩,将单晶硅电池片放入插槽,在室温下,通过软件界面在太阳能电池片两端正向加 0～4 V 的电压,测量并记录太阳能电池两端的正向电流.

(2) 通过软件界面在太阳能电池片两端反向加 0～4 V 的电压,测量并记录流过太阳能电池的反向电流.

(3) 将单晶硅电池片换成多晶硅和非晶硅电池片,重复以上步骤,记录它们在室温下的暗特性实验数据.

(4) 将温度分别改为 5 ℃和 35 ℃,待温控箱的温度稳定 5 min 左右后换上单晶硅电池片并重复步骤(1)(2).

根据得到的实验数据,绘制室温时各太阳能电池片的暗特性曲线,观察三种不同电池片的暗伏安特性曲线,有什么的异同? 试分析原因;观察单晶硅电池片在三个不同温度下的暗特性曲线,试说明 p-n 结的 I-V 曲线随温度如何变化?

◎ 太阳能电池的光照特性测量

太阳能电池的光照特性测量是指不同温度、不同光照强度下,单晶硅、多晶硅、非晶硅 3 种太阳能电池片的输出 I-V 特性曲线,并由此计算得到开路电压、短路电流、最大输出功率、填充因子和转换效率. 光功率由光强探测器间接测得 $P_{in} = E_e \times A$,其中 E_e 为光强探测器测得的光强值,A 为太阳能电池有效光照面积.

打开氙灯光源,先预热 30 min,取掉遮光盖.

1. 单晶硅太阳能电池温度特性实验

光强挡位固定在 5 挡(该挡位接近标准光强:1 000 W/m²),测量不同温度下电池片(以单晶硅为例)的输出 I-V 特性.研究开路电压、短路电流、最大输出功率和转换效率随温度如何变化.

实验步骤如下:

(1) 在室温时,测量单晶硅电池片的输出 I-V 特性,计算最大输出功率和转换效率.

(2) 将温度分别设置为 5 ℃和 15 ℃,待温控箱的温度稳定 5 min 左右后,重复以上实验步骤.

绘制单晶硅在不同温度下的 I-V 特性曲线,试说明随着温度的变化,其输出特性如何变化? 为什么?

2. 单晶硅太阳能电池光强特性实验

室温下,测量不同光强挡位下单晶硅太阳能电池片的输出 I-V 特性(注:每次换挡过后等光源稳定 5 min 以后再进行实验),研究开路电压、短路电流、最大输出功率和转换效率随光强如何变化.

实验步骤如下:

(1) 氙灯光源置于 1 挡,使用光强探测器测量此时的光强,测试成功后取出光强探测器,放入单晶硅电池片,测量单晶硅电池的 I-V 特性,计算最大输出功率和转换效率.

(2) 依次调节光强挡位至 3,5 挡,重复以上步骤.

绘制单晶硅在不同光强下的 I-V 特性曲线,试说明随着光强的变化,其输出特性如何变化? 为什么?

3. 不同太阳能电池片的输出特性

室温下,氙灯光源置于 5 挡,测量单晶硅、多晶硅和非晶硅三种太阳能电池片的输出 I-V 特性,比较三种电池片输出特性的异同.

(1) 使用光强探测器测量此时的光强,测试成功后取出光强探测器,放入单晶硅电池片,记录单晶硅电池的输出 I-V 特性、开路电压、短路电流,计算最大输出功率、填充因子和转换效率.

(2) 更换太阳能电池片,重复以上步骤,测量多晶硅、非晶硅电池片的输出 I-V 特性.

根据实验数据,绘制相同实验条件下,不同硅片的输出 I-V 特性曲线、P-V 特性曲线.比较三者的转换效率和填充因子.

【思考题】

(1) 影响太阳能电池转换效率的因素有哪些?

(2) 太阳能电池根据所用材料的不同,可分为几类?

实验 8-3　燃料电池综合特性测量

1839 年,英国人格罗夫(W. R. Grove)发明了燃料电池,历经近两百年,在材料、结构、工艺不断改进之后,进入了实用阶段. 按燃料电池使用的电解质或燃料类型,可将现在和近期可行的燃料电池分为碱性燃料电池、质子交换膜燃料电池、直接甲醇燃料电池、磷酸燃料电池、熔融碳酸盐燃料电池和固体氧化物燃料电池 6 种主要类型,本实验研究其中的质子交换膜燃料电池.

燃料电池的燃料氢(反应所需的氧可从空气中获得)可通过电解水获得,也可由矿物或生物原料转化制成. 本实验包含太阳能电池发电(光能-电能转换)、电解水制取氢气(电能-氢能转换)、燃料电池发电(氢能-电能转换)几个环节,形成了完整的能量转换、储存和使用的链条. 实验内容包含物理知识丰富,且紧密结合科技发展热点与实际应用. 实验过程环保清洁.

能源为人类社会发展提供动力,长期依赖矿物能源使我们面临环境污染之害、资源枯竭之困. 为了人类社会的持续健康发展,各国都致力于研究开发新型能源. 未来的能源系统中,太阳能将作为主要的一次能源替代目前的煤、石油和天然气,而燃料电池将成为取代汽油、柴油和化学电池的清洁能源. 本实验中的太阳能电池发电、电解水制取氢气和燃料电池发电等环节,直接呈现能源转换的过程,强调了科技与环保的重要关系,激发学生对清洁能源和可持续发展的关注. 通过实验,学生可以培养正确的环保意识和科技创新精神,有望在未来为社会的可持续发展作出积极贡献,为国家的繁荣稳定奠定坚实基础.

【实验目的】

(1) 了解燃料电池的工作原理.

(2) 观察仪器的能量转换过程.

(3) 了解光能→太阳能电池→电能→电解池→氢能(能量储存)→燃料电池→电能的过程.

(4) 测量燃料电池输出特性,作出所测燃料电池的伏安特性(极化)曲线、电池输出功率随输出电压的变化曲线. 计算燃料电池的最大输出功率及效率.

(5) 测量质子交换膜电解池的特性,验证法拉第电解定律.

(6) 测量太阳能电池的特性,作出所测太阳能电池的伏安特性曲线、电池输出功率随输出电压的变化曲线. 获取太阳能电池的开路电压、短路电流、最大输出功率和填充因子等特性参数.

【实验原理】

1. 燃料电池

质子交换膜(proton exchange membrane,PEM)燃料电池在常温下工作,具有启动快速、结构紧凑的优点,最适宜作为汽车或其他可移动设备的电源,近年来发展很快,其基本结构如图 8-3-1 所示.

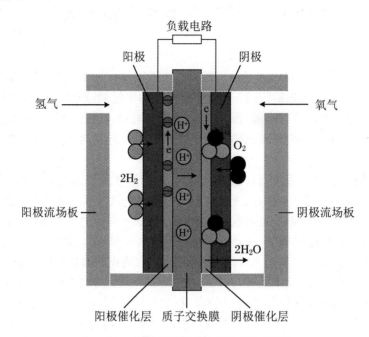

负载电路

阳极　　　　阴极

氢气 →　　　← 氧气

H^+

O_2

$2H_2$

H^+

阳极流场板 —　　　— 阴极流场板

H^+

H^+

$2H_2O$

阳极催化层　质子交换膜　阴极催化层

图 8-3-1　质子交换膜燃料电池结构示意图

目前广泛采用的全氟磺酸质子交换膜为固体聚合物薄膜,厚度为 0.05～0.1 mm,它提供氢离子(质子)从阳极到达阴极的通道,而电子或气体不能通过. 催化层是将纳米量级的铂粒子用化学或物理的方法附着在质子交换膜表面,厚度约 0.03 mm,对阳极氢的氧化和阴极氧的还原起催化作用. 膜两边的阳极和阴极由石墨化的碳纸或碳布做成,厚度为 0.2～0.5 mm,导电性能良好,其上的微孔提供气体进入催化层的通道,又称为扩散层.

商品燃料电池为了提供足够的输出电压和功率,需将若干单体电池串联或并联在一起,流场板一般由导电良好的石墨或金属做成,与单体电池的阳极和阴极形成良好的电接触,称为双极板,其上有供气体流通的通道. 教学用燃料电池为直观起见,采用有机玻璃做流场板.

进入阳极的氢气通过电极上的扩散层到达质子交换膜. 氢分子在阳极催化剂的作用下解离为 2 个氢离子,即质子,并释放出 2 个电子,阳极反应为

$$H_2 =\!\!=\!\!= 2H^+ + 2e \tag{8-3-1}$$

氢离子以水合质子 $H^+(nH_2O)$ 的形式,在质子交换膜中从一个磺酸基转移到另一个磺酸基,最后到达阴极,实现质子导电,质子的这种转移导致阳极带负电.

在电池的另一端,氧气或空气通过阴极扩散层到达阴极催化层,在阴极催化层的作用下,氧与氢离子和电子反应生成水,阴极反应为

$$O_2 + 4H^+ + 4e =\!\!=\!\!= 2H_2O \tag{8-3-2}$$

阴极反应使阴极缺少电子而带正电,结果在阴阳极间产生电压,在阴阳极间接通外电路,就可以向负载输出电能. 总的化学反应如下:

$$2H_2 + O_2 =\!\!=\!\!= 2H_2O \tag{8-3-3}$$

(阴极与阳极:在电化学中,失去电子的反应叫氧化,得到电子的反应叫还原. 产生氧化反应的电极是阳极,产生还原反应的电极是阴极. 对电池而言,阴极是电的正极,阳极是电的

负极.)

2. 水的电解

将水电解产生氢气和氧气,与燃料电池中氢气和氧气反应生成水互为逆过程.

水电解装置同样因电解质的不同而各异,碱性溶液和质子交换膜是最好的电解质.若以质子交换膜为电解质,可在图 8-3-1 右边电极接电源正极形成电解的阳极,在其上产生氧化反应 $2H_2O \Longrightarrow O_2 + 4H^+ + 4e$. 左边电极接电源负极形成电解的阴极,阳极产生的氢离子通过质子交换膜到达阴极后,产生还原反应 $2H^+ + 2e \Longrightarrow H_2$. 即在右边电极析出氧,左边电极析出氢.

作燃料电池或作电解器的电极在制造上通常有些差别,燃料电池的电极应利于气体吸纳,而电解器需要尽快排出气体.燃料电池阴极产生的水应随时排出,以免阻塞气体通道,而电解器的阳极必须被水淹没.

3. 太阳能电池

太阳能电池利用半导体 p-n 结受光照射时的光伏效应发电,太阳能电池的基本结构就是一个大面积平面 p-n 结,图 8-3-2 为 p-n 结示意图.

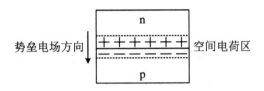

图 8-3-2　半导体 p-n 结示意图

p 型半导体中有相当数量的空穴,几乎没有自由电子. n 型半导体中有相当数量的自由电子,几乎没有空穴. 当两种半导体结合在一起形成 p-n 结时,n 区的电子(带负电)向 p 区扩散,p 区的空穴(带正电)向 n 区扩散,在 p-n 结附近形成空间电荷区与势垒电场.势垒电场会使载流子向扩散的反方向做漂移运动,最终扩散与漂移达到平衡,使流过 p-n 结的净电流为零. 在空间电荷区内,p 区的空穴被来自 n 区的电子复合,n 区的电子被来自 p 区的空穴复合,使该区内几乎没有能导电的载流子,又称为结区或耗尽区.

当光电池受光照射时,部分电子被激发而产生电子-空穴对,在结区激发的电子和空穴分别被势垒电场推向 n 区和 p 区,使 n 区有过量的电子而带负电,p 区有过量的空穴而带正电,p-n 结两端形成电压,这就是光伏效应,若将 p-n 结两端接入外电路,就可向负载输出电能.

【实验步骤与要求】

1. 实验仪器

仪器的构成如图 8-3-3 所示.

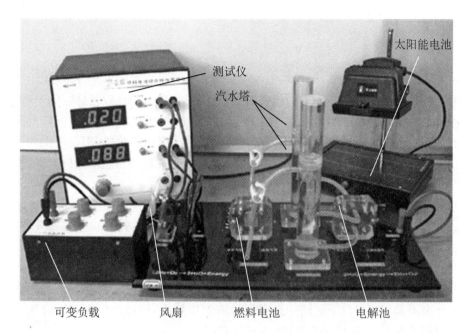

图 8-3-3　燃料电池综合实验仪

　　燃料电池、电解池、太阳能电池的原理见实验原理部分. 质子交换膜必需含有足够的水分,才能保证质子的传导. 但水含量又不能过高,否则电极被水淹没,水阻塞气体通道,燃料不能传导到质子交换膜参与反应. 如何保持良好的水平衡关系是燃料电池设计的重要课题. 为保持水平衡,我们的电池正常工作时排水口打开,在电解电流不变时,燃料供应量是恒定的. 若负载选择不当,电池输出电流太小,未参加反应的气体从排水口泄漏,燃料利用率及效率都低. 在适当选择负载时,燃料利用率约为 90%.

　　气水塔为电解池提供纯水(2 次蒸馏水),可分别储存电解池产生的氢气和氧气,为燃料电池提供燃料气体. 每个气水塔都是上、下两层结构,上、下层之间通过插入下层的连通管连接,下层顶部有一输气管连接到燃料电池. 初始时,下层近似充满水,电解池工作时,产生的气体会汇聚在下层顶部,通过输气管输出. 若关闭输气管开关,气体产生的压力会使水从下层进入上层,而将气体储存在下层的顶部,通过管壁上的刻度可知储存气体的体积. 两个气水塔之间还有一个水连通管,加水时打开使两塔水位平衡,实验时切记关闭该连通管. 风扇作为定性观察时的负载,可变负载作为定量测量时的负载.

　　测试仪可测量电流和电压. 若不用太阳能电池作电解池的电源,可从测试仪供电输出端口向电解池供电. 实验前需预热 15 min. 图 8-3-4 为燃料电池实验仪系统的测试仪前面板图.

　　区域 1——电流表部分:作为一个独立的电流表使用. 其中包括:

　　两个挡位:2 A 挡和 200 mA 挡,可通过电流挡位切换开关选择合适的电流挡位测量电流.

　　两个测量通道:电流测量 I 和电流测量 II. 通过电流测量切换键可以同时测量两条通道的电流.

　　区域 2——电压表部分:作为一个独立的电压表使用. 共有两个挡位:20 V 挡和 2 V 挡,可通过电压挡位切换开关选择合适的电压挡位测量电压.

　　区域 3——恒流源部分:为燃料电池的电解池部分提供一个从 0～350 mA 的可变恒

流源.

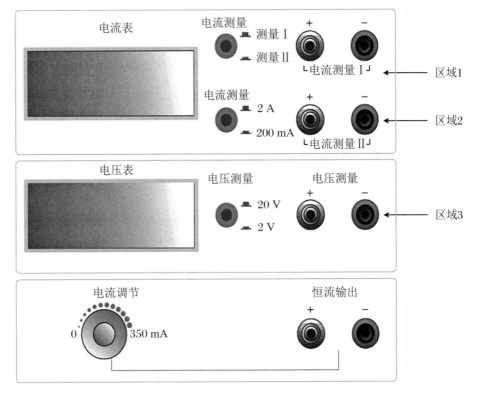

燃料电池综合特性实验仪

图 8-3-4 燃料电池测试仪

2. 质子交换膜电解池的特性测量

理论分析表明,若不考虑电解器的能量损失,在电解器上加 1.48 V 电压就可使水分解为氢气和氧气,实际由于各种损失,输入电压高于 1.6 V 电解器才开始工作.

电解器的效率为

$$\eta_{电解} = \frac{1.48}{U_{输入}} \times 100\% \tag{8-3-4}$$

输入电压较低时虽然能量利用率较高,但电流小,电解的速率低,通常使电解器输入电压在 2 V 左右.

根据法拉第电解定律,电解生成物的量与输入电量成正比. 在标准状态下(温度为 0 ℃,电解器产生的氢气保持在 1 个大气压),设电解电流为 I,经过时间 t 生产的氢气体积(氧气体积为氢气体积的一半)的理论值为

$$V_{氢气} = \frac{It}{2F} \times 22.4 L \tag{8-3-5}$$

式中 $F = eN = 9.65 \times 10^4$ C/mol 为法拉第常数,$e = 1.602 \times 10^{-19}$ C 为电子电量,$N = 6.022 \times 10^{23}$ 为阿伏伽德罗常数,$It/2F$ 为产生的氢分子的摩尔(克分子)数,22.4 L 为标准状态下气体的摩尔体积.

若实验时的摄氏温度为 T,所在地区气压为 P,根据理想气体状态方程,可对式(8-3-5)做

修正:

$$V_{氢气} = \frac{273.16 + T}{273.16} \cdot \frac{P_0}{P} \cdot \frac{It}{2F} \times 22.4L \qquad (8\text{-}3\text{-}6)$$

式中 P_0 为标准大气压. 自然环境中, 大气压受各种因素的影响, 如温度和海拔高度等, 其中海拔对大气压的影响最为明显. 由国家标准 GB/T 4797.2—2005 可查到, 海拔每升高 1 000 m, 大气压下降约 10%.

由于水的分子量为 18, 且每克水的体积为 1 cm³, 故电解池消耗的水的体积为

$$V_{水} = \frac{It}{2F} \times 18 \text{ cm}^3 = 9.33It \times 10^{-5} \text{ cm}^3 \qquad (8\text{-}3\text{-}7)$$

应当指出, 式(8-3-6)和式(8-3-7)的计算对燃料电池同样适用, 只是其中的 I 代表燃料电池输出电流, $V_{氢气}$ 代表燃料消耗量, $V_{水}$ 代表电池中水的生成量.

实验步骤如下:

(1) 确认气水塔水位在水位上限与下限之间.

(2) 将测试仪的电压源输出端串联电流表后接入电解池, 将电压表并联到电解池两端.

(3) 将气水塔输气管止水夹关闭, 调节恒流源输出到最大(旋钮顺时针旋转到底), 让电解池迅速地产生气体.

(4) 当气水塔下层的气体低于最低刻度线的时候, 打开气水塔输气管止水夹, 排出气水塔下层的空气.

(5) 如此反复 2~3 次后, 气水塔下层的空气基本排尽, 剩下的就是纯净的氢气和氧气了. 根据表 8-3-1 中的电解池输入电流大小, 调节恒流源的输出电流, 待电解池输出气体稳定后(约 1 min), 关闭气水塔输气管. 测量输入电流, 电压及产生一定体积的气体的时间, 记入表 8-3-1 中.

3. 燃料电池输出特性的测量

在一定的温度与气体压力下, 改变负载电阻的大小, 测量燃料电池的输出电压与输出电流之间的关系, 如图 8-3-5 所示. 电化学家将其称为极化特性曲线, 习惯用电压作纵坐标, 电流作横坐标.

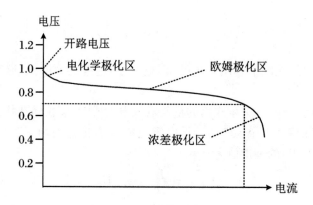

图 8-3-5　燃料电池的极化特性曲线

理论分析表明, 如果燃料的所有能量都被转换成电能, 则理想电动势为 1.48 V. 实际燃料的能量不可能全部转换成电能, 例如总有一部分能量转换成热能, 少量的燃料分子或电子

穿过质子交换膜形成内部短路电流等,故燃料电池的开路电压低于理想电动势.

随着电流从零增大,输出电压有一段下降较快,主要是因为电极表面的反应速度有限,有电流输出时,电极表面的带电状态改变,驱动电子输出阳极或输入阴极时,产生的部分电压会被损耗掉,这一段被称为电化学极化区.

输出电压的线性下降区的电压降,主要是电子通过电极材料及各种连接部件,离子通过电解质的阻力产生的,这种电压降与电流成比例,所以被称为欧姆极化区.

输出电流过大时,燃料供应不足,电极表面的反应物浓度下降,使输出电压迅速降低,而输出电流基本不再增加,这一段被称为浓差极化区.

综合考虑燃料的利用率(恒流供应燃料时可表示为燃料电池电流与电解电流之比)及输出电压与理想电动势的差异,燃料电池的效率为

$$\eta_{电池} = \frac{I_{电池}}{I_{电解}} \cdot \frac{U_{输出}}{1.48} \times 100\% = \frac{P_{输出}}{1.48 \times I_{电解}} 100\% \qquad (8\text{-}3\text{-}8)$$

某一输出电流时燃料电池的输出功率相当于图 8-3-5 中虚线围出的矩形区,在使用燃料电池时,应根据伏安特性曲线,选择适当的负载匹配,使效率与输出功率达到最大.

实验步骤如下:

(1) 实验时让电解池输入电流保持在 300 mA,关闭风扇.

(2) 将电压测量端口接到燃料电池输出端.打开燃料电池与气水塔之间的氢气、氧气连接开关,等待约 10 min,让电池中的燃料浓度达到平衡值,电压稳定后记录开路电压值.

(3) 将电流量程按钮切换到 200 mA.可变负载调至最大,电流测量端口与可变负载串联后接入燃料电池输出端,改变负载电阻的大小,使输出电压值如表 8-3-2 所示(输出电压值可能无法精确到表中所示数值,只需相近即可),稳定后记录电压电流值.

(4) 实验完毕,关闭燃料电池与气水塔之间的氢气氧气连接开关,切断电解池输入电源.

负载电阻猛然调得很低时,电流会猛然升到很高,甚至超过电解电流值,这种情况是不稳定的,重新恢复稳定需较长时间.为避免出现这种情况,输出电流高于 210 mA 后,每次调节减小电阻 0.5 Ω,输出电流高于 240 mA 后,每次调节降低电阻 0.2 Ω,每测量一点的平衡时间稍长一些(约需 5 min).稳定后记录电压电流值.

4. 太阳能电池的特性测量

在一定的光照条件下,改变太阳能电池负载电阻的大小,测量输出电压与输出电流之间的关系,如图 8-3-6 所示.

U_{oc} 代表开路电压,I_{sc} 代表短路电流,图 8-3-6 中虚线围出的面积为太阳能电池的输出功率.与最大功率对应的电压称为最大工作电压 U_m,对应的电流称为最大工作电流 I_m.

表征太阳能电池特性的基本参数还包括光谱响应特性、光电转换效率、填充因子等.

填充因子 FF 定义为

$$FF = \frac{U_m I_m}{U_{oc} I_{sc}} \qquad (8\text{-}3\text{-}9)$$

它是评价太阳能电池输出特性好坏的一个重要参数,它的值越高,表明太阳能电池输出特性越趋近于矩形,电池的光电转换效率越高.

将电流测量端口与可变负载串联后接入太阳能电池的输出端,将电压表并联到太阳能

电池两端.

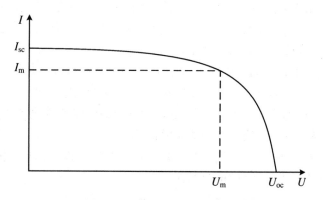

图 8-3-6　太阳能电池的伏安特性曲线

保持光照条件不变,改变太阳能电池负载电阻的大小,测量输出电压电流值,并计算输出功率,记入表 8-3-3 中.

5. 实验数据与处理

表 8-3-1　电解池的特性测量

输入电流 I(A)	输入电压(V)	时间 t(秒)	电量 It(库仑)	氢气产量 测量值(升)	氢气产量 理论值(升)
0.10					
0.20					
0.30					

由式(8-3-6)计算氢气产生量的理论值.与氢气产生量的测量值比较.若不管输入电压与电流大小,氢气产生量只与电量成正比,且测量值与理论值接近,即验证了法拉第定律.

表 8-3-2　燃料电池输出特性的测量

电解电流＝_____ mA

输出电压 U(V)		0.90	0.85	0.80	0.75	0.70				
输出电流 I(mA)	0									
功率 $P=U×I$(mW)	0									

作出所测燃料电池的极化曲线以及电池输出功率随输出电压的变化曲线.

表 8-3-3　太阳能电池输出特性的测量

输出电压 U(V)								
输出电流 I(mA)								
功率 $P=U×I$(mW)								

作出所测太阳能电池的伏安特性曲线以及电池输出功率随输出电压的变化曲线.

【思考题】

(1) 该燃料电池最大输出功率是多少? 最大输出功率时对应的效率是多少?

(2) 该太阳能电池的开路电压 U_{oc},短路电流 I_{sc} 是多少? 最大输出功率 p_m 是多少? 最大工作电压 U_m,最大工作电流 I_m 是多少? 填充因子 FF 是多少?

实验 8-4　电化学循环伏安特性测量

【实验目的】

(1) 掌握电化学法测量循环伏安曲线的原理和方法.

(2) 学会使用电化学三电极法测量溶液的循环伏安曲线和电化学电位.

【实验原理】

循环伏安法是一种电化学分析方法,它通过测量电化学反应中电流与电势之间的关系,来研究电化学反应的动力学和热力学性质.循环伏安法的工作原理是基于电化学反应的热力学和动力学原理,它可以用来研究化学反应的速率、反应原理、电极表面的化学反应等.

在电化学反应中,电极表面的化学反应受到电位的影响,电位的变化会导致电极表面的化学反应发生变化.通过改变电极的电位,控制电极表面的化学反应,从而研究电化学反应的动力学和热力学性质.

【实验仪器与试剂】

RST 系列电化学工作站;电化学池、电位计、扫描电位发生器,金(铂或玻碳)圆盘电极为工作电极、铂丝电极为对电极、饱和甘汞电极为参比电极;1.00×10^{-2} mol/L $K_3Fe(CN)_6$ 水溶液;2.0 mol/L KNO_3 水溶液.

【实验步骤】

1. 溶液的配置

在 5 个 50 mL 容量瓶中,依次加入 KNO_3 溶液和 $K_3Fe(CN)_6$ 溶液,使稀释至刻度后 KNO_3 浓度均为 0.2 mol/L,而 $K_3Fe(CN)_6$ 浓度依次为 1.00×10^{-4} mol/L、2.00×10^{-4}

mol/L、5.00×10^{-4} mol/L、8.0×10^{-4} mol/L、1.00×10^{-3} mol/L,用蒸馏水定容.

2. 工作电极的预处理

用抛光粉(Al_2O_3,200~300 目)将电极表面磨光,然后在抛光机上抛成镜面(如果事先已经抛光处理过的电极,不需上面的处理),最后分别在 1:1 乙醇、1:1HNO$_3$ 和蒸馏水中超声波清洗.

3. $K_3Fe(CN)_6$ 溶液的循环伏安曲线

在电解池中放入 5.00×10^{-4} mol/L $K_3Fe(CN)_6^{3-}$(内含 0.20 mol/L KNO_3)溶液,插入工作电极、铂丝辅助电极和饱和甘汞电极,通 N_2 除 O_2.

参数设置:

起始点为:-200 mV;终止电位:600 mV;扫描速度:50 mV/s;取样间隔:1 mV/s;电流量程:$0 \sim 2 \times 10^{-5}$ A.点击确定——运行,记录循环伏安曲线,观察峰电位和峰电流,判断电极活性.以不同扫描速率 10 mV/s、50 mV/s、100 mV/s、200 mV/s、300 mV/s、500 mV/s,分别记录从 $-200 \sim +700$ mV 扫描的循环伏安图.

4. 不同浓度的 $K_3Fe(CN)_6$ 溶液循环伏安图

在实验中,电化学池中放置有待测物质的电极和参比电极,通过扫描电位选择循环伏安法,扫描速度为 50 mV/s,从 $-200 \sim +700$ mV 扫描,分别记录 1.00×10^{-4} mol/L、2.00×10^{-4} mol/L、5.00×10^{-4} mol/L、8.0×10^{-4} mol/L、1.00×10^{-3} mol/L(内均含 0.20 mol/L KNO_3 并在测定前除氧) $Fe(CN)_6^{3-}$ 溶液的循环伏安曲线,测量峰电流.记录峰电流与浓度.在电化学工作站所具有的定量分析功能的标准曲线法中进行数据处理,找出峰电流和浓度的线性方程和相关系数.

【实验数据处理】

(1) 对 $K_3Fe(CN)_6^{3-}$(内含 0.20 mol/L KNO_3)溶液的循环伏安曲线进行数据处理,选取曲线的第二圈.

(2) 根据循环伏安曲线特点,用半峰法进行峰测量,测量结果如图 8-4-1 所示.由测量结果可知,氧化峰电位为 $E_{p2} = 277$ mV,峰电流为 $i_{p2} = 5.596591 \times 10^{-6}$ A;还原峰电位是 $E_{p1} = 203$ mV,峰电流是 $i_{p1} = 5.568737 \times 10^{-6}$ A.氧化峰还原峰电位差为 74 mV,峰电流的比值为:$i_{p1}/i_{p2} = 1.005 \approx 1$.由此可知,铁氰化钾体系($Fe(CN)_6^{3-/4-}$)在中性水溶液中的电化学反应是一个可逆过程(注:由于该体系的稳定,电化学工作者常用此体系作为电极探针,用于鉴别电极的优劣).

(3) 将不同扫描速率 10 mV/s、50 mV/s、100 mV/s、200 mV/s、300 mV/s、500 mV/s 的循环伏安曲线进行叠加,如图 8-4-2 所示.由图可知,随着扫描速度的增加,峰电流也增加.且分别测量他们的峰数据可以得到峰电流与扫描速度的关系.根据电化学理论,对于扩散控制的电极过程,峰电流 i_p 与扫描速度的二分之一次方成正比,即 $i_p \sim v^{1/2}$ 为一直线.对于表面吸附控制的电极反应过程,峰电流 i_p 与扫描速度成正比,即 $i_p \sim v$ 为一直线(此关系也可利

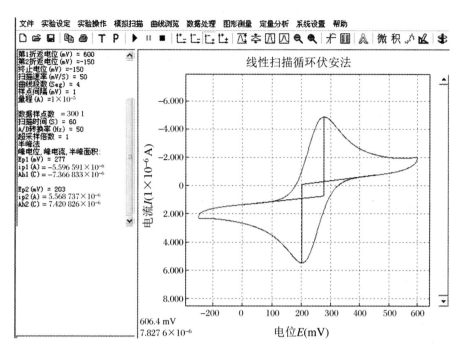

图 8-4-1 循环伏安曲线

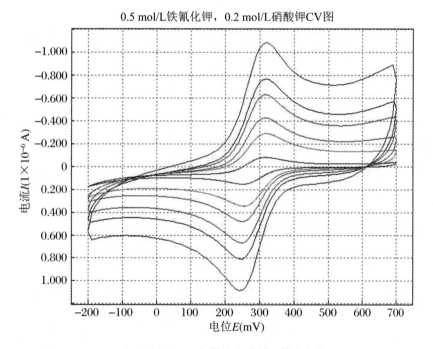

图 8-4-2 不同扫描速率的循环伏安曲线

利用标准曲线法的线性拟合功能,以峰电流为横坐标,扫描速度的二分之一次方或扫描速度为纵坐标,考察线性关系).用标准曲线法中的线性拟合处理,得出峰电流 i_p 与扫描速度的二分之一次方呈线性关系,相关系数达到 0.998 8.将不同浓度的铁氰化钾($Fe(CN)_6^{3-}$)溶液的循环伏安曲线,同样进行叠加可以发现,峰电流随着浓度的增加而增加.分别测量它们的峰数据并进行数据处理,这里仅对 i_{p1} 数据进行处理,其结果为 $k=6.030\ 216\times10^{-3}$, $b=-1.684\ 007\times10^{-7}$,$r=0.999\ 928\ 9$.由线性方程及相关系数可知,在实验的浓度范围内,峰电流与铁氰化钾($Fe(CN)_6^{3-}$)溶液浓度呈线性关系.可以以此进行定量分析.

(4) 将不同浓度的铁氰化钾($Fe(CN)_6^{3-}$)溶液的循环伏安曲线,同样进行叠加可以发现,峰电流随着浓度的增加而增加.分别测量它们的峰数据并进行数据处理,这里仅对 i_{p1} 数据进行处理,其结果为 $k=6.030\ 216\times10^{-3}$,$b=-1.684\ 007\times10^{-7}$,$r=0.999\ 928\ 9$.由线性方程及相关系数可知,在实验的浓度范围内,峰电流与铁氰化钾($Fe(CN)_6^{3-}$)溶液浓度呈线性关系.可以以此进行定量分析.

附录　同位镀汞膜——阳极溶出伏安法

【实验目的】

学会使用阳极溶出法同时测定饮用水中铜、铅、镉.

【实验原理】

通过预电解将被测物质电沉积(电析)在电极上,然后施加反向扫描电压使富集在电极上的物质重新"溶出",即把富集在电极上生成汞齐或金属的物质进行电化学溶出,使之重新成为离子反溶回溶液中,根据溶出过程的极化曲线进行分析的方法,称为溶出伏安法.

所谓同位镀汞膜的方法,是在分析溶液中加入一定量的汞盐,在待测金属离子选择的电解富集电位下,汞与待测金属同时在基体电极(通常为玻碳或石墨电极)的表面上"电析"形成汞齐膜,然后在反向电压扫描时,被"电析"的金属从汞膜中"溶出"而产生溶出峰.

影响峰电流大小的主要因素有预富集时间、溶液搅拌的速度、预富集电位、电极面积、汞膜厚度、电解富集后放置的时间和溶出的电位扫描速度等.因此实验中必须严格控制.

【实验仪器和试剂】

铜标准溶液:准确称取高纯金属铜(99.99%)0.250 0 g 于 150 mL 烧杯中,加入 5.0 mL 1∶1 硝酸使其溶解,并加热除尽 NO_2,用水定容为 250.00 mL.此标准溶液含铜 1.000 mg/mL.用时稀释至所需浓度.

铅标准溶液:准确称取高纯金属铅(99.99%)0.250 0 g 于 150 mL 烧杯中,加入 5.0 mL 1∶2 硝酸使其溶解,并加热除尽 NO_2,用水定容为 250.00 mL.此标准溶液含铅 1.000 mg/mL.用时稀释至所需浓度.

镉标准溶液:准确称取高纯金属镉(99.99%)0.250 0 g 于 150 mL 烧杯中,加入 6.0 mL 1∶1 硝酸使其溶解,并加热除尽 NO_2,用水定容为 250.00 mL.此标准溶液含镉 1.000 mg/mL.用时稀释至所需浓度.

2.0 mol/L HAc-NaAc 溶液(pH=5.0).

0.001 mol/L 硝酸汞溶液.

RST 系列电化学工作站配套旋转电解池.

工作电极:圆盘玻碳电极;参比电极:银-氯化银电极;对电极:铂丝电极.

高纯氮气.

微量注射器.

【实验步骤】

1. 电极的准备

将圆盘玻碳电极在金相砂纸上磨光后,在抛光机上抛光至镜面,然后依次分别在丙酮、乙醇和纯水中超声波清洗.

2. 电解液的配置

于 50 mL 容量瓶中,加入 2.0 mol/L HAc-NaAc 溶液(pH=5.0)5.0 mL 和 0.001 mol/L 硝酸汞溶液 5.0 mL,用高纯水定容至 50.00 mL.

3. 仪器操作

(1) 仪器的连接:红色线连接辅助电极(对电极)、白色线连接参比电极,绿色线连接工作电极;插上搅拌机或旋转电解池线.若使用搅拌控制器,将主机与搅拌控制器连接(白色七芯线),搅拌器或旋转电解池插在控制器上,将控制器电源插头插在 220 V/50 Hz 交流电源上,手动开关置"关".

(2) 开启 RST3000 系列电化学工作站电源开关.

(3) 点击快捷方式图标或根据安装路径找到 RST3000 电化学工作站.exe 运行程序(第一次运行).打开运行程序,进入开机界面.

4. 铜、铅、镉峰电位的测量

移取电解液 5.00 mL 于旋转电解池中,插入三电极于电解池中,通氮气除氧 10 min (通氮气速度不宜过快,以明显观察到氮气泡冒出为宜),通氮气期间,选定实验方法及设定实验参数,步骤如下:

(1) 点击"实验设定"菜单下的"选择电化学方法"或点击快捷键"T",在弹出的窗口中选中"线性扫描溶出伏安法"后点击"确定".

(2) 点击"实验设定"菜单下的"设定电化学参数"或点击快捷键"P",在弹出的窗口中设定参数:

富集电位(mV)=−1 200	富集时间(s)=60
静止电位(mV)=−1 200	静止时间(s)=30
起始电位(mV)=−1 200	终止电位(mV)=0
扫描速率(mV/s)=100	样点间隔(mV)=1

量程(A)=2.5×10⁻⁵①   "富集时搅拌"置"√"

(3) 点击快捷键"▶"开始富集和扫描,此时计算机工作站主页面同步显示 *I-E* 曲线.扫描完毕后,图形充满整个窗口(全曲线显示),如图 8-4-3 所示.

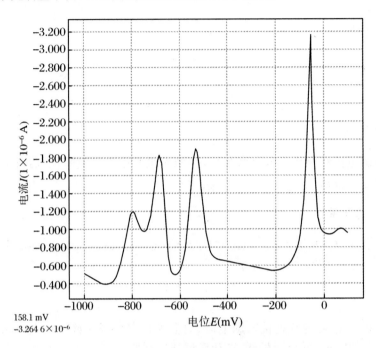

图 8-4-3 差示脉冲溶出伏安法

(4) 点击"实验操作"菜单下的"清洗电极"或其快捷键将清洗电位设为 500 mV,清洗时间为 60 s,在弹出的清洗窗口中点击"清洗"键. 目的是在此电位下氧化 1 min,使电极表面所有金属全部氧化溶出,更新电极表面.

(5) 于电解池中用微量注射器逐次分别加入铜、铅、镉标准溶液各 5 μL(10 μg/mL),每次加入标准溶液后,搅拌均匀,重复上述操作,由每次所得 *I-E* 曲线上峰的位置分别确定铜、铅、镉的峰电位值,以此作为定性分析的依据.

5. 饮用水样测定

于 50 mL 容量瓶中,加入 2.0 mol/L HAc-NaAc 溶液(pH=5.0)5.0 mL 和 0.001 mol/L 硝酸汞溶液 5.0 mL,用待测水样稀释至刻度.重复操作步骤 4. 依次分别加入铜、铅、镉标准溶液后(加入量视水样中被测离子含量而定),再重复操作步骤 4. 由所得 *I-E* 曲线上溶出峰的位置和操作步骤 4 所得峰电位值定性分析;由 *I-E* 曲线上加入标准溶液前后两次峰高(峰电流)的差值,按一次标准加入法计算饮用水样中铜、铅、镉的含量:

$$C_x = \frac{hC_s V_s}{H(V_x + V_s) - hV_x}$$

式中 C_x 为待测元素的浓度,C_s 为加入标准溶液的浓度,V_x 为待测溶液的体积,V_s 为加入

---

① 注:量程根据实际实验电流大小调整.

标准溶液的体积,H 为加入标准溶液后测得的峰高,h 为加入标准溶液前测得的峰高.也可将所测数据填入软件中的"定量分析—标准加入法"进行计算,得到结果.

【注意事项】

所用测试液中均含有汞,注意回收,以免造成环境污染.